# 四川城镇水务的现状和未来

THE

CURRENT SITUATION

AND FUTURE OF

THE WATER AFFAIRS

IN TOWNS OF

## SICHUAN

陆 强 编著

社会科学文献出版社

SOCIAL SCIENCES ACADEMIC PRESS (CHINA)

# 序

　　受四川省老年科技工作者协会的委托，我和王道延、刘立彬、刘世庆同志共同主编了《四川省水利改革与发展》一书。其中城市水务一章是陆强同志执笔的。陆强同志毕业于清华大学建筑系，曾从事城市规划、建设管理工作，这一章由他来写自然是再合适不过了。但是当深入写作的时候，他就越来越感到，四川以至全国的工业化和城镇化发展很快，而且在城市供排水方面逐步全面采用了市场化的运作方式，在所有制方面，民营水企业已大量涌现，已难以再用水利的管理体制和方式进行运营，城镇水利的名称也已不约而同地改为水务。在这种情况下，仅仅写一章城镇供排水已经远远不够了，必须站在整个社会工业化和城镇化的高度综合研究城镇有关水的问题，才能适应时代的需要。因此，老科协作出决定，要从加快推进四川的工业化和城镇化的角度出发，从水利和城镇水务存在不同特点出发，单独写一本城镇水务的书，书名定为《四川城镇水务的现状和未来》，由陆强同志编写，该书得到四川省科技厅软科学项目的支持。

　　城镇水务，与一般水利的概念有很大的不同，内涵也有明显的差别，运行模式更是把公共产品的供给与市场经济紧密结合在一起，从研究的角度看，更是一门专业学问。现在，我国正处在工业化、城镇化加速发展阶段，研究这些问题、推进城镇水务事业的现代化，应摆上重要议事日程。

　　城镇水务事业包括水源建设和保护；饮用水和其他用水的制造和输送；污水和雨水的排放和洪涝灾害防治；污水的治理和中水的制造与利用；生态环境用水的保护；严禁地下水的超采和地下水的污染；节水技术的利用和创新；合理制定水价，发挥水价促进节水的功能；发展水产品，形成水产业，建立水市场，发挥价值规律在水务事业中的调节作用；政府对水实行公共产品和商品相结合的管理制度，保护居民、用户和投资者的利益。

以上 10 个方面，可以称为城镇水务建设的基本内容，从工业化、城镇化角度来说，是实现"两化"的必要条件。现在我国城镇化率已达到 52% 的水平，但从水务建设的视角来考察，问题还很多。据公开报道的信息，目前至少有 400 多个城市供水不足；许多城市下水道排水设施陈旧落后，累发洪涝灾害；城市水污染治理进展缓慢，排污进入江河事件不断发生；制造和使用中水尚属初创，节水还未在全社会展开；水市场尚未形成，水价杠杆的调节作用远未发挥；《中华人民共和国水法》和"三条红线"的限制规定，形同虚设。上述这些问题必须伴随城市工商业的发展、人口的增加及时得到解决，否则，将会引发城市病。

四川城镇基本上建在长江干流及其主要支流两岸，人口也大部沿江而居。立于青藏高原的甘孜、阿坝地区，则是涵养长江水源、保护长江生态、调节全国气候的大自然之巅。长江之水自古以来养育着"天府之国"，始今往远，又将创造人类无限的江河城乡文明。水是生命之源，水是生产之要，水是生态之基。我们要把四川的城镇建立在这"三生"之上。让养育"天府之国"的水永生！

林　凌

2014 年 7 月 31 日

# 目　　录

# 前　言

## 一　缘起

　　《四川城镇水务的现状和未来》是根据四川省老科技工作者协会会长张宗源、顾问林凌、副会长王道延牵头，林凌、王道延任主编，刘立彬、刘世庆任副主编的"四川省软科学研究项目：四川水利改革与发展研究"（编号：2112ZR0136）的成果，即《四川水利改革与发展》一书中有关"城镇水务"章节整理、补充、修订形成的。我作为该研究课题中的"城镇水务"子课题的负责人和《四川水利改革与发展》一书中有关"城镇水务"章节的编撰者，在收集资料、调查研究、撰稿过程中，积累了不少有关四川城镇水务发展状况的统计数据、调查报告、全省或一些市县有关城镇水务方面的"十二五"或远景规划，以及部分近年来国内外在城镇水务领域的学术研究和建设实践成果等资料，而《四川水利改革与发展》从全书总篇幅考虑，要求有关"城镇水务"的章节控制在 3 万～5 万字，因此有关"城镇水务"子课题的一些内容，在《四川水利改革与发展》一书中有的比较简略，有的就不能纳入了。面对收集到的一些资料和部分研究成果不能完全发挥作用，觉得怪可惜的，于是我就萌生了将有关"城镇水务"子课题研究中的一些内容，再进一步加以整理、补充、修订，另出一本有关"四川城镇水务"的书的念头。我想，这本书对四川城镇水务行业的各级决策者、管理者和科技工作者，可免除查阅大量资料的烦琐，或许还会有点参考价值。我的这个想法，得到了四川省老科技工作者协会和四川省城镇供水排水协会的大力支持。

## 二　关于"城镇水务"的概念

　　在本书中，"城镇水务"是一个宽泛的概念，它包含了城镇中所有与

"水"有关的事务。传统上，城镇中与"水"相关的事务，一般被称为"城镇供水排水"或"城镇给水排水"。这可以认为是"城镇水务"的狭义概念。实际上城镇中许多与"水"有关的事务，"城镇供水排水"或"城镇给排水"不能完全概括，于是"城镇水务"这个称谓就产生了。这本小册子中的"城镇水务"，包括城镇供水、城镇排水、城镇污水处理和再生水利用、城镇防洪排涝、城镇雨洪管理与雨水利用、城镇水系生态保护与修复、城镇地下水资源保护与利用、城镇节水管理、工业用水与节水管理等诸多方面与"水"有关的事务。

而且，在本书中，"城镇水务"的概念还超出了"城镇"的范围。这是因为农村和小城镇的生活用水、工业用水等与"水"相关的事务，与"城镇水务"具有完全相同的性质。按照城乡一体化的要求，传统的"城镇水务"必然突破"城镇"的范围，发展到城乡统筹规划、统筹建设的新阶段。因此，本书的"城镇水务"又有更为广义的概念，在很大程度上包含了农村和小城镇的生活用水、工业用水等与"水"有关的事务。

城镇水务所提供的产品和服务，具有公共产品的属性。它是城镇基础设施的重要组成部分，与民生密切相关，有明显的公益性特点。同时，城镇供水排水行业还具有自然垄断的属性，但在法律、政策的规范和政府的监管下，也可以引入市场机制来取得更好的发展。

与城镇水务相关的另一个概念是"水工业"。水工业是近年来根据当代城镇供水排水行业发展态势来定位的一个工业门类。水工业由三部分组成：一是从事水的生产、销售、回收、处理、再利用以及相应服务的供水排水企业，这类企业也被称为"城市水业"企业；二是为城市水业提供设备制造和安装的水工业设备制造安装企业；三是为城市水业提供科技研发服务的水工业高新技术企业。当代水工业是一门新兴的高新技术产业。信息技术、生物技术、新材料、自控技术、生态技术、系统工程等新技术正在向水工业渗透、移植，推动着水工业向高新技术产业化的方向迅速发展①。

_____

① 有关"水工业"的阐述，参见李圭白、蒋展鹏、范瑾初、龙腾锐编《给排水科学与工程概论》，中国建筑工业出版社，2011，第14~16页。

# 三　本书的主要内容

本书共分十章，分别对四川的城镇供水、城镇排水、城镇污水处理和再生水利用、城镇防洪排涝、城镇雨洪管理与雨水综合利用、城镇水生态环境保护与修复、城镇地下水资源保护与利用、城镇节水管理、工业用水与节水管理等城镇水务诸多领域的一些重要问题进行了回顾总结、分析研究和探讨展望，并讨论了四川城镇水务行业的科技进步、体制改革、战略研究、法制建设，以及城镇水务与城镇化质量的关系等问题。下面，简略介绍一下本书各章的主要内容。

第一章介绍四川城镇水务发展的背景。即对四川的河流、湖泊与湿地，四川的水环境和水生态状况，四川的水资源及其开发利用的现状与问题，以及2010～2030年四川在建和拟建的重大水利工程建设的概况等做了简略介绍。

第二章回顾四川城镇供水排水产业发展的成就和存在的问题。通过数据和案例分析认为，2001～2010年的10年间，四川城镇供水排水产业大发展，取得了城镇居民初步实现基本公共供水服务均等化的历史性进步和城镇污水处理产业突飞猛进发展的巨大成就。但还存在水环境污染尚未完全遏制、饮用水水质存在安全隐患、城乡发展差距大等严峻问题。

第三章讨论四川工业化城镇化对用水需求的影响。在分析了四川目前工业化城镇化所处阶段后，对2010～2030年工业化城镇化进程进行初步预测，并推测了此进程对四川未来工业需水和生活需水的影响。认为2020～2030年期间，四川在加快产业结构升级和加大节水管理力度的前提下，有可能在工业化后期提前实现工业用水零增长。生活用水则将继续缓慢增长，到2030年以后的后工业化时代，在城镇化达到峰值后，可能逐步实现零增长。

第四章讨论四川城镇水务发展战略问题。对四川城镇水务提出到2030年的两大长远战略任务，即建设城乡一体化公共供水服务体系，城乡全面普及自来水；实现水的良性社会循环，根本改善城镇水生态环境。为保证城镇水务决策科学性，必须制定区域和城市水专项规划。同时还提出当前城镇水务的一项重要任务——加强城镇地下管网设施的改造与建设。

第五章讨论四川城乡公共供水产业发展问题。提出当前应把保障饮用水水质安全作为重点任务，加大投资和工作力度。同时提出，应把实现城乡居民基本公共供水服务均等化和建设城乡一体化公共供水服务体系，作为供水产业发展的战略目标，提到日程上统筹规划，分步实施。并为此提出规划建设城乡一体化公共供水服务体系的基本原则和政策措施。

第六章讨论四川污水处理和再生水产业发展问题。认为应把已建污水处理厂的达标运行和落实污泥的处理处置，作为当前的重点任务。同时，还应依据三峡库区和四川水功能区的纳污容量设置"限制纳污红线"，继续加大四川城乡污水处理投资强度。对再生水利用，则从认识、规划、政策等方面进行了探讨，以促进再生水产业加速发展。

第七章讨论四川城市雨洪管理和雨水利用，及城市水系生态修复问题。城市水系生态退化和城市洪涝灾害频发，重要原因是认识有误区。因此，除治理污染外，构建城市雨洪管理和雨水利用机制、保障城市生态环境用水、恢复河道天然状态、利用河流自我修复功能，以及采用低影响开发技术等措施，才能有效修复城市水系生态功能，减少城市洪涝灾害。

第八章讨论四川工业节水和城镇节水管理问题。认为四川工业和城镇用水效率低的状况未得到根本解决。提出健全节水法规、制定地方"用水效率控制红线"和用水效率控制制度、展开"行业节水专项行动"、推广节水技术等措施，以及补贴低收入居民水费、改进阶梯式计量水价制度等深化水价改革的建议，以便在未来实现富裕用水和严格节水的统一。

第九章讨论四川城镇水务产业发展的科技支撑、体制改革、战略研究、法规建设等问题。探讨并提出设立四川"水专项"科研课题；健全企业主导的城镇水务科技研发体制；加快城镇水务新技术推广和产业化步伐；发挥市场机制，形成城镇水务多元化投资格局；整合城镇水务资源，做优做强大型水务企业；制定特许经营法规，健全监管制度；建立跨界协商合作和跨部门沟通协调的水务管理机制；完善城镇水务政策法规体系等一系列建议意见。

第十章讨论四川城镇水务与城镇化质量的关系。提出城镇水务是城镇化质量的重要标志，并从城镇水务的视角对四川城镇化质量做了粗略评估；指出应在城镇化进程中注意推进城镇水务信息化；认为在城镇定居是农业转移人口市民化的前提，"城里有个家"是多数农民工的迫切愿望，应尽快建立覆盖农业转移人口的城镇住房保障体系，并提醒重视农民工住房的"上下水"问题；强调在城乡发展一体化中推进城乡水务一体化的重要性。

## 四 关于数据与资料的说明

我接受"四川水利改革与发展研究"有关"城镇水务"子课题研究任务是在2011年11月，那时确定的完成日期是2012年初（实际完成初稿已是2012年5月）。因此，当时我所收集的统计数据都截至2010年底。而且，当时有关部门和各地都正在拟订与"城镇水务"有关的"十二五"或远景规划，以及相关的政策文件等，收集到的这些资料大多还处在"草案"、"征求意见稿"或"送审稿"等阶段。现在，时过境迁又一年，2011年的统计数据已问世了，那些规划或文件大多早已形成了"正式文本"。不过，为了保持与《四川水利改革与发展》一致，以及一年前的"历史原貌"，在这次编写小册子时，我既没有更新统计数据，也没有改为采用已经有了"正式文本"的资料。但需要说明的是，在这次整理、修订过程中，看到2012年的一些有意义的新资料，我忍不住还是做了少量的补充。

还要说明的是，由于时间紧迫和条件限制，"城镇水务"子课题在收集资料、调查研究和撰稿过程中，仅对四川省成都市、绵阳市、自贡市、江油市、富顺县、荣县等市、县的部分管理部门、供水排水企业、水务科技研发企业，以及相关的规划设计研究单位进行了实地考察。这对把握四川城镇水务的全面情况来说是很不够的，很可能有片面性。这是本书最大的缺陷和遗憾，可惜现在已无法弥补。希望四川城镇水务行业的同人们多包涵，多批评。

另外，为了能使这本小册子更具资料性和实用性，我把收集到的四川省2010年有关城镇水务方面的统计资料，以及四川省已施行的城镇水务相关的法规、规章作为附录刊出，以方便四川城镇水务行业的各级决策者、管理者和从业者查阅、参考。

## 五 关于生活用水、工业用水等名词的解释

本书中生活用水、工业用水等名词的含义，需要根据有关定义做一个解释。

生活用水，包括城镇生活用水和农村生活用水。城镇生活用水由居民用水和

公共用水（含服务业、餐饮业、货运邮电业及建筑业等行业的用水）组成；农村生活用水除居民生活用水外还包括牲畜用水。

生活用水量，包括公共服务用水和居民家庭用水。公共服务用水，指为城市社会公共生活服务的用水。包括行政事业单位、部队营区和公共设施服务、社会服务业、批发零售贸易业、旅馆饮食业及其他公共服务业等单位用水。居民家庭用水，指城市范围内所有居民家庭的日常生活用水。包括城市居民、农民家庭、公共供水站用水。人均日生活用水量，指每一用水人口平均每天的生活用水量。包括使用公共供水设施或自建供水设施供水的，城市居民家庭日常生活使用的自来水。其具体含义：用水人是城市居民；用水地是家庭；用水性质是维持日常生活使用的自来水。计算公式：人均日生活用水量 = 报告期生活用水总量/（报告期用水人数 × 报告期日历天数） × 1000。单位：L/人·d。

工业用水，指工业生产中直接和间接使用的水量，包括水量、水质和水温三个方面。主要用途是：①原料用水，直接作为原料或作为原料一部分而使用的水；②产品处理用水；③锅炉用水；④冷却用水，在工业用水中一般占 60% ~ 70%。工业用水量虽较大，但实际消耗量并不多，一般耗水量为其总用水量的 0.5% ~ 10%，即有 90% 以上的水量使用后经适当处理仍可以重复利用。

工业用水重复率，是工业用水中重复利用的水量与总用水量的比值。计算公式为：$\eta = W_重/W \times 100\%$（式中 $\eta$ 为工业用水重复率，$W_重$ 为重复利用的水量，$W$ 为总用水量）。

# 六　关于城市、县城与城镇等名词的说明

关于城市的定义，按《中华人民共和国城市规划法》第三条的解释，城市"是指国家按行政建制设立的直辖市、市、镇"。这是一个广义的城市定义。

由于统计口径的原因，实际上关于"城市"、"城镇"等名词的含义有点复杂，需要说明一下。根据当前国家和四川省有关部门关于"城镇水务"数据的统计口径，本书对城市、县城、城镇、建制镇、乡镇、小城镇、村镇等名词做了区分。

在涉及统计口径时，采用狭义的城市定义，即只有建制市才称为"城市"。

四川省的建制市有：副省级城市成都；地级市自贡、攀枝花、泸州、德阳、绵阳、广元、遂宁、内江、乐山、宜宾、南充、达州、雅安、广安、巴中、眉山、资阳；县级市都江堰、彭州、邛崃、崇州、广汉、什邡、绵竹、江油、峨眉山、阆中、华蓥、万源、简阳、西昌，共计32个城市。同时，对县政府所在的建制镇，则称为"县城"，以便与其他建制镇区别。上述"城市"和"县城"合在一起时，统称为"城镇"。因此，在统计"建制镇"的数据时，不包括"县城"的数据。另外，建制镇以外的乡政府所在的集镇，称为"乡镇"。将建制镇与乡镇合在一起称呼时，统称为"小城镇"。将建制镇、乡镇与农村合在一起称呼时，则统称为"村镇"。

但当本书在叙述中不涉及统计口径时，"城市"或"城镇"均指广义的城市定义，即国家按行政建制设立的市、镇。

# 第一章　四川城镇水务发展的背景水资源与水利建设概况[①]

## 一　四川的河流、湖泊与湿地

### （一）四川的河流

四川河流众多，号称"千河之省"。流域面积大于 $50km^2$ 的河流有 2821 条。其中，流域面积大于 $100km^2$ 的河流有 1368 条，流域面积大于 $200km^2$ 的河流有 657 条，流域面积大于 $1000km^2$ 的河流有 148 条，流域面积大于 $5000km^2$ 的河流有 33 条，流域面积大于 $10000km^2$ 的河流有 21 条。除川西北的白河、黑河注入黄河外，其余河流均属长江水系。在长江水系中，除川东北边境汉江的支流任河直接流出省境外，其余河流全部都从四周汇入长江。由西向东主要河流有金沙江、雅砻江、安宁河、大渡河、青衣江、岷江、沱江、涪江、嘉陵江、渠江等。四川省流域面积在 $10000km^2$ 以上的河流大部分分布在长江北岸（见表 1-1）。

表 1-1　四川省流域面积 $10000km^2$ 以上河流概况

| 河　流 | 流域面积<br>（$km^2$） | 长度<br>（km） | 平均坡降<br>（‰） | 多年平均流量<br>（$m^3/s$） | 多年平均年径流量<br>（亿 $m^3$） |
|---|---|---|---|---|---|
| 长江 | 1800000 | 6397 | 1.04 | 29227 | 9217.00 |
| 金沙江 | 498453 | 2293 | 1.4 | 4655 | 1468.04 |
| 水洛河 | 13971 | 321 | 9.4 | 194 | 61.18 |
| 松麦河（定曲河） | 12163 | 230 | 12 | 179 | 56.45 |
| 雅砻江 | 128444 | 1535 | 2.1 | 1636 | 515.79 |

---

[①]　经编著者同意，本章内容主要采用林凌、王道延主编，刘立彬、刘世庆副主编的《四川水利改革与发展研究报告》（书稿）的第一章和第五章（刘立彬执笔，王道延、刘世炘、冉开诚、李振家、何斌、裴新参加编写）的资料。

续表

| 河　流 | 流域面积<br>（km²） | 长度<br>（km） | 平均坡降<br>（‰） | 多年平均流量<br>（m³/s） | 多年平均年径流量<br>（亿 m³） |
|---|---|---|---|---|---|
| 鲜水河 | 19338 | 541 | 2.5 | 202 | 63.7 |
| 理塘河（无量河） | 19114 | 516 | 5.9 | 268 | 84.52 |
| 安宁河 | 11150 | 303 | 10.1 | 231 | 72.85 |
| 横江 | 14781 | 307 | 6.8 | 296 | 93.35 |
| 大渡河 | 90700 | 1155 | 2.4 | 1570 | 495.12 |
| 绰斯甲（杜柯）河 | 16064 | 401 | 4.2 | 178 | 56.13 |
| 青衣江 | 13793 | 289 | 13.3 | 543 | 171.24 |
| 岷江 | 135840 | 735 | 3.9 | 2741 | 864.28 |
| 沱江 | 27840 | 702 | 4 | 454 | 143.17 |
| 涪江 | 36400 | 679 | 5.5 | 550 | 173.45 |
| 嘉陵江 | 160000 | 1120 | 0.3 | 2166 | 682.94 |
| 白龙江 | 31808 | 576 | 5.6 | 397 | 125.2 |
| 渠江 | 39220 | 666 | 2.2 | 694 | 218.86 |
| 州河 | 11180 | 306 | 5.2 | 225 | 70.96 |
| 赤水河 | 20440 | 460 | 0.9 | 309 | 97.45 |
| 黄河 | 16960 | 165 | 3.64 | 150 | 47.48 |

资料来源：引自林凌、王道延主编，刘立彬、刘世庆副主编《四川水利改革与发展研究报告》（书稿）。

### （二）四川的湖泊与湿地

受地质构造的影响，四川省内的湖泊、沼泽及冰川多分布于西部高山高原区。据统计，四川全省各类湖泊总面积为 377.4km²，面积 1km² 以上湖泊 30 个，多属构造断裂湖泊。其中面积 10km² 以上湖泊 2 个，分别为泸沽湖（面积 351.6km²）和邛海（面积 26.9km²）；蓄水量在 3.0 亿 m³ 以上的有泸沽湖、马湖和邛海 3 个湖泊。另外，还有叠溪海子、新路海、天池湖、龙池湖、江池湖、江错湖、长海等湖泊。其中除邛海、龙池湖、泸沽湖、马湖等已开发或正在开发外，其余湖泊均未进行开发。

川西北高原的阿坝、红原和若尔盖之间，有面积约 10000km² 的若尔盖高原盆地，其海拔一般在 3400m 以上，具有相对高差不大、阶地宽广、地形低陷、河流众多、沼泽发育等特点，是我国第二大沼泽湿地——若尔盖高原沼泽湿地。据统计，四川有沼泽湿地面积为 3422.98km²，其中若尔盖沼泽湿地为 2980.79km²，占沼泽湿地面积的 87.1%。

# 二 四川水资源概况

## （一）四川水资源的基本特性

水资源是指水循环中年复一年能够不断更新，为人类经济社会和生态环境所利用的天然淡水资源。其补给来源主要为大气降水，赋存形式主要为地表水、地下水和土壤水。地表水资源和地下水资源可通过水循环年复一年地更新。水资源的基本特性表现为：一是水资源具有水文和气象的本质，既有一定的因果性、周期性、循环性、有限性、不均匀性，又带有一定的随机性；二是水资源具有利害两重性、不可替代性和环境特性。

## （二）四川的降水与蒸发

根据四川省气象、水文站 1956～2000 年[①]，共 23401 站的资料统计分折，四川多年平均降水深 978.8mm，多年平均降水量为 4739.86 亿 $m^3$，多年平均降水深超 1000mm 的市、州有 12 个，雅安市为 1546.6mm，居全省之首；甘孜州降水深 788.6mm，居全省末位。总体上四川属降水较丰沛的地区。四川年降水深的分布趋势是：盆周高于盆中，盆周山地一般为 1000～2000mm，盆地西缘山地形成一个 1400～2400mm 的弧形高值带，其中大相岭高值中心尤为突出，达到 2500mm 多，居全省之冠；盆地底部一般为 800～1000mm；西部高原大体是自东南向西北递减，变化为 500～2400mm，但高原西南角的得荣县附近金沙江河谷仅 300mm 多。四川各市、州的多年平均降水深见表 1－2。四川有三大暴雨区，即峨眉山暴雨区，其多年平均降水深一般为 1400～2500mm；龙门山暴雨区，其多年平均降水深一般为 1400～2500mm；大巴山暴雨区，其多年平均降水深一般为 1400～2000mm。四川降水深的年内分配极不均匀，大部分地区年降水深的 70%～90% 集中在 5～10 月，其余月份降水很少。四川的降水年际变化较大，大部分地区最大年降水深与最小年降水深之比值在 2.0 以上，局部地区甚至达到 7.0，全省一般在 1.5～5.1 之间。

---

① 全国水资源综合规划统一采用（1956～2000 年）同步水文系列分析。

表 1 - 2　1956～2000 年四川省各市、州多年平均降水深和多年平均降水量

| 行政区 | 计算面积<br>（km²） | 多年平均降水深<br>（mm） | 多年平均降水量<br>（亿 m³） |
|---|---|---|---|
| 四川省 | 484252 | 978.8 | 4739.86 |
| 成都市 | 12072 | 1223.6 | 147.71 |
| 自贡市 | 4380 | 1004.3 | 43.99 |
| 攀枝花市 | 7446 | 1102.9 | 82.12 |
| 泸州市 | 12241 | 1101.9 | 134.88 |
| 德阳市 | 5981 | 1045 | 62.5 |
| 绵阳市 | 20244 | 1082.4 | 219.12 |
| 广元市 | 16227 | 1032.5 | 167.54 |
| 遂宁市 | 5330 | 863 | 46 |
| 内江市 | 5418 | 982.6 | 53.24 |
| 乐山市 | 12893 | 1457.7 | 187.94 |
| 南充市 | 12590 | 999.6 | 125.85 |
| 眉山市 | 7231 | 1364.6 | 98.67 |
| 宜宾市 | 13282 | 1117.2 | 148.39 |
| 广安市 | 6358 | 1061.8 | 67.51 |
| 达州市 | 16556 | 1248.3 | 206.67 |
| 雅安市 | 15059 | 1546.6 | 232.9 |
| 巴中市 | 12312 | 1189.2 | 146.41 |
| 资阳市 | 7945 | 854.5 | 67.89 |
| 阿坝州 | 82409 | 811.8 | 669 |
| 甘孜州 | 148222 | 788.6 | 1168.88 |
| 凉山州 | 60056 | 1103.5 | 662.72 |

资料来源：《四川省水资源综合规划报告》，转引自林凌、王道延主编，刘立彬、刘世庆副主编《四川水利改革与发展研究报告》（书稿）。

水面蒸发量是当地蒸发能力的指标。从 1980～2000 年多年平均水面蒸发量等值线图看出，四川全省蒸发量变化为 500～1400mm，由川东向川西递增。东部的变化为 500～700mm，盆中低于盆周。四川的干旱指数（一般以年蒸发能力和年降水量之比来表示）的变化范围为 0.3～3.12。四川 1956～2000 年陆地蒸发量的变化为 300～700mm。总的分布趋势是：东部盆地为 500～700mm，西部高原为 300～500mm，盆地丘陵区由 500～700mm 向盆周山区递减至 400～500mm，成都平原为 500～600mm。

（三）四川的水资源量

**1. 四川的地表水资源概况**

地表水资源量是指河流、湖泊、冰川等地表水体中由当地降水形成的，可以逐年更新的动态水量，用河川径流量表示。四川 1956～2000 年多年平均地表水资源量为 2614.54 亿 $m^3$，相应径流深①为 539.9mm，占长江流域地表水资源量的 26.5%。

**2. 四川的地下水资源概况**

四川的区域地质条件差异悬殊，地下水主要为孔隙水、裂隙水、岩溶水等。把地下水总补给量（或总排泄量）作为地下水资源量，四川全省多年平均地下水资源量为 616.35 亿 $m^3$，平均 12.73 万 $m^3/km^2 \cdot a$。其中长江流域为 605.23 亿 $m^3$，平均 12.97 万 $m^3/km^2 \cdot a$。由于地表水和地下水互相转化，河川径流中包含一部分地下水排泄量，地下水补给量中又有一部分来源于地表水体的入渗，故不能将地表水资源量和地下水资源量直接相加作为水资源总量，而应扣除互相转化的重复计算量。计算结果是：四川全省多年平均地下水资源量与地表水资源量间的重复计算量为 615.20 亿 $m^3$，其中长江流域为 604.09 亿 $m^3$。

**3. 四川的水资源总量概况**

水资源总量是指当地降水形成的地表和地下产水总量（不含境外来水量），即地表产流量与降水入渗补给地下水量之和，扣除两者之间互相转化的重复计算量。水资源总量计算统一到近期下垫面条件的 1956～2000 年水资源总量系列。四川全省多年平均水资源总量为 2615.69 亿 $m^3$，为降雨量的 55.0%，即平均每平方公里产水量为 55 万 $m^3$。其中多年平均地表水资源量为 2614.54 亿 $m^3$，平原地下水资源量（潜水蒸发量）为 1.15 亿 $m^3$。另外，四川全省有入境水 1317.89 亿 $m^3$（其中：有金沙江 1031.82 亿 $m^3$、岷沱江 32.53 亿 $m^3$、嘉陵江 157.31 亿 $m^3$、长江干流四川段 77.4 亿 $m^3$、汉江 18.83 亿 $m^3$）；有出境水 3859.10 亿 $m^3$（其中：黄河 47.48 亿 $m^3$、金沙江 415.86 亿 $m^3$、嘉陵江 638.4 亿 $m^3$、长江干流 2734.59 亿 $m^3$、汉江 22.77 亿 $m^3$）。四川各市、州多年平均水资源量统计见表 1 - 3。

---

① 径流深：指由降水形成的地表水体，用单位面积上的水深毫米数表示。

表 1-3　四川省各市、州多年平均水资源总量统计

| 行政区 | 计算面积（km²） | 降水情况 | | 地表水资源量（亿 m³） | 地下水资源量（亿 m³） | 地下水资源量与地表水资源量间的重复计算量（亿 m³） | 水资源总量（亿 m³） | 人均、亩均指标 | |
|---|---|---|---|---|---|---|---|---|---|
| | | 降水深（mm） | 降水量（亿 m³） | | | | | 人均（m³） | 亩均（m³） |
| 四川省 | 484252 | 978.8 | 4739.86 | 2614.54 | 616.35 | 615.20 | 2615.69 | 2906 | 4348 |
| 成都市 | 12072 | 1223.6 | 147.71 | 79.60 | 28.00 | 27.19 | 80.41 | 700 | 1504 |
| 自贡市 | 4380 | 1004.3 | 43.99 | 14.79 | 3.03 | 3.03 | 14.79 | 454 | 732 |
| 攀枝花市 | 7446 | 1102.9 | 82.12 | 48.20 | 7.91 | 7.91 | 48.20 | 4331 | 8025 |
| 泸州市 | 12241 | 1101.9 | 134.88 | 61.58 | 13.13 | 13.13 | 61.58 | 1226 | 1960 |
| 德阳市 | 5981 | 1045 | 62.50 | 30.36 | 12.01 | 11.69 | 30.68 | 788 | 1106 |
| 绵阳市 | 20244 | 1082.4 | 219.12 | 114.16 | 26.98 | 26.96 | 114.18 | 2107 | 2713 |
| 广元市 | 16227 | 1032.5 | 167.54 | 83.85 | 10.36 | 10.36 | 83.85 | 2697 | 3366 |
| 遂宁市 | 5330 | 863 | 46.00 | 11.35 | 1.61 | 1.61 | 11.35 | 298 | 490 |
| 内江市 | 5418 | 982.6 | 53.24 | 15.10 | 2.04 | 2.04 | 15.10 | 355 | 612 |
| 乐山市 | 12893 | 1457.7 | 187.94 | 118.94 | 29.30 | 29.30 | 118.94 | 3366 | 5279 |
| 南充市 | 12590 | 999.6 | 125.85 | 41.23 | 6.79 | 6.79 | 41.23 | 548 | 914 |
| 眉山市 | 7231 | 1364.6 | 98.67 | 59.93 | 13.16 | 13.16 | 59.93 | 1717 | 2334 |
| 宜宾市 | 13282 | 1117.2 | 148.39 | 91.16 | 19.66 | 19.66 | 91.16 | 1691 | 2497 |
| 广安市 | 6358 | 1061.8 | 67.51 | 29.64 | 4.24 | 4.24 | 29.64 | 636 | 1139 |
| 达州市 | 16556 | 1248.3 | 206.67 | 103.71 | 19.51 | 19.51 | 103.71 | 1513 | 2295 |
| 雅安市 | 15059 | 1546.6 | 232.90 | 168.57 | 46.93 | 46.93 | 168.57 | 10883 | 20567 |
| 巴中市 | 12312 | 1189.2 | 146.41 | 71.68 | 9.82 | 9.82 | 71.68 | 1847 | 3128 |
| 资阳市 | 7945 | 854.5 | 67.89 | 21.22 | 3.51 | 3.51 | 21.22 | 423 | 524 |
| 阿坝州 | 82409 | 811.8 | 669 | 391.33 | 81.91 | 81.91 | 391.33 | 43529 | 43780 |
| 甘孜州 | 148222 | 788.6 | 1168.88 | 659.73 | 181.73 | 181.73 | 659.73 | 62180 | 48433 |
| 凉山州 | 60056 | 1103.5 | 662.72 | 398.41 | 94.72 | 94.72 | 398.41 | 8319 | 7562 |

　　资料来源：《四川省水资源综合规划报告》，《四川省水资源调查评价报告》，转引自林凌、王道延主编，刘立彬、刘世庆副主编《四川水利改革与发展研究报告》（书稿）。

# 三　四川水环境概况

## （一）四川的河流水质现状

四川的主要河流有岷江、大渡河、青衣江、沱江、涪江、嘉陵江、渠江、安

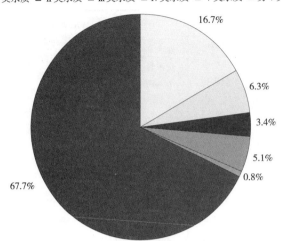

■ Ⅰ类水质 ■ Ⅱ类水质 □ Ⅲ类水质 □ Ⅳ类水质 ■ Ⅴ类水质 ■ 劣Ⅴ类水质

**图 1-1 四川省河流水质类别分类**

资料来源：引自林凌、王道延主编，刘立彬、刘世庆副主编《四川水利改革与发展研究报告》（书稿）。

宁河及金沙江、长江上游干流及其主要支流，共长 6267.4km。2010 年，地表水水质现状评价河长 3605km，其中全年 Ⅰ类水域河长 29km，占评价河长的 0.8%；Ⅱ类水质的河长 2439km，占评价河长的 67.7%；Ⅲ类水质的河长 603km，占评价河长的 16.7%；Ⅳ类水质的河长 227km，占评价河长的 6.3%；Ⅴ类水质的河长 122km，占评价河长的 3.4%；劣Ⅴ类水质的河长 185km，占评价河长的 5.1%（见图 1-1）。在各评价河流中，金沙江及其支流，岷江干流上游，大渡河，青衣江，嘉陵江干流及支流白龙江、东河，渠江干流及支流巴河、南江、通江、流江河，涪江干流及支流，长江干流，任河的水质总体较好；岷江部分河段及部分支流，沱江及部分支流，渠江部分支流，长江部分支流的水质劣于地表水环境质量Ⅲ类标准。其中岷江董村段、彭山段、眉山段、旧大桥段、犍为段，水质为Ⅳ～Ⅴ类；岷江府河（锦江）的望江楼、合江亭、金华段的水质均为劣Ⅴ类；沱江三皇庙段水质为Ⅴ类；内江二水厂段水质为Ⅳ类；沱江绵远河水质为Ⅳ类；沱江釜溪河自贡段水质为Ⅴ类；渠江州河肖公庙段水质为Ⅳ类。共有 31.5% 的河长受到不同程度的污染，其中近 14.8% 的评价河长污染极为严重，已丧失水体应有的功能。主要污染物为氨氮、总磷、高锰酸盐指数、挥发酚、总磷和五日生化需氧量等。

（二）四川的湖泊、水库、水源地水质现状

2010 年，参加评价的湖泊有邛海、马湖和泸沽湖，总评价面积为 60.9km²，其中Ⅱ类标准水域面积为 27km$^2$，占评价面积的 44.3%；Ⅲ类标准水域面积为 33.9km$^2$，占评价面积的 55.7%。参加评价的水库 62 座，其中Ⅱ类标准的水库 12 座，占评价总数的 19%；Ⅲ类标准的水库 22 座，占评价总数的 36.5%；Ⅳ类标准的水库 14 座，占评价总数的 22.2%；劣Ⅴ类标准的水库 11 座，占评价总数的 17.5%。四川共评价城市饮用水地表水水源地 35 个，其中全年水质合格比例达 80% 的有 26 个，占评价总数的 74.3%。

按《国务院关于全国重要江河、湖泊水功能区划（2011～2030 年）的批复》，四川共评价水功能区[①] 386 个，其中一级水功能区 221 个、二级水功能区 165 个；河流类水功能区 82 个、水库类水功能区 8 个、湖泊类水功能区 1 个。评价达标 52 个，达标率为 57.1%。

水功能区评价河长 4684.6km，达标河长 3500.6km，达标率为 74.7%。其中，一级区评价河长 4228.4km，达标河长 3317km，达标率为 78.4%；二级区评价河长 456.2km，达标河长 183.6km，达标率为 40.2%。

四川共评价城市饮用水地表水水源地 35 个，其中金沙江石鼓以下 5 个、岷沱江区 14 个、嘉陵江区 14 个、宜宾至宜昌 2 个。水源地全年水质合格比例 100% 的有 22 个，占评价总数的 62.9%；达到 80% 的有 26 个，占评价总数的 74.3%。

（三）四川的地下水水质现状

地下水水质现状评价资料匮缺。据已有监测资料显示，成都平原三个片区综合水质类别均为Ⅲ类。按监测井数目计算，三个片区超标率分别是：岷江的成都市为 33.3%，沱江的成都市为 50.0%，沱江的德阳市为 75.0%；按控制面积计算，三个片区超标率分别是：岷江的成都市为 27.0%，沱江的成都市为 41.9%，沱江的德阳市为 78.3%。地下水劣质区三个片区均为Ⅵ类。劣质区面积分别是：岷江的成都市为 792.38 km$^2$，沱江的成都市为 502.82 km$^2$，沱江的德阳市为 1298.55 km$^2$。达到Ⅳ类标准值的监测项目及

---

① 水功能区划：根据水体的自然特性、人类对水体的影响以及对水资源的需求，对河流不同的水体赋予适当的使用功能，作为管理的依据。分为一级区和二级区，一级区下分保护区、保留区、开发利用区、缓冲区；在水功能一级区划的基础上，根据二级区划分类与指标体系，在开发利用区进一步分为饮用水源区、工业用水区、农业用水区、渔业用水区、景观娱乐用水区等共七类水功能二级区。

超标倍数，三个片区分别是：岷江的成都市为高锰酸盐指数（1.4）、总硬度（0），沱江的成都市为总硬度（0.2）、氨氮（1.5），沱江的德阳市为氨氮（1.4）、总硬度（0.1）。

# 四　四川水资源分布的特点

## （一）水资源总量相对较丰

四川多年平均水资源总量为 2615.69 亿 $m^3$，占全国水资源量的 9.2%，仅次于西藏，居全国各省、市、自治区地表水资源量的第 2 位，属我国南方丰水区。相应径流深为 539.9mm，径流深低于华东、华南地区，也低于临近的重庆、云南、贵州、湖北等省、市，居全国各省市、自治区的第 15 位。

四川归属于长江流域的水资源总量为 2568.2 亿 $m^3$，占全省的 98.2%，占长江流域水资源总量的 25.8%，为长江流域各省市、自治区水资源量的第 1 位。

按 2010 年户籍人口计算，四川人均水资源量 2906$m^3$，为全国人均水资源量的 1.4 倍、长江流域人均水资源量的 1.35 倍，但只相当于世界人均占有量的 40%。

按联合国教科文组织制定的水资源丰歉标准，人均年水资源量大于 3000$m^3$ 为丰水；2000~3000$m^3$ 为轻度缺水；1000~2000$m^3$ 为中度缺水；500~1000$m^3$ 为重度缺水；小于 500$m^3$ 为极度缺水。水利部水资源司提出了我国水资源紧张标准：人均水资源量 1700~3000$m^3$ 为轻度缺水；1000~1700$m^3$ 为中度缺水；500~1000$m^3$ 为重度缺水；小于 500$m^3$ 为极度缺水。按此标准计算，以 2010 年户籍人口计算，四川总体上属于轻度缺水的地区。预测 2020 年以后四川人口将超过 9000 万人，人均水资源量下降到 2900$m^3$，未来水资源形势不容乐观。

但是由于水资源分布不均，四川各市、州人均水资源量差别很大，除甘孜、阿坝、凉山、雅安、攀枝花和乐山等市、州人均超过 3000$m^3$，达到丰水区的标准外，其他市均属缺水地区。按人均水资源量 1700$m^3$ 为用水紧张线衡量，有 11 市低于此标准。其中德阳、成都、广安、南充、自贡、资阳、内江、遂宁等 8 个市属于人均低于 1000$m^3$ 的重度缺水区和极度缺水区，与我国北方黄河、淮河、海滦河等缺水地区的指标相当（见表1-4）。

表1-4 四川省各市、州人均水资源标准划分

| 标 准 | 行政区 |
| --- | --- |
| 大于3000m³为丰水 | 甘孜州、阿坝州、凉山州、雅安市、攀枝花市、乐山市 |
| 1700~3000m³为轻度缺水 | 广元市、绵阳市、巴中市、眉山市 |
| 1000~1700m³为中度缺水 | 达州市、泸州市、宜宾市 |
| 500~1000m³为重度缺水 | 德阳市、成都市、广安市、南充市 |
| 小于500m³为极度缺水 | 自贡市、资阳市、内江市、遂宁市 |

资料来源：引自林凌、王道延主编，刘立彬、刘世庆副主编《四川水利改革与发展研究报告》（书稿）。

四川共有181个县、市、区，其中不同程度缺水的县、市、区有108个，占县、市、区总数的59.7%。盆地腹部地区成都、自贡、遂宁、内江、资阳等城市，共有47个极度缺水的县、市、区和23个重度缺水的县、市、区。四川虽然水资源总量较丰，但各地的人均差异很大，造成缺水形势严峻。

（二）水资源的地区分布极不均衡

四川人均水资源量小于1000m³的城市，有成都、自贡、德阳、遂宁、内江、南充、广安、资阳等8市。其中川中丘陵区工农业发达、人口众多的自贡、遂宁、内江、南充是四川水资源的极度缺水区，人均水资源量仅298~548m³，亩均仅490~914m³。其中遂宁为最低值，人均仅298m³，亩均仅490m³。这与我国北方河南、山东省水资源水平相当，可见盆地腹部地区水资源的供需矛盾十分突出。水资源在地域上的分布与工农业生产布局极不相匹配，更加剧了缺水矛盾，成为制约经济社会可持续发展的重要因素。从水资源量与GDP关系看，甘孜州、阿坝州是人均水资源水平很高的地区，人均GDP发展潜力很大；而人均GDP高的成都、自贡等城市，人均水资源水平很低。

（三）水资源的时间分布不均衡

四川的径流年内分配很不均匀，除主要受降水分配影响之外，还要受下垫面因素再分配和蒸发的影响。径流年内分配与降水年内分配有相似性，又有一定差异。四川各地月最大径流与最小径流的比值变化为3~52倍。径流时程变化大体情况是，盆地腹部地区变化最大，而外围山地及西部高山高原变化较小。采用最大、最小年径流比值作为相对变幅的指标可反映径流的多年变化。年径流变幅最

小的是岷江上游、大渡河上中游和青衣江，比值为 1.4～2.0；变幅次小的是金沙江、长江南岸区及盆地西缘山麓，比值为 2.0～3.0；变幅较大的是渠江中下游、涪江中下游、沱江中下游及嘉陵江，比值达 6.0～10.0。还出现连续 3 年的丰与偏丰或枯与偏枯年。年际和年内分布不均使可利用的水资源相对较少、水资源时空分布不均、干旱频繁、季节性缺水严重，而汛期水资源又特别集中、洪涝灾害频发，这是造成四川旱洪灾害严重的重要原因。

（四）水质总体良好，局部水环境恶化

水环境的污染源包括工业、农业、生活三大类，主要污染物为：化学需氧量、氨氮、石油类、挥发酚、重金属、总氮、总磷、铜、锌、动植物油等。工业污染源具点源污染特征。农业生产中由于化肥、农药、地膜广泛使用，造成农业的面源污染，而畜禽、水产养殖业造成的污染更甚。农业源污染物中的化学需氧量、总氮、总磷的排放为主要来源，对水环境的影响不可忽视。

四川有流域面积大于 $100km^2$ 的河流约 1368 条，其中流域面积在 $10000km^2$ 的河流 21 条，目前从总体上看水质良好。根据《四川省水资源公报（2010 年）》公布的水质概况，在金沙江、大渡河、青衣江、岷江、沱江、涪江、嘉陵江、渠江 8 条河流，评价河长 3605 公里，水质类别组成分别是：全年 Ⅰ～Ⅲ 类河长 3071km，占评价河长的 85.2%；Ⅳ～Ⅴ 类河长 349km，占 9.7%；劣 Ⅴ 类河长 185km，占 5.1%。年度监测的湖泊水质，水环境 Ⅱ 类标准的水域面积占 44.3%；达 Ⅲ 类标准的水域面积 55.7%。在评价的 62 座水库中，Ⅱ 类标准的水库 12 座，占评价总数的 19%；Ⅲ 类标准的水库 22 座，占评价总数的 36.5%；Ⅳ 类标准的水库 14 座，占评价总数的 22.2%；劣 Ⅴ 类标准的水库 11 座，占评价总数的 17.5%。

据统计，2009 年四川废水排放总量为 26.39 亿吨（不包括火电厂贯流式冷却水）。其中工业废水排放量占 40.6%，生活污水排放量占 59.4%；化学需氧量（COD）排放量 74.8 万吨，氨氮排放量 6 万吨。四川 90% 的城市与江河相邻，有 73% 的城市污水和 30% 的工业废水未经处理直接排入河流，导致河流水体污染，造成沿江城镇取水困难，不得不另辟水源。水质变差，使有限的水资源量不断减少，加剧了供用水矛盾。特别是腹部地区的城市附近水体污染更为严重，城市缺水更加突出。

（五）水生态问题不断出现

由于水资源开发利用份额的失调，四川存在不同程度的水生态恶化问题。引水或梯级河堰拦蓄，造成局部河段脱水、断流。岷江上游梯级引水式电站引水过度，致使河段脱水；为满足工农业和城镇生活供水，都江堰枯水期引水过量，使金马河局部河段断流；局部地区地下水过度开采，出现降落漏斗；水土流失严重，使治理任务十分艰巨；湖泊面积萎缩，邛海 20 世纪 50 年代初水面面积为 $31km^2$，蓄水量 3.2 亿 $m^3$，到 2000 年水面面积萎缩到 $26.76km^2$，蓄水量减少到 2.78 亿 $m^3$；由于干旱缺水、水土流失、滥垦滥牧、草场萎缩、鼠害虫灾等原因，草原牧区出现一系列水生态和环境问题，造成湿地萎缩、草原沙化，若尔盖湿地的沙化面积正以每年 11.6% 的速度递增。

# 五　四川水资源的可利用量

（一）地表水可利用量

地表水资源可利用量是以流域为单元，指在可预见的时期内，在统筹考虑河道内生态环境和其他用水的基础上，通过经济合理、技术可行的措施，在流域（或水系）地表水资源量中，可供河道外生活、生产、生态用水的一次性最大水量（不包括回归水的重复利用），是一个流域水资源开发利用的最大控制上限。水资源可利用量以水资源可持续开发利用为前提，水资源的开发利用要对经济社会发展起到促进和保障作用，且又不对生态环境造成破坏。水资源可利用量应扣除不可以被利用和不可能被利用的水量。所谓不可以被利用水量是指不允许利用的水量，以免造成生态环境恶化及被破坏的严重后果即必须满足的河道内生态环境用水量。

考虑各地区现有、规划的蓄、引水工程，在预见期（2030 年）区域内调蓄能力，可增加汛期洪水、调入水的一次性利用量。

四川水资源总量为 2615.69 亿 $m^3$，经计算扣除河道生态基流和不可能利用的洪水，计入预见期（2030 年）区域内调蓄能力、调入水量和过境水利用水量，初步估算全省水资源三级区的水资源可利用量为 865.15 亿 $m^3$，占水资源总量的 33.1%。

按水资源三级区计算，分解到各市、州，并考虑规划引水工程跨流域调水和过境水利用，进行修正得各市、州可利用水量（见表1-5）。

表1-5 四川省各市、州水资源可利用量

单位：亿 m³,%

| 行政区 | 水资源总量 | 水资源可利用水量 | 水资源可利用水量占总量的比重 | 规划调整 | | 修正后水资源可利用水量 | 修正后水资源可利用水量占总量的比重 |
| | | | | 调入 | 调出 | | |
|---|---|---|---|---|---|---|---|
| 四川省 | 2615.69 | 865.15 | 33.1 | 126.1 | 126.1 | 865.15 | 33.1 |
| 成都市 | 80.41 | 51.63 | 64.2 | 37 | — | 88.63 | 110.2 |
| 自贡市 | 14.79 | 11.4 | 77.1 | 8.7 | — | 20.1 | 135.9 |
| 攀枝花市 | 48.2 | 26.9 | 55.8 | 8.1 | — | 35 | 72.6 |
| 泸州市 | 61.58 | 29 | 47.1 | 8.2 | — | 37.2 | 60.4 |
| 德阳市 | 30.68 | 17.46 | 56.9 | 4.6 | — | 22.06 | 71.9 |
| 绵阳市 | 114.18 | 66.34 | 58.1 | 3 | 7.8 | 61.54 | 53.9 |
| 广元市 | 83.85 | 26.7 | 31.8 | 1 | 13.6 | 14.1 | 16.8 |
| 遂宁市 | 11.35 | 10.17 | 89.6 | 6 | — | 16.17 | 142.5 |
| 内江市 | 15.1 | 11.28 | 74.7 | 8.1 | 1.3 | 18.08 | 119.7 |
| 乐山市 | 118.94 | 37.54 | 31.6 | 3.4 | 1 | 39.94 | 33.6 |
| 南充市 | 41.23 | 27.65 | 67.1 | 9.4 | 2.7 | 34.35 | 83.3 |
| 眉山市 | 59.93 | 33.14 | 55.3 | 1.9 | — | 35.04 | 58.5 |
| 宜宾市 | 91.16 | 46.82 | 51.4 | 9.6 | — | 56.42 | 61.9 |
| 广安市 | 29.64 | 16.74 | 56.5 | 4.5 | — | 21.24 | 71.7 |
| 达州市 | 103.71 | 47.82 | 46.1 | 1.6 | — | 49.42 | 47.7 |
| 雅安市 | 168.57 | 31.06 | 18.4 | — | 20 | 11.06 | 6.6 |
| 巴中市 | 71.68 | 33.99 | 47.4 | — | — | 33.99 | 47.4 |
| 资阳市 | 21.22 | 16.64 | 78.4 | 11 | — | 27.64 | 130.3 |
| 阿坝州 | 391.33 | 101.57 | 26.0 | — | 53.6 | 47.97 | 12.3 |
| 甘孜州 | 659.73 | 106.87 | 16.2 | — | 26.1 | 80.77 | 12.2 |
| 凉山州 | 398.41 | 114.43 | 28.7 | — | — | 114.43 | 28.7 |

资料来源：引自林凌、王道延主编，刘立彬、刘世庆副主编《四川水利改革与发展研究报告》（书稿）。

（二）地下水可开采量

地下水可开采量是指在可预见的时期内，通过经济合理、技术可行的措施，在不引起生态环境恶化条件下允许从含水层中获取的最大水量。四川开发利用地下水资源具有悠久的历史，四川多年平均地下水可开采资源量为148.94亿 m³/a。

### （三）过境水可利用量

上述水资源可利用量是建立在当地水资源概念的基础上。过境水可利用量必须与水利工程建设相一致，有蓄、引、提水工程措施才有可利用量。经计算，四川 2030 年的过境水和跨流域调水，可利用水量为 126.1 亿 $m^3$。

## 六 四川水资源的开发利用

### （一）开发利用情况

在 1949 年新中国成立初期，四川除都江堰水利工程灌溉 280 万亩农田外，无其他骨干灌溉工程，仅有小（二）型水库 2 座，小型引水工程 11310 条，山平塘 189805 座，石河堰 5246 处，机电井 349 口，其他工程 14109 处，合计各类水利工程 22.08 万处，蓄、引、提能力为 33.59 亿 $m^3$，有效灌溉面积为 801.61 万亩，保证灌溉面积为 616.87 万亩，有效灌溉面积仅占耕地的 10.7%。

新中国成立 60 多年来，四川水利为改善民生、服务发展，治水成效显著，水利发展改革成果惠泽广大人民群众，有力地支撑保障了经济社会的全面协调可持续发展。

据统计，1980～2010 年四川供水量从 170.14 亿 $m^3$ 增加到 249.81 亿 $m^3$，年均增加 2.66 亿 $m^3$，年均增长率为 1.29%。生活用水量由 19.98 亿 $m^3$ 增加到 52.69 亿 $m^3$，占总水量的比例由 11.7% 提高到 17.4%；工业用水量由 13.95 亿 $m^3$ 增加到 68.16 亿 $m^3$，其比例由 8.20% 提高到 27.3%；农业用水量由 131.08 亿 $m^3$ 增加到 132.21 亿 $m^3$，其比例由 77.0% 下降到 52.9%，年递减率为 0.01%。可以看出工业用水年递增率最高，其次是生活用水，农业用水微增长，供水比例更趋合理。

**1. 供水设施（见表 1-6）**

**2. 供水量**

2010 年，四川各类供水工程供水量为 249.81 亿 $m^3$（包括自备水源），其中水利工程供水量为 230.27 亿 $m^3$。在各类供水量中，地表水源供水量为 224.72 亿 $m^3$，占总供水量的 90%；地下水源供水量为 19.57 亿 $m^3$，占总供水量的 7.8%；其他水源供水量为 5.52 亿 $m^3$，占总供水量的 2.2%。

表 1 – 6　2010 年四川省各类水利基础设施统计

单位：处，亿 m³

| 工程类型 | 工程规模 | 数量 | 总水量能力 | 总库容 | 兴利库容 | 实际供水 |
|---|---|---|---|---|---|---|
| 蓄水工程 | 大型 | 7 | 45.6 | 45.6 | 30.26 | 10.21 |
| | 中型 | 109 | 28.81 | 28.81 | 20.44 | 13.14 |
| | 小型 | 6638 | 38.2 | 38.2 | 22.5 | 21.33 |
| | 塘堰 | 462588 | 29.2 | 29.2 | 27.96 | 18.27 |
| | 合计 | 469342 | 141.81 | 141.81 | 101.16 | 62.95 |
| 引水工程 | 大型 | 8 | 39.62 | — | — | 46.16 |
| | 中型 | 18 | 21.09 | — | — | 16.13 |
| | 小型 | 44639 | 52.52 | — | — | 40.67 |
| | 合计 | 44665 | 113.23 | — | — | 102.96 |
| 提水工程 | 合计 | 30082 | 14.47 | — | — | 8.63 |
| 水轮泵 | 小型 | 63 | 0.16 | — | — | 0.11 |
| 机电井 | 小型 | 24041 | 1.76 | — | — | 0.8 |
| 其他工程 | 小型 | 69484 | 1.42 | — | — | 1.21 |
| 合　计 | — | 637677 | 272.85 | 141.81 | 101.16 | 176.65 |

资料来源：《2010 四川省水利统计年鉴》，转引自林凌、王道延主编，刘立彬、刘世庆副主编《四川水利改革与发展研究报告》（书稿）。原注：未包括工矿企业自备水源设施和大量的集雨工程、水窖等。

### 3. 用水量

四川国民经济各行业总用水量从 1980 年的 170.14 亿 m³，增加到 2010 年的 249.81 亿 m³（包括自备水源），30 年间年递增率为 1.29%。城镇生活用水量从 1980 年的 4.88 亿 m³，增加到 2010 年的 25.59 亿 m³（包括生态环境用水），年递增率为 6.19%；农村生活用水量从 1980 年的 15.1 亿 m³，增加到 2010 年的 23.1 亿 m³，年递增率为 1.43%；工业用水量从 1980 年的 13.9 亿 m³，增加到 2010 年的 68.2 亿 m³，年递增率为 5.4%；农业用水量从 1980 年的 136.12 亿 m³，增加到 2010 年的 132.21 亿 m³，年均递增率为 – 0.01%，实现了负增长。

### （二）开发利用程度

据 2010 年水资源数量以及供用水分析，四川的水资源开发利用率[①]为 9.5%，

---

① 水资源开发利用率：指年实际用水量与年均水资源量的比值，反映水利工程对该地区水资源的利用程度，国际公认的流域水资源开发利用警戒线为 30% ~ 40%。

低于全国平均值21.7%，也低于长江流域的19.9%，水资源开发利用程度不高，且各市、州和各地貌分区差异很大。水资源开发利用率最高的地域，是盆地腹部地区，达25.5%，其中丘陵地区达28%、平原地区为19.2%；开发利用率最低的地区是盆周山区，为4.2%，川西北高山高原区为5.9%。按各市、州情况分析，遂宁市、自贡市已超过40%的警戒线；内江市、资阳市、德阳市和成都市均超过25%；甘孜州最低，仅0.6%。

从以上分析可看出，四川水资源开发利用率仅9.5%左右。除盆地腹部地区以及沱江和岷江鱼嘴个别河段稍高之外，其他地方均较低，更低于国际公认的流域水资源开发利用40%的警戒线。目前我国北方江河的水资源开发利用程度早已超过40%，如北方地区为50%，淮河流域为45.1%，辽河流域为53%，黄河流域为73.3%，海河流域为134.4%。从对径流的调节能力[①]来看，四川各类蓄水工程总库容为141.18亿 $m^3$，占地表水资源总量的5.4%，大大低于全国25.5%的比例，说明四川径流调节能力很低。

（三）用水效率与水平

2010 年，四川人均用水量为311 $m^3$，低于全国人均用水量450 $m^3$ 和长江流域人均用水量449 $m^3$；万元 GDP 用水量为145 $m^3$，与全国万元 GDP 用水量150 $m^3$ 和长江流域万元 GDP 用水量144 $m^3$ 相当；万元工业增加值用水量为85 $m^3$，略低于全国万元工业增加值用水量90 $m^3$，低于长江流域万元工业增加值用水量127 $m^3$。人均用水量在四川各市、州中攀枝花最大；在水资源三级区中雅砻江最大。万元 GDP 用水量在四川各市、州中成都市、泸州市最小；在水资源三级区中，广元昭化最小。

四川作为农业大省，农田灌溉用水量在国民经济各部门中所占比重较大。2010 年四川农田灌溉亩均用水量为345 $m^3$，低于全国和长江流域农田灌溉亩均用水量421 $m^3$ 和437 $m^3$ 的水平，但境内各地区气候条件和耕作制度差异较大。在各市、州中资阳市亩均灌溉用水量最低，为254 $m^3$；攀枝花市亩均灌溉用水量最高，为954 $m^3$。

———————————

① 水资源调蓄能力：指一个区域或流域的蓄水工程的总库容与年均径流的比值，反映水利工程对该地区水资源的调蓄控制能力。

四川城镇居民生活用水指标为 170L/人·d（计入公共设施用水），低于全国城镇居民生活用水指标 193L/人·d 和长江流域城镇居民生活用水指标 221L/人·d，其中攀枝花市及盆地腹部地区各市的生活用水指标普遍高于其他地区。

# 七　四川水资源开发利用中的主要问题

## （一）防洪减灾能力不足

四川现有 70% 以上的固定资产、40% 的人口、30% 以上的耕地、60 余座重要城市，以及大量重要国民经济基础设施和工矿企业，分布在河流两岸，长期受洪水威胁。每年因洪灾造成的直接经济损失达 10 亿~30 亿元。经过多年大规模防洪工程建设，四川的部分河流河段建设了堤防、护岸等防洪工程。截至 2010 年四川建成的各类堤防达 4274.41km，其中达标堤防为 2158.29km，占已建堤防总长的 50.5%，保护人口 1522.48 万人、耕地 860.45 万亩。与 2005 年相比，新增堤防 924.91km，达标堤防率由 36% 上升到 50.5%，取得了很大成绩，在防御洪水中发挥了重要作用。但与确保江河安澜和改善民生的要求相比，仍存在一些突出问题和薄弱环节，洪涝灾害仍是经济社会发展的心腹之患。从全局看四川防洪工程建设进展缓慢，已建防洪工程尚未形成抗洪体系。岷江、沱江、涪江、嘉陵江、渠江、安宁河及主要支流整治任务仍很艰巨。按防洪规划仍需建设的堤防、护岸为 3470km，其中堤防达 2348km。

## （二）缺乏骨干调蓄工程

2010 年四川水资源开发利用率为 9.5%，低于长江流域的 19.9%，更低于全国平均水平 21.7%，以及河南、山东、湖南、湖北等人口大省的水平。四川蓄水工程总水量能力为 141.18 亿 $m^3$，水资源调控能力人均仅 176$m^3$，远小于兄弟省、市的 240~1750$m^3$，以及全国平均 527$m^3$ 的水平，更大大低于发达国家 3000$m^3$ 的水平。显然，四川的水资源调控能力无法支撑一个现代文明社会的基本用水需求。由于缺乏骨干调蓄工程，无法抗御干旱，更无法满足经济社会发展对供水增长的需要。

### （三）现有水利工程老化

四川 20 世纪 80 年代以后新增水利蓄、引、提水能力仅为现有蓄、引、提水能力的 35%，新增有效灌面仅为现有有效灌面的 17.2%。水利建设跟不上经济社会发展的需要，还在吃 20 世纪 50～70 年代的老本，甚至吃都江堰的老本。由于大部分水利工程建设年代已久，当时建设标准低，遗留问题多，且绝大多数已运行 30 多年，许多工程已超过设计运行期，工程老化、年久失修、建筑物损坏严重、水量损失大、工程效益衰减现象十分普遍。人均有效灌面从 1995 年以来长期维持在 0.42 亩的低水平。四川水利建设现状与农业大省、人口大省的地位极不适应，严重制约农业生产和社会经济的发展。

### （四）水利投入严重不足

1981 年以后，由于物价指数的上涨，水利投入资金虽然绝对值有所增加，但水利投入占国民经济总投入的比例呈下降趋势，仅占固定资产投资的 5%～0.75%。近十多年来，四川水利建设投资除中央投入外，省级水利基建投资一直保持在每年 1.5 亿元左右水平，与经济发展和财政收入增长根本不同步，占全省地方财政预算收入的比例由 1995 年的 1.24% 下降到 2010 年的 0.31%，仅为云南的 1/6，甘肃的 1/3，陕西和广西的 1/2，大大落后于比四川经济实力落后的西部省、区。10 年前的 1.5 亿元的水利基建投入，在今天还值几何？说明"六五"以来，四川水利建设投入严重不足，欠账太多。水利投入在国民经济中应有一个合理比例，并适当超前，才能满足供水的需求。由于缺乏稳定的投入保障机制，四川水利建设严重滞后于经济社会发展的需要。

### （五）水生态环境遭破坏

据 1995 年第二次全国土壤侵蚀遥感调查，四川水土流失面积达 22.13 万 $km^2$，占国土面积的 45.75%，占长江上游水土流失面积的 50% 以上，年土壤侵蚀总量近 9.66 亿吨，是每年流入长江的泥沙总量的 60%。主要源于四川盆地丘陵区，这也是水土流失平均侵蚀摸数最高的地区。从 20 世纪 50 年代至 80 年代，水土流失呈现增长趋势。经过多年的治理，截至 2010 年，累计治理面积达 9.49 万 $km^2$，占水土流失面积的 42.9%，取得了一定成绩。四川对滑坡、泥石流山地灾害的治理尚未开展，人为新的水土流失未能得到根本遏制，开发建设对生态环境的压力很大，治理水土流失的形势依然严峻。

2010 年对四川主要河流干流及部分支流的重点河段进行水质评价。主要评价河流，包括金沙江（四川段）、大渡河、青衣江、岷江、沱江、嘉陵江、涪江、渠江，评价河长为 3605 公里。评价标准采用《地表水环境质量标准》（GB3838—2002）。评价结果，全年期Ⅳ类河长 227 公里，占 6.3%；Ⅴ类河长 122 公里，占 3.4%；劣Ⅴ类河长 185 公里，占 5.1%。共有 31.5% 的河长受到不同程度的污染，其中近 14.8% 的评价河长污染极为严重，已丧失了水体应有的功能。近年，四川每年废污水排放总量为 28.7 亿~30 亿吨，加剧了水域污染，特别是腹部地区城市附近水体污染更为突出，枯水期大部分河流已失去了水体应有的功能。由于水质变差，有限的水资源可供水量不断减少或有水不能用，从而加剧了供用水矛盾，特别是腹部地区沿沱江的简阳、资阳、资中、内江、富顺和沿釜溪河的自贡市均为缺水城市。

2009 年四川共排放工业废水 10.71 亿吨，为全省排放总量的 40.6%；排放化学需氧量 24.5 万吨，为全省化学需氧量排放总量的 32.8%；排放氨氮 1.35 万吨，为全省氨氮排放总量的 22.7%。与此同时，共排放城市生活污水 15.68 亿吨，为全省污水排放总量的 59.4%；排放化学需氧量 50.25 万吨，占全省化学需氧量排放总量的 77.3%。城市排放呈现增长趋势。四川年城市污水处理率仅为 74.8%。2009 年四川工业固体废弃物产生量为 8597 万吨，其中一般固体废弃物产生量占 99%、危险固体废弃物产生量占 1%。工业固体废物综合利用率为 57.6%。32 个建制市的城市生活垃圾产生量为 656 万吨，呈上升趋势。这些污染物严重破坏生态环境，成为面源污染的主要来源之一。

四川是传统的农业大省，随着城市环境质量的改善和对工业污染源的治理，农村小集镇生活污水和生活垃圾、畜禽养殖、农药、化肥、秸秆焚烧造成的农村环境问题日益凸显。全省农村面源污染物入河量已占到污染物总入河量的 30%~40%，部分地区达到 70%。如化肥使用量从 1952 年的亩均 0.05kg，提升到 2010 年的亩均 41.6kg，增长了 831 倍；农药使用量从 1952 年的亩均 0.004kg，提升到 2009 年的亩均 1.04kg，增长了 260 倍，近年来还呈上升趋势。化肥和农药的过量使用加剧了水体的污染，畜禽渔养殖业的污染已是水库、河流大肠菌群超标的重要原因。农村生活污水和生活垃圾的收集和处理尚处于空白，农村面源污染是当前面临的新问题。城市化进程加快，城市饮用水水源安全面临水质不断恶化，部分水源地丧失功能；水量不足、保证率不高；安全防护体系和保障措施薄弱；水土流失和面源污染严重；地下水遭到污染、超采严重等严峻的形势。水生态遭破坏、水环境受污染，致使有限的可用水资源变成无用水资源，既加剧了水资源供需矛盾，也恶化了生态环境。

（六）用水效率和效益低，水资源浪费严重

水资源短缺是四川社会经济持续发展的心腹之患；与此同时，四川还存在用水效率和效益低，水资源浪费比较严重的问题。

农业灌溉是四川第一用水大户，用水量约占全省用水总量的67%。由于用水技术落后，管理粗放，输水、用水浪费严重。灌溉水利用率仅43%左右，较先进国家低40个百分点；粮食水分生产率小于 $1.0kg/m^3$，不到先进国家的1/2，水量利用率与水分生产率均相对较低，说明四川农业的节水潜力较大。

工业万元增加值用水量为 $85m^3$，GDP万元用水量为 $134m^3$，均为发达国家的 $1\sim20$ 倍；工业用水重复利用率为45%左右，低于发达国家35~45个百分点。四川主要城市自来水普及率达97.2%，但节水意识和建设"节水型城市"的观念尚未全面形成，自来水管网跑、冒、滴、漏损失率达15%以上，水冲公厕比率达86.8%，污水处理回用及雨水利用还没有推广，与国内先进地区比较差距明显，严重影响了工程供水效益的发挥。工业及城市的节水潜力还很大。

（七）水资源管理体制不完善

四川对水资源的统一管理格局初步形成，但条块分割、"多龙"管理的局面尚未得到根本转变，难于发挥水资源综合利用效益，也不利于水资源的保护。水电开发也带来流域综合、协调开发的问题。四川水力资源理论蕴藏量10MW及以上的河流共781条，水力资源理论蕴藏量143514.7MW、年发电量12571.89亿 $kW\cdot h$，技术可开发装机容量126908.7MW、年发电量6451.6亿 $kW\cdot h$，经济可开发装机容量103270.7MW、年发电量5232.89亿 $kW\cdot h$。其中小于50MW的农村水能资源技术可开发总量为20807.05MW，单位面积技术可开发量为 $43kW/km^2$。由于前期工作深度不够及部门之间缺乏协调；少数开发商盲目开发、急功近利，仅从提高发电效益出发开发电站；资源利用方式单一，不按环保要求保持河道生态流量，致使下游河道水生态环境严重恶化和水资源不能合理调配等问题出现。

# 八　加强重大水利工程建设　解决工程性缺水问题

## （一）实现水资源合理配置是四川水利工程建设的重点

四川水资源调控能力仅 5.4%，充分说明四川严重缺乏水资源配置的调蓄工程，工程性缺水十分严重，无法调节利用自身水资源优势来抗御干旱，难以改变水利工程供水"三为主、两缺乏"（即以地表水供水为主、以引水工程供水为主、以小型工程为主；缺乏骨干水源工程、缺乏调蓄水工程）的现实问题，无法满足经济社会可持续发展对供水的需求。四川盆地腹部地区由于人口众多、经济社会较为发达、水资源总量少、人均水资源量最小、水资源承载能力不足、水资源压力指数高、区域内水资源开发利用率已经比较高，扣除外引水量达到 23.7% 左右，水资源调控能力为 20.2%。当地水资源难以满足经济社会持续发展对供水的需要，除应继续选择条件较好的地方，修建必要的骨干蓄水工程，继续提高当地径流的开发利用率和水资源调控能力外，必须从富水区调水补给，属四川外调水源补给区。要抓好区域"五横四纵"工程，即已建的都江堰水利工程和玉溪河引水工程、规划的向家坝引水工程、长征渠引水工程以及正在建设的武都引水工程、升钟灌区工程、规划的亭子口灌区工程、罐子坝灌区工程以及引大（大渡河）济岷（岷江）工程建设等，形成以"五横四纵"为骨干的城乡供水网络骨架，以保障区域的供水安全。实现可控制有效灌面 3567 万亩的目标，其中新增有效灌面 494.3 万亩、改善灌面 3073 万亩；解决 2156 万人的供水问题，占区域总人口的 31%，年调引水量达 184 亿 m³，可覆盖整个盆地腹部地区。

盆周山地区、川西南山地区、川西北高原区人口较少，经济社会发展相对滞后，水资源较为丰富，人均水资源量较高，水资源承载能力较大，压力指数小，但水资源调控能力不到 3%，是继续提高水资源调控能力的重点地区。抓好安宁河河谷平原"一纵"工程即大桥水库灌区配套续建。抓好盆周山区和川西南山地区重点骨干水源工程建设。因此，必须修建足够的蓄水工程，提高调控能力，合理利用当地水资源，满足区域经济社会持续发展对水资源的需求。同时，还可以调出部分水量补给盆地腹部地区，是四川当地径流供水区和水源调出区。

（二）2010～2030 年四川在建、拟建水利骨干工程

按照水资源合理配置思路和各分区水源工程布局建设，四川规划在 2030 年以前要修建亭子口、小井沟、李家岩、土溪口、黄桷湾、红鱼洞、米市、龙塘等 16 个大型水库，建成向家坝引水工程等 5 个大型跨流域引水工程，以及 100 多处骨干中型水库，可新增蓄水总库容 121 亿 m³，新增供水 148.7 亿 m³。四川的水资源开发利用率将由现在的 10% 提高到 15.7%，水资源调蓄能力将由现在的 5.4% 提高到 9.3%，实现水资源合理配置战略部署，四川的水资源调蓄能力将有一个大的提升。将能解决四川工程性缺水问题，满足 2030 年四川供水需求，确保供水安全（见表 1－7）。

表 1－7 2010～2030 年四川省在建、拟建水利骨干工程统计

单位：个，亿 m³

| 地 区 | 工 程 | 数量 | 新增总库容 | 新增供水 |
|---|---|---|---|---|
| 盆 地 区 | 大中型水库 | 96 | 84.82 | 52.6 |
| | 引 水 工 程 | 4 | — | 73.14 |
| | 小 计 | 100 | 84.82 | 125.74 |
| 盆 周 山 区 | 大中型水库 | 43 | 29.1 | 10.4 |
| 川西南山区 | 大中型水库 | 18 | 7.1 | 8.36 |
| | 引 水 工 程 | 4 | — | 3.76 |
| | 小 计 | 22 | 7.1 | 12.12 |
| 川西北高原 | 引 水 工 程 | 21 | 0.03 | 4.22 |
| 合 计 | | 186 | 121.05 | 148.72 |

资料来源：引自林凌、王道延主编，刘立彬、刘世庆副主编《四川水利改革与发展研究报告》（书稿）。

要保护利用好世界遗产——都江堰水利工程，继续搞好都江堰灌区续建配套与节水改造，尽快建设都江堰扩灌—毗河供水工程，实现都江堰供水区水资源合理配置，提高水资源承载能力。应尽快启动引大济岷工程前期工作。

# 第二章 四川城镇供水排水
# 产业发展的回顾

## 一 四川城镇公共供水产业发展的回顾

### （一）城镇初步实现基本公共供水服务均等化

2001~2010年，是四川城镇公共供水产业大发展的10年。从对城镇居民家庭生活用水设施的现状调查来看，城镇中有独用自来水的居民平均达到96.88%，其中低收入户中有独用自来水的居民达到93.01%；有厕所浴室的居民平均达87.2%，其中低收入户有厕所浴室的居民达到77.09%。这些数据反映出四川城镇居民家庭基本生活用水设施得到很大改善，生活用水水平和卫生条件得到很大提高，城镇居民初步实现了基本公共供水服务均等化的历史性进步（见表2-1），这是一个了不起的巨大成就。

表 2-1 2010 年四川省城镇居民家庭生活用水设施情况

单位:%

| 项 目 | 总平均 | 低收入户 | 较低收入户 | 中间收入户 | 较高收入户 | 高收入户 |
|---|---|---|---|---|---|---|
| 饮水情况 | | | | | | |
| 自来水 | 88.36 | 94.1 | 91.54 | 86.88 | 85.84 | 81.83 |
| 矿泉水 | 7.64 | 4.03 | 5.7 | 8.99 | 9.38 | 11.06 |
| 纯净水 | 4 | 1.88 | 2.76 | 4.13 | 4.78 | 7.11 |
| 用水情况 | | | | | | |
| 独用自来水 | 96.88 | 93.01 | 97.27 | 96.7 | 98.76 | 99.44 |
| 公用自来水 | 2.93 | 6.25 | 2.73 | 3.3 | 1.12 | 0.56 |
| 井、河水 | 0.02 | — | — | — | 0.11 | — |
| 其他 | 0.16 | 0.74 | — | — | — | — |
| 卫生设备 | | | | | | |
| 无卫生设备 | 2.38 | 6.11 | 1.61 | 1.69 | 0.19 | 1.7 |

续表

| 项　目 | 总平均 | 低收入户 | 较低收入户 | 中间收入户 | 较高收入户 | 高收入户 |
|---|---|---|---|---|---|---|
| 卫生设备 | | | | | | |
| 有厕所浴室 | 87.2 | 77.09 | 84.77 | 88.47 | 94.08 | 93.98 |
| 有厕所无浴室 | 6.46 | 9.33 | 9.03 | 5.58 | 4.2 | 3.19 |
| 公用 | 3.97 | 7.47 | 4.59 | 4.26 | 1.53 | 1.13 |

资料来源:《四川省统计年鉴（2011）》。

>>> 参考资料 2-1

## 四川省宜宾市城市公共供水产业的发展历程①

宜宾是什么时候用上自来水的？日供水量是多少？到底能不能满足用水需求？……宜宾城市供水从无到有，从小到大的发展历程，经过了几代人的艰苦努力。

水历史——50 年代有了自来水

20 世纪 50 年代，宜宾没有自来水，在大街小巷，经常都能看见大人挑水、小孩抬水的情景。1957 年 6 月 1 日，宜宾市民奔走相告，一片欢腾："有自来水了！自来水来了……"最初的自来水并非今天这样充足和方便。夏天，自来水上不了高楼，高地段因缺水而不得不停工停产，许多地区只能轮流定时定量供水。

2002 年 12 月 30 日，宜宾市四水厂开阀供水，全市最大的自来水生产线建成投运，城市供水设施进一步完善。至此，在夏季用水高峰期，城区居民彻底告别了用水的尴尬，企业也完全摆脱了生产用水短缺的困境。

2003 年，全市推行"一户一表"工程，逐步解决总表与户表的矛盾，截至 2009 年底，全市实现了 6 万多户"一户一表"目标。这标志着宜宾城市供水经历了从下河挑水到院坝用水，再到"一户一表"的跨越。

水资源——多水源供水系统

岷江和金沙江是宜宾的两个取水水源。宜宾属于多水源供水，这为城市用

---

① 《宜宾供水能力的变化和调查》，《宜宾日报》2010 年 10 月 25 日。

水提供了一个稳定的供水系统。一水厂取水点在岷江豆腐石，负责老城区及莱坝供水；二水厂取水点在岷江大佛陀，负责上江北片区供水；四水厂取水点在金沙江雪滩，负责南岸片区、下江北片区、天柏组团的供水。这就意味着，如果一个片区供水管网发生故障，其他供水管网也能及时供水，确保整个城市用水。为了保护水源，宜宾在取水点设立了24块水源保护标志牌，注明水源保护区的范围及规定。

水供应——日供水能力为16.5万吨

居民反映，以前住在高楼层，水量很小，用滴滴水。现在有了二次供水，高低都是一样的水量。宜宾清源水务公司针对地势较高或者楼层高的居民或者企业，建设加压供水系统，使用高位水箱、蓄水池、水塔、泵站、加压等设施，解决供水压力不足的问题。

过去，宜宾日供水能力为3000吨，供水人口为5万人、DN100mm以上的供水管线仅800m、供水范围只有老城区；如今，日供水能力上升到16.5万吨、供水人口近40万人、DN100mm以上的供水管线增加到约363km；供水范围已输送至南岸、江北、宜宾县、莱坝镇、象鼻工业园区等区域，达39.7km$^2$。

1985年，宜宾分别对三个水厂进行了改造、扩建，一、二水厂日供水能力均达到5万吨/日；2002年，宜宾四水厂正式投产，是全市最大的自来水生产线，有世界上比较先进的水处理工艺，日供水量为5万吨左右，主要承担南岸片区、下江北片区、天柏组团的供水任务；2007年，清源水务公司合并了宜宾县天泉供水公司。至此，清源水务公司达到16.5万吨/日的供水能力。目前，城区的日均用水量约为7万吨，即使夏季用水高峰期也完全能确保城市供水。

水使用——减少停水现象

居民反映，这几年停水现象越来越少，基本已经没有要蓄水准备应对停水的意识。现在即使出现停水，也会提前知晓，除非是突发事故，并且每次都比公布的时间提前恢复供水，对生活没有造成什么影响。也有市民反映，他们经常因为停电引起停水而犯愁。清源水务公司反映，四水厂不具备设置双电源条件，经常会因线路停电而影响水厂的正常生产。目前，实施双电源的条件已具备，公司已投入200多万元资金增设专电线路，将减少因停电而停水的现象。

为确保供水系统应对各类突发事件，加强了安全保障和应急系统建设，最大限度地避免人员伤亡和财产损失，维护正常的社会秩序。清源水务公司制定了《供水设施污染应急处理预案》、《漏氯抢险应急预案》、《水厂生产及管网调度预案》和《供水管网抢修应急处理预案》等突发事件应急处理预案，以保障城市供水安全。

### （二）城镇公共供水产业大发展

到 2010 年底，四川的城市供水综合生产能力达到 804.5 万 $m^3/d$；10 年来用水人口增长了 33.27%，达到 1438 万人；供水总量增长了 7.88%，达到 17.39 亿 $m^3$；人均家庭用水量达到 145.0L/人·d（见表 2-2），自来水普及率达 92%[①]，均取得了很大的成就。参考资料 2-1 介绍了四川省宜宾市城市公共供水产业的发展历程，这是四川城镇公共供水产业发展史的一个缩影。从中可以清楚地看到，"十五"和"十一五"期间是四川城镇公共供水产业大发展的黄金 10 年。

**表 2-2　2001~2010 年四川省城市供水发展情况**

| 项目 \ 年份 | 2001 | 2002 | 2003 | 2004 | 2005 | 2006 | 2007 | 2008 | 2009 | 2010 |
|---|---|---|---|---|---|---|---|---|---|---|
| 综合生产能力（万 $m^3/d$） | 788.9 | 864.1 | 867.7 | 890.2 | 880.5 | 555.5 | 759.2 | 755.1 | 705.4 | 804.5 |
| 供水总量（亿 $m^3$） | 16.12 | 16.53 | 16.56 | 16.97 | 17.18 | 12.18 | 15.40 | 16.06 | 15.55 | 17.39 |
| 供水管道长度（万 km） | 1.109 | 1.299 | 1.225 | 1.340 | 1.406 | 1.066 | 1.586 | 1.760 | 1.858 | 2.066 |
| 用水人口（万人） | 1079 | 1169 | 1267 | 1292 | 1362 | 1076 | 1245 | 1293 | 1284 | 1438 |
| 人均综合用水量（L/人·d） | 409.2 | 387.4 | 358.3 | 360.1 | 345.6 | 310.3 | 338.7 | 340.3 | 331.7 | 331.3 |
| 居民家庭用水量（亿 $m^3$） | 6.65 | 7.02 | 7.33 | 7.51 | 8.29 | 5.68 | 6.78 | 6.89 | 6.92 | 7.61 |
| 人均家庭用水量（L/人·d） | 168.8 | 164.5 | 158.4 | 159.4 | 166.7 | 144.6 | 149.2 | 146.1 | 147.6 | 145.0 |

资料来源：四川省住房和城乡建设厅提供，2011 年 11 月。

---

[①] 四川省 2010 年城市自来水普及率有 3 个数据：四川省统计局《四川省统计年鉴（2011）》为 90.80%；四川省住房和城乡建设厅《四川省住房城乡建设事业"十二五"规划纲要》为 92%；中国城镇供水排水协会《城市供水统计年鉴（2011）》为 93.24%。

10 年来城镇供水事业发展，不仅体现在城市，从图 2 - 1 可以直观地看出，四川县城的供水事业发展得更快。2010 年底，全省县城的供水综合生产能力达到 297.7 万 m³/d，比 2001 年增长 36.06%；用水人口达 780.0 万人，10 年增长了 70.83%；供水总量达 6.22 亿 m³，10 年增长了 73.26%；人均家庭用水量达 114.1 L/人·d（见表 2 - 3）。据不完全统计，自来水普及率达 89.6%[①]。与城市相比，县城取得了更大的进步。

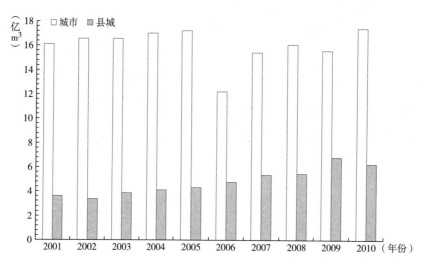

**图 2 - 1　2001~2010 年四川省城镇供水总量发展情况**

资料来源：四川省住房和城乡建设厅提供，2011 年 11 月。

**表 2 - 3　2001~2010 年四川省县城供水发展情况**

| 项目 ＼ 年份 | 2001 | 2002 | 2003 | 2004 | 2005 | 2006 | 2007 | 2008 | 2009 | 2010 |
|---|---|---|---|---|---|---|---|---|---|---|
| 综合生产能力（万 m³/d） | 218.8 | 231.2 | 242.7 | 249.2 | 250.9 | 241.0 | 432.6 | 281.6 | 351.4 | 297.7 |
| 供水总量（亿 m³） | 3.59 | 3.38 | 3.87 | 4.08 | 4.30 | 4.73 | 5.34 | 5.43 | 6.80 | 6.22 |
| 供水管道长度（万 km） | 0.394 | 0.421 | 0.475 | 0.478 | 0.508 | 0.559 | 0.651 | 1.122 | 0.927 | 0.983 |
| 用水人口（万人） | 456.6 | 395.9 | 430.2 | 452.6 | 486.6 | 592.4 | 669.4 | 704.1 | 799.3 | 780.0 |

---

[①] 四川省 2010 年县城自来水普及率数据采用中国城镇供水排水协会编《县镇供水统计年鉴（2011）》，2011，第 53 页。

续表

| 年份<br>项目 | 2001 | 2002 | 2003 | 2004 | 2005 | 2006 | 2007 | 2008 | 2009 | 2010 |
|---|---|---|---|---|---|---|---|---|---|---|
| 人均综合用水量<br>（L/人·d） | 215.7 | 233.7 | 246.3 | 246.8 | 241.9 | 218.9 | 218.6 | 211.4 | 232.8 | 218.6 |
| 居民家庭用水量<br>（亿 m³） | 1.96 | 1.71 | 2.07 | 2.20 | 2.42 | 2.48 | 2.86 | 2.85 | 3.44 | 3.25 |
| 人均家庭用水量<br>（L/人·d） | 117.4 | 118.3 | 131.6 | 133.4 | 135.9 | 114.7 | 117.1 | 111.0 | 117.7 | 114.1 |

资料来源：四川省住房和城乡建设厅提供，2011 年 11 月。

2001～2010 年，由于四川城镇化的进程提速，城镇建成区面积迅速扩大，城镇供水管道的建设进度大为加快。从图 2 - 2 可以看出，10 年来四川城市和县城的供水管道都呈现成倍增长的态势。其中城市的供水管道长度，由 2001 年的 1.109 万 Km，增长到 2010 年的 2.066 万 km，10 年来增长了 86.29%；县城的供水管道长度由 2001 年的 0.394 万 km，增长到 2010 年的 0.983 万 km，10 年来增长了 149.49%，取得了很大的进展。

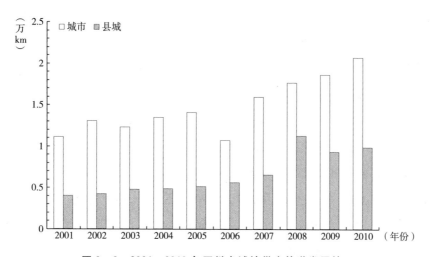

**图 2 - 2　2001～2010 年四川省城镇供水管道发展情况**

资料来源：四川省住房和城乡建设厅提供，2011 年 11 月。

### （三）城市人均综合用水量下降

与此同时，城镇人均用水量却没有明显的增长，反而呈现出基本持平或有所下降的态势（见图 2 - 3）。其中，城市居民人均综合用水量从 2001 年的 409.2L/人·d

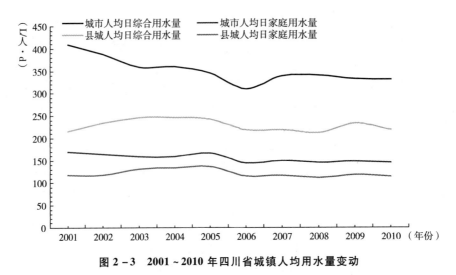

**图 2 - 3 2001～2010 年四川省城镇人均用水量变动**

资料来源：四川省住房和城乡建设厅提供，2011 年 11 月。

下降到 2010 年 331.3L/人·d，10 年下降了 19.04%；县城居民人均综合用水量从 2001 年的 215.7 L/人·d，增长到 2010 年的 218.6 L/人·d，10 年来只微增长了 1.34%。居民人均日综合用水量基本持平或有所下降，是在 10 年来城镇经济总量大幅增长的情况下取得的好成绩。它说明四川省城镇经济中，万元工业增加值用水量大幅下降、经济结构调整、工业和城镇节水管理工作取得了成效，特别是城市的成效更为明显。另外，城镇居民人均日家庭用水量的下降也是城镇居民人均日综合用水量基本持平或有所下降的一个原因。

（四）城镇人均日家庭用水量渐降

对于城镇居民人均日家庭用水量下降的现象，需要做一些分析。2001～2010 年，城市人均日家庭用水量从 168.8 L/人·d 下降到 145.0 L/人·d，10 年来下降了 14.10%；县城人均日家庭用水量从 117.4 L/人·d 下降到 114.1 L/人·d，10 年来下降了 2.81%。实际上，这与全国城镇人均生活用水量渐降的总趋势是一致的，有关研究把这归因于水价调控和居民节水意识的逐渐形成[1]。不过，这或许还与中国城镇化进程中存在"半城镇化"现象有关，即在快速城镇化过程中，城镇供水人口中有相当数量的农民工，他们在城镇的生活质量远没有达到城镇居

---

[1] 中国科学技术学会主编《中国城市承载力及其危机管理研究报告》，中国科学技术出版社，2008，第 210 页。

民的平均水准，相应用水量也较低，使城镇人均家庭用水量在一段时期内有渐降的情况。到了城镇化较成熟的阶段，也许城镇居民人均日家庭用水量还会有所上升。

## 二 四川城镇排水与污水处理产业发展的回顾

（一）城市排水与污水处理产业发展迅速

2001～2010年，四川城镇排水和污水处理产业的发展取得了巨大的成就。10年来，排水和污水处理的主要指标都成倍甚至成数倍的增长；有的指标更是从无到有，而且发展迅速（见图2-4）。

城市污水厂座数从2001年的10座，增长到2010年的57座，增长了470%；污水厂处理能力从2001年的70.5万 $m^3/d$ ，增长到2010年的333.4万 $m^3/d$ ，增长了373%；污水处理总量从2001年的2.45亿 $m^3$ ，增长到2010年的10.22亿 $m^3$ ，增长了317.1%（见表2-4），到2010年底，全省城市生活污水处理率达76%[①]，成绩斐然。

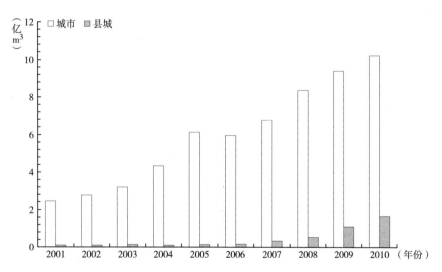

**图2-4 2001～2010年四川省城镇污水处理总量发展情况**

资料来源：四川省住房和城乡建设厅提供，2011年11月。

---

① 四川省2010年城市污水处理率有两个数据：四川省统计局《四川省统计年鉴（2011）》和中国城镇供水排水协会《城镇排水统计年鉴（2011）》为74.83%；四川省住房和城乡建设厅《四川省住房城乡建设事业"十二五"规划纲要》为76%。

表 2-4  2001~2010 年四川省城市排水及污水处理发展情况

| 项目 \ 年份 | 2001 | 2002 | 2003 | 2004 | 2005 | 2006 | 2007 | 2008 | 2009 | 2010 |
|---|---|---|---|---|---|---|---|---|---|---|
| 排水管道长度<br>（万 km） | 0.60 | 0.72 | 0.83 | 0.90 | 0.97 | 1.01 | 1.18 | 1.25 | 1.29 | 1.45 |
| 其中污水管道长度<br>（万 km） | 0.24 | 0.30 | 0.38 | 0.41 | 0.45 | 0.33 | 0.42 | 0.44 | 0.45 | 0.56 |
| 污水排放量<br>（亿 m³） | 12.39 | — | 13.02 | 13.4 | 14.26 | 12.03 | 12.3 | 12.80 | 13.92 | 13.65 |
| 污水厂处理能力<br>（万 m³/d） | 70.5 | 74.3 | 84.0 | 170 | 196.3 | 217.0 | 231 | 296.0 | 313.0 | 333.4 |
| 污水处理量<br>（亿 m³） | 1.70 | 2.00 | 2.29 | 3.46 | 5.14 | 5.26 | 6.02 | 7.8 | 8.52 | 9.55 |
| 污水处理总量<br>（亿 m³） | 2.45 | 2.77 | 3.21 | 4.32 | 6.09 | 5.94 | 6.78 | 8.36 | 9.39 | 10.22 |
| 污泥处理量<br>（万 t） | — | — | — | — | — | 19.79 | 27.3 | 20.45 | 24.20 | 26.17 |

资料来源：四川省住房和城乡建设厅提供，2011 年 11 月。

## （二）县城排水与污水处理产业实现零的突破

从四川县城 2001~2010 年排水及污水处理发展情况看，10 年来取得的成就也很突出。2001~2010 年，污水厂座数、污水厂处理能力、污水处理总量都是从无到有，分别达到 39 座、62.8 万 m³/d 和 1.64 亿 m³，在实现了县城的污水处理产业零的突破后，还取得了长足的进步（见表 2-5）。

表 2-5  2001~2010 年四川省县城排水及污水处理发展情况

| 项目 \ 年份 | 2001 | 2002 | 2003 | 2004 | 2005 | 2006 | 2007 | 2008 | 2009 | 2010 |
|---|---|---|---|---|---|---|---|---|---|---|
| 排水管道长度<br>（万 km） | 0.24 | 0.26 | 0.28 | 0.30 | 0.32 | 0.39 | 0.43 | 0.46 | 0.56 | 0.63 |
| 其中污水管道长度<br>（万 km） | 0.12 | 0.14 | 0.14 | 0.16 | 0.17 | 0.10 | 0.11 | 0.14 | 0.19 | 0.23 |
| 污水排放量<br>（亿 m³） | 2.90 | 3.00 | 3.00 | 2.68 | 3.20 | 3.77 | 3.91 | 3.91 | 4.56 | 4.74 |
| 污水厂处理能力<br>（万 m³/d） | 0 | 0 | 0 | 1 | 2.5 | 4.5 | 23.3 | 41.1 | 50.2 | 62.8 |

| 年份 项目 | 2001 | 2002 | 2003 | 2004 | 2005 | 2006 | 2007 | 2008 | 2009 | 2010 |
|---|---|---|---|---|---|---|---|---|---|---|
| 污水处理量（亿 m³） | 0 | 0 | 0 | 0 | 0.43 | 0.07 | 0.20 | 0.40 | 0.89 | 1.22 |
| 污水处理总量（亿 m³） | 0.10 | 0.10 | 0.12 | 0.09 | 0.12 | 0.15 | 0.32 | 0.51 | 1.07 | 1.64 |
| 污泥处理量（万 t） | — | — | — | — | — | 0.06 | 0.64 | 1.04 | 2.01 | 3.54 |

资料来源：四川省住房和城乡建设厅提供，2011 年 11 月。

从图 2-5 还可以看出，2001~2010 年，四川城镇污水管道建设也取得了显著的成绩，无论是城市还是县城，10 年来污水管道长度都是成倍增长。城市污水管道的长度，从 2001 年的 0.24 万 km，增长到 2010 年的 0.56 万 km，10 年来增长了 133.4%；县城从 2001 年的 0.12 万 km，增长到 2010 年的 0.23 万 km，10 年来增长了 91.7%。

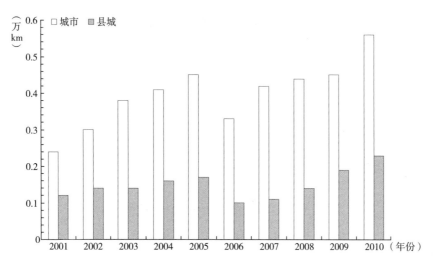

图 2-5  2001~2010 年四川省城镇污水管道发展情况

资料来源：四川省住房和城乡建设厅提供，2011 年 11 月。

# 三 四川城镇供水排水产业发展中的问题

## （一）供水安全与水质问题突出

四川在供水方面存在的问题，主要是水源污染形势严峻、现有水厂工艺相对落后、劣质管材严重影响管网安全和水质、供水设施发展不平衡等。

饮水水源水质面临巨大挑战,据住房和城乡建设部门对大中城市水厂取水口水质检测的结果表明:水源水质超标情况呈上升趋势。环境保护部门颁布的情况也指出:随着经济社会发展,水源地面临的环境压力显著增大,饮水水源水质总体呈下降趋势。与此同时,常规处理工艺难以满足水质要求,据对城市和县城的现有公共水厂的普查表明,地表水厂多数采用常规处理工艺;地下水厂多数只简单消毒;建制镇的水厂更普遍是常规处理工艺。目前,水源污染严重,水中有毒有害物质的种类和含量不断增加,常规处理工艺难以净化处理这些污染物。由于水源污染严重,水厂工艺相对落后,按国家新的"生活饮用水卫生标准"要求,相当数量的水厂工艺需要改造。

(二)城镇供水发展不平衡

一些城市的部分区域供水压力不足,全省城市低压区面积平均占比达12.04%,个别城市低压区面积高达75%~80%(见参考资料2-2)。劣质管材严重影响管网安全和水质,同时少数城市管网漏损率较高。全省城市管网漏损率平均达14.20%,其中高于30%的有5个城市,最高的达40.68%[①]。发展不平衡问题在供水领域很突出,个别城市和少数县城供水设施发展相对滞后,供水普及率仅50%~70%[②]。

>>> 参考资料2-2

### 自来水上不了楼　住户用水难[③]

住户用水难已近半年,当地有关部门正着手解决。

日前,家住成都市高新区中和街道的何先生打进热线说,丹桂苑小区的第5、6楼居民用水困难差不多有半年了,在用水高峰期,水是滴出来的,严重影响居

---

① 四川省城市供水低压区和管网漏损率的数据,采用中国城镇供水排水协会编《城市供水统计年鉴(2011)》的数据,2011,第108~111、164~169页。

② 中国城镇供水排水协会编《城市供水统计年鉴(2011)》,2011,第50~53页;中国城镇供水排水协会编《县镇供水统计年鉴(2011)》,2011,第52~57页。

③ 《自来水上不了楼　4000住户用水难》,《华西都市报》2011年11月30日,第20版。

民日常生活。记者走访发现，该辖区内原有的规划建设已不能满足居民日常用水需求，共有 10 余个小区、约 4000 户居民用水困难。

居民反映：第 5 层住户就"喊渴"

24 日，记者来到丹桂苑小区，所有的住宅均为 6 层的小高层。何先生住在 21 栋某单元的 6 楼，住宅为跃层建筑，"你看嘛，就这么点水。"他打开厨房里的水龙头，最大时水流也仅为正常的一半。"现在还好，如果是用水早晚高峰，水就是滴出来的。"

居民杨德珍家住 5 楼，说起用水问题，她显得有点激动。"晚上 7 时左右，连洗菜的水都没有。"杨德珍说，孙女在上初中，早上 6 时起床，由于水流太小，热水器都打不着，有时不得不用冷水洗漱，而孙女晚上 10 时半下自习回家，又遇见用水高峰，想洗个澡都不行。记者发现，丹桂苑小区共有近百户居民用水困难，均为家住第 5、6 层的住户。

记者调查：居民早晨 6 点起来囤水

"不仅是丹桂苑，我们小区的自来水也'上不了楼'。"昨日下午，位于中和街道办的府河一期业主卢文平说，他家住 6 楼，每天清晨 6 时左右，他就要起床囤水，把家里所有的水桶都装满，否则在用水高峰期，就无水可用。

住在附近锦城汉府小区的蒋宁说："为了洗个澡，我就要起早摸黑，只有早上 7 时前和晚上 11 时后，才能勉强洗。"蒋宁说，现在很多业主都在家自费安装了增压泵，不过也是效果甚微。

昨日，高新区中和街道办规建科吕波向华西都市报记者表示，他已接到数十个相关投诉，据初步统计，在中和街道辖区内，有 10 余个小区、约 4000 户居民用水困难。

怎么解决：安装新管道或可缓解

中和街道办综合科苏永丽表示，随着这个片区的快速发展，原有的规划建设已不能满足居民日常用水需求。

中和水厂工作人员田新旺说，现在中和辖区内的日用水达到 8000m$^3$，而一年前仅为 5000m$^3$ 左右，而水厂供水总量几乎没变，这就导致在用水高峰期，水压不够，自来水"难上楼"。目前，水厂正在安装一根直径为 600 毫米的供水管道，预计一到两周后，将投入使用。届时会在一定程度上缓解用水难现象，不过这也很难从根本上解决问题。

### （三）村镇供水安全形势严峻

四川集中供水的建制镇有 1433 个，占所有建制镇的 94.59%，其中有公共供水设施（厂、站）1786 个，自备供水设施 2092 个；四川集中供水的乡镇有 1676 个，占所有乡镇的 68.55%，其中有公共供水设施（厂、站）1849 个，自备供水设施 1428 个（见表 2-6）。供水设施规模都很小，且大量是简易供水设施供水；不少自备供水设施更为简陋，水质安全问题严重。2010 年，四川农村通过改水，取得了很大的成就，改水受益率达 90% 以上，但农村自来水受益率仅 53.3%，而且全省有 53900 个农村自来水厂、站（见表 2-7），说明其规模更小，水质和用水安全更难得到保障。

表 2-6　2010 年四川省建制镇和乡镇供水情况

| 项　目 | 集中供水的建制镇、乡镇 | | 公共供水设施 | | 自备供水设施 | | 年供水总量 | 用水人口 | 人均日综合用水量 | 人均生活用水量 |
|---|---|---|---|---|---|---|---|---|---|---|
| | 个 | % | 个 | 万 m³/d | 个 | 万 m³/d | 亿 m³ | 万人 | L/人·d | L/人·d |
| 建制镇 | 1433 | 94.59 | 1786 | 268.2 | 2092 | 59.1 | 4.40 | 703.8 | 171.38 | 95.75 |
| 乡　镇 | 1676 | 68.55 | 1849 | 52.4 | 1428 | 9.4 | 0.75 | 168.9 | 122.08 | 83.69 |

资料来源：四川省住房和城乡建设厅提供，2011 年 11 月。

表 2-7　2000~2010 年四川省农村改水发展情况

| 年　份 | 农村改水累计受益人口（万人） | 改水受益率（%） | 农村自来水厂、站（个） | 自来水受益率（%） |
|---|---|---|---|---|
| 2000 | 6286.4 | 91.4 | 77929 | 39.2 |
| 2001 | 6467.7 | 92.5 | 77784 | 40.3 |
| 2002 | 6532.8 | 93.4 | 78193 | 42.0 |
| 2003 | 6483.7 | 92.6 | 77567 | 42.8 |
| 2004 | 6531.9 | 93.3 | 78196 | 44.4 |
| 2005 | 6585.2 | 94.1 | 79082 | 45.9 |
| 2006 | 5855.0 | 85.8 | 39869 | 41.2 |
| 2007 | 6099.2 | 89.2 | 44605 | 42.3 |
| 2008 | 6202.8 | 90.3 | 42703 | 44.7 |
| 2009 | 6245.8 | 91.0 | 51563 | 49.1 |
| 2010 | 6366.7 | 92.6 | 53900 | 53.3 |

资料来源：《四川省统计年鉴（2011）》。

**（四）城镇污水处理发展仍滞后**

四川在排水和污水处理设施方面存在的问题，主要是管网配套建设相对滞后、污水处理设施建设发展不平衡、部分设施不能完全满足环保要求、多数污泥尚未实现无害化处理处置、污水再生利用程度很低、设施建设和运营资金不足等。

污水管网配套建设滞后，表现在 2001～2010 年间四川城镇污水处理能力快速增长，但污水管网配套建设总体还是相对滞后。同时，雨污合流情况较为普遍，雨水管网承担了部分污水管的功能。由于雨水管网质量难以满足污水收集和处理的要求，污水渗入地下水和地表水的情况严重；同时雨水混入污水处理设施，导致进水浓度偏低，影响处理效果。同时，全省城镇再生水利用水平很低，据 2009 年的一份调查上报资料，仅为 6.9%；城镇雨水更是普遍未得到蓄积和处理利用。污水处理设施发展很不平衡，全省城镇污水处理厂覆盖率为 65.2%[①]。

**（五）小城镇污水处理发展落后**

从小城镇的情况看，有污水处理设施的建制镇仅占全省建制镇的 23.04%，其中有污水处理厂的建制镇只占 10%；乡镇的情况更差，对生活污水进行处理的乡镇只占 4.34%，其中有污水处理厂的乡仅占 0.8%（见表 2-8）。

**（六）污泥无害化处理处置不到位**

四川城市和县城的污泥处理量从 2006 年的 19.8 万吨，增长到 2010 年的 29.7 万吨（见图 2-6）。调查发现，有相当数量的污泥未完全实现无害化处理处置，污染隐患严重。

**表 2-8　2010 年四川省建制镇和乡镇排水及污水处理情况**

| 项　目 | 生活污水集中处理的建制镇、乡镇 | | 污水处理厂 | 处理能力 | 年污水处理量 | 污水厂集中处理量 | 排水管道长度 |
|---|---|---|---|---|---|---|---|
| | 个 | % | 个 | 万 m³/d | 万 m³ | 万 m³ | 万 km |
| 建制镇 | 349 | 23.04 | 153 | 38.618 | 7104.29 | 4016.91 | 5072.84 |
| 乡　镇 | 106 | 4.34 | 20 | 0.612 | 329.16 | 89.30 | 879.83 |

资料来源：四川省住房和城乡建设厅提供，2011 年 11 月。

---

① 城镇污水处理厂覆盖率，系指有污水处理厂的城镇数占所有城镇数的比重，以百分比计。数据转引自《四川省城市污水处理厂建设与发展》，《2011 中国西部首届城市污水处理暨污泥处理技术高峰论坛论文集》第 1～5 页。

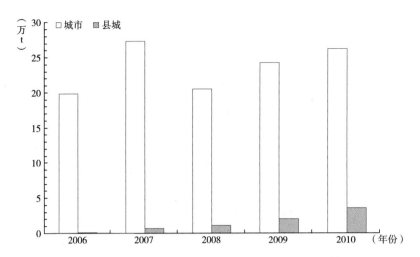

**图 2 − 6  2006 ~ 2010 年四川省城镇污泥处理量增长情况**

资料来源：四川省住房和城乡建设厅提供，2011 年 11 月。

# 第三章 四川工业化城镇化发展趋势及城镇用水需求

## 一 四川工业发展的回顾及"十二五"工业发展规划

### （一）四川工业发展的巨大成就

"十一五"时期是四川工业发展不平凡的五年。虽然有"5·12"汶川特大地震和国际金融危机的严重影响，四川省工业发展仍取得了巨大成就。2010年全省工业增加值达到7326.4亿元，5年间年均增长20.1%。规模以上工业增加值全国排名由2005年的第10位上升至2010年的第8位。工业增加值占GDP总量的比重由2005年的34%上升到2010年的43.2%。优势产业发展成效显著，全省"7＋3"产业（指电子信息、装备制造、能源电力、油气化工、钒钛钢铁、饮料食品、现代中药等优势产业和航空航天、汽车制造、生物工程及新材料等潜力产业，简称"7＋3"产业）工业增加值占全省工业增加值的85.2%。产业集聚水平不断提高，产业园区工业集中度占全省比重达到60.5%。"十一五"期间规模以上工业单位增加值能耗累计下降32.03%（见表3－1）。"十一五"期间四川工业产品竞争力明显提高，2010年四川省产量占全国份额超过5%的工业产品达到102种。汶川地震灾后重建取得伟大胜利，灾区工业发展全面超过震前水平。

表3－1 四川省"十一五"时期工业经济主要指标完成情况

| 指标名称 | 2005年 | 2010年 | 年均增长（%） |
|---|---|---|---|
| 规模以上工业增加值（亿元） | 2597.0 | 6840.5 | 22.4 |
| 规模以上工业企业实现利润（亿元） | 321.9 | 1469.5 | 35.1 |
| 产业园区工业集中度（%） | 36 | 60.5 | [24.5] |
| 规模以上工业单位增加值能耗（吨标准煤/万元） | 2.937 | 1.996 | [－32.03] |

资料来源：四川省经济和信息化委员会提供，2011年11月。原注：[ ] 内为五年累计数。

### （二）四川已进入工业化中期

从四川省"十一五"期间工业发展的态势来判断，四川刚进入工业化中期，处于加速发展期，各方面都具备了加快发展的坚实基础和有利条件。但是，四川省工业产业层次较低、结构不合理、发展方式亟待转变，同时还面临着能源、资源和生态环境约束强化，综合要素成本持续上升等诸多方面的挑战。四川省工业发展必须加快产业结构调整和发展方式转变，构建现代产业体系，才能实现又好又快发展。

### （三）四川"十二五"工业发展目标

"四川省'十二五'工业发展规划"初步意见[①]预期的发展目标是，到2015年全部工业增加值占全省GDP的45%。规模以上工业增加值总量在2010年的基础上翻一番，年均增长15%。"7+3"产业增加值占全省工业增加值的87%，战略性新兴产业实现增加值占规模以上工业增加值的15%左右。工业投资突破3.2万亿元，企业技术改造投资力争突破2万亿元。规模以上工业单位增加值能耗下降23.5%，单位工业增加值用水量下降30%，污染物排放量达到国家和省上要求。

### （四）加快推进区域产业布局优化

优化产业布局，根据主体功能区规划，加快推进区域产业布局优化，推动区域间产业差异化、特色化、集群化协调发展，为四川建设重要战略资源开发基地、现代加工制造业基地、农产品深加工基地和科技创新产业化基地提供强大的产业支撑。在产业布局中，规划分别对成都经济区、川南经济区、川东北经济区、攀西经济区和川西北生态经济区等五大经济区的发展重点做了详尽的安排。构建5条特色产业带，形成区域特色鲜明、区际良性互动的产业带状、集群、集聚发展。一是成德绵广遂内电子信息产业带，二是成德绵自内资装备制造产业带，三是成德资眉内宜泸饮料食品产业带，四是成眉乐自泸宜遂南达化工及新材料产业带，五是攀西和三江流域特色资源产业带。建设8个重点园区，把产业园区作为新型工业化新型城镇化互动发展、产城融合的重要结合点和有效突破点。根据产业园

---

① 《"四川省'十二五'工业发展规划"初步意见的资料》，四川省经济和信息化委员会提供，2011。

区建设需要布局城市新区，通过城市新区建设服务产业园区发展。力争建成 8 个销售收入超千亿元的园区，其中 1000 亿元园区 5 个，2000 亿元园区 2 个，3000 亿元园区 1 个。全省产业园区工业增加值占全省工业的比重达到 70%。

（五）努力推进产业的转型升级

加快构建现代产业体系，推进产业的转型升级，提高工业发展的质量、效益和可持续性，增强产业核心竞争力，形成以电子信息、装备制造、油气化工、汽车制造、饮料食品、现代中药、钒钛钢铁、能源电力、航空航天为特色优势产业，以新一代信息技术、新能源、高端装备制造、新材料、生物医药、节能环保装备为战略性新兴产业，改造传统机械、冶金、建材、轻工、纺织等的现代产业体系。打造七大支柱产业，形成电子信息、装备制造、能源电力、油气化工、钒钛钢铁、饮料食品、汽车制造等七大支柱产业，力争每个产业工业增加值超过 1000 亿元。培育 50 户龙头企业，继续实施大企业大集团培育工作，推动大企业大集团迅速做强做大，发挥好龙头企业的引领带动作用。力争培育主营业务收入超百亿元企业 50 户。促进信息化与工业化融合，加大技术改造力度，加快自主创新步伐，推动绿色低碳发展，推动产业集聚集约集群发展，推进大中小企业协调发展等。

# 二 四川城镇化发展的回顾及"十二五"城镇化发展规划

（一）四川城镇化水平大幅提高

"十一五"期间四川城镇化水平大幅提高。2010 年底四川省城镇化率达到 40.18%，比 2005 年提高 7.18 个百分点，年均提高 1.44 个百分点。同时，城镇体系日趋完善，形成了成都平原、川南、川东北、攀西四大城镇群的雏形。全省初步确立以成都为核心，8 个大城市与 16 个中等城市为骨干，28 个小城市与 1793 个小城镇为基础的省域城镇体系，中心城市辐射作用增强。城镇发展质量也明显提高，城市基础设施不断完善，城市生活垃圾处理率达到 86.86%，污水处理率达到 74.9%。保障性住房建设得到加快，城镇居民住房条件得到改善。开展了城乡环境综合治理，城乡人居环境有了改善，城市人均公园绿地面积达到 8.44m²。统筹城乡改革成效明显，成都综合改革试验区和广元、自贡、德阳等省级试点，在促进要素城乡间流动、推动城镇基础设施和公共服务向农村延伸等方面取得较大进展。

**（二）四川城镇化水平总体仍较低**

但四川省城镇化发展总体水平仍较低。2010 年四川城镇化率比全国平均水平低 9.5 个百分点，大量进城的农民工未完成市民化进程。城镇体系和结构不合理，除成都市外尚缺特大城市，区域性中心城市和城镇群发展不充分，对区域的辐射带动作用不明显。小城镇密集而规模小，人口和产业的聚集能力不足。城镇综合承载力不够强，城镇基础设施相对滞后，公共服务功能不够完善，城镇住房保障制度尚不健全。城镇风貌和人居环境有待改善。促进城镇化健康发展的体制机制尚未完全形成。虽然成都作为国家城乡统筹试验区，统筹水平较高，但四川省作为西部省份，由于受经济总量、工业发展阶段等限制，城乡统筹总体水平仍较低。四川城乡统筹水平在全国排第 21 位，处于中下水平。

**（三）四川"十二五"城镇化发展目标**

"四川省'十二五'城镇化发展规划"初步意见①预期的发展目标是，到 2015 年，全省城镇化率达到 48% 左右，年均提高 1.5 个百分点以上，城镇总人口 4000 万人以上，城镇建成区面积 3800km² 左右。完善以成都为核心，20 个区域中心城市为依托，300 个左右中小城市和重点镇为骨干，1500 个左右小城镇为基础的城镇体系，促进大中城市和小城镇协调发展。天府新区建设要重点突破，成都的集聚能力进一步增强。成都平原城镇群和川南城镇群的综合竞争力要显著提升，攀西城镇群和川东北城镇群将加速发展。城镇发展质量明显提高，基础设施与公共服务设施逐步完善，城镇服务功能增强，生活垃圾无害化处理率达到 90%，生活污水处理率达到 85%，防灾减灾能力进一步提高。城镇住房供应体系进一步完善，全省城市人均住房建筑面积达到 35m²。污染防治与生态环境保护取得进展，人居环境得到改善，人均公共绿地面积达到 10m²。工业化和城镇化互动发展格局基本形成，实现城镇体系布局与生产力布局相协调，城市新区与产业园区一体发展，工业向园区集中、园区向城镇集中的格局。产业对城镇化的支撑作用显著增强，城镇对产业的引导和承载能力明显提高，产业园区纳入城镇建设用地，统一

---

① 《"四川省'十二五'城镇化发展规划"初步意见的资料》，四川省城乡规划设计研究院、四川省规划编制研究中心提供，2011。

规划、统一布局，产业园区成为工业化城镇化互动发展的城区。城乡要素合理流动机制基本形成，户籍、就业、社会保障等制度更为完善。

（四）优化城镇发展格局

四川将构建以"一核、四群、五带"为骨架的城镇空间布局结构。强化"一核"，做大做强成都都市圈发展核心。壮大"四群"，将成都平原城镇群打造成我国西部最具竞争力的城镇群，将川南城镇群打造成成渝经济区新的增长极，使攀西城镇群和川东北城镇群成为带动区域发展的依托。打造"五带"，着力培育成德绵广（元）、成眉乐宜泸、成资内（自）、成遂南广（安）达、成雅西攀等五条各具特色的城镇带，形成产业和城镇合理布局的发展轴。发展区域性中心城市，成都市要建设中西部地区最具竞争力的特大中心城市，全省地级城市和有条件的县级市、县城要发展成为 50 万人口以上的大城市，力争有 10 个左右的城市跨入特大城市行列。积极发展中小城市，一批基础较好的县城要培育成产业支撑强的大中城市。提高小城镇建设发展水平，发展一批特色鲜明的旅游镇、工业镇、商贸镇。统筹推进新型城镇化与新农村建设工作，推动城镇市政公用设施向农村延伸，公共服务设施向农村覆盖，逐步实现城乡基本公共服务均等化，实现农村居民就近城镇化。开展新农村建设，提高生产生活条件与人居环境质量，完成 50% 的新村建设任务，使平原、丘区、山区村民聚居度分别达到 70%、60% 和 50%。

（五）完善城镇基础设施和公共设施配套

增强城镇供电保障能力；提高民用燃气普及率，城市达到 90%，县城达到 50% 以上；加快供水设施建设，确保供水安全，城市自来水普及率达到 98%，缺水县城的供水问题基本解决。同时要大力提高城市节能水平。加强城镇生活污水处理、生活垃圾处理等设施配套建设：城市生活垃圾无害化处理率和生活污水处理率达到 90% 和 85%，县城达到 40%，县城和规划人口在 5 万人以上的镇要实施雨污分流。要加强城镇公共服务设施配套，提高城镇综合防灾能力；加强防洪排涝设施建设，提高应急处置能力；推进建筑抗震设计，重要建筑和特殊工程按国家标准提高一个抗震等级，提高城镇建筑建造质量。要进一步合理设定城镇消防设施，确保消防安全。要完善城镇防灾避难场所和生命线通道建设。要整合治安、医疗、消防等指挥系统，形成运转高效的预警机制和应急事件处理体系。要加强住房市场政策引导，加大城镇住房保障力度，健全住房供应体系，着力解决低收入家庭住房困难。要大力推进棚户区改造，使全省城镇人均住房建筑面积达到 $35m^2$。还要努力推进牧民定居和彝家新寨工程，基本完成农村危旧住房改造。

（六）提高城镇规划建设和管理水平

强化城镇发展的要素保障，重视生态环境容量和水资源、土地资源等要素对城镇发展的影响，促进与资源环境相协调发展。要着力推动城镇规划建设的资源环境承载力研究工作，合理确定城镇人口规模、用地规模和产业形态。加强饮用水水源地保护，强化城镇供水保障力度，有条件的城镇都应建设备用水源。鼓励挖掘城镇建设用地潜力、合理提高开发建设强度，提高建设用地的集约程度，促进城镇节水、节能、节材、节地。深入推进城乡环境综合治理，推进"城中村"、城乡结合部、旧城区、农村旧房的改造。提高市政基础设施达标运行、生活污水和生活垃圾集中处理程度，改善镇、乡和村庄环境卫生水平，构建环境治理的长效机制。完善公共交通体系，构建城镇慢行交通系统，推进低碳出行。推进小城镇土地整理，调整小城镇人均用地标准，提高土地利用效率。开展垃圾分类回收，鼓励垃圾资源化利用，推进可再生能源的应用。推广雨水和中水利用技术，加强水资源的循环利用，节约水资源。工业企业开展技术改造，减少污水、空气、噪声和固体废物污染。保护城镇规划区内的森林、湖泊、湿地和其他自然资源，恢复河流水系的生态效能。增加城镇绿化量，构建绿色生态系统、改善城镇生态和人居环境。积极创建生态示范区、环保模范城市、园林城市，推动生态宜居城镇建设。要重视创新城镇综合管理机制和健全城镇化发展的政策。

# 三 四川工业化城镇化阶段的判断及发展趋势预测

（一）工业化阶段的判断标准

有学者认为，工业化阶段理论以国家为研究对象，局部地区不宜使用工业化理论判断发展阶段并制定产业发展政策。这对人口较少、地域较小、经济规模小且经济结构较简单的局部地区来讲，是有道理的。四川作为一个无论从人口、地域、经济规模还是经济结构来看，都是与世界上许多中等以上国家相当的大省，对其工业化发展阶段做出判断和预测，无疑有一定的必要性。按照国际公认标准来衡量，根据配第—克拉克定理，以及钱纳里和库兹涅茨的实证分析，国际上主要采用人均生产总值、非农增加值比重、非农就业比重和城镇化率 4 项指标来衡量工业化水平。根据不同的指标将工业化进程划分为工业化初期、工业化中期、工业化后期和后工业化阶段（见表 3-2）。

表 3-2　衡量工业化进程的标志值一览

单位：美元，%

| 发展阶段 | 人均生产总值 | 非农增加值比重 | 非农就业比重 | 城镇化率 |
| --- | --- | --- | --- | --- |
| 工业化初期 | 1200 | 65 | 20 | 10 |
| 工业化中期 | 2500 | 80 | 50 | 30 |
| 工业化后期 | 5000 | 90 | 70 | 60 |
| 后工业化阶段 | 10000 | 95 | 90 | 80 |

资料来源：四川经济信息中心杨廷页执笔《四川工业化进程分析与预测》，《经济热点分析》2010 年第 22 期。

（二）四川进入工业化中期的衡量与判断

2010 年四川人均生产总值达 21182 元，按 2010 年汇率约为 3129.04 美元；非农增加值比重为 85.3%；非农就业比重为 56.35%；城镇化率为 40.18%，均已超过工业化中期的标准。再参考三次产业结构、比较劳动生产率、工业化率、工业结构等指标进行综合衡量，四川经济信息中心判断，四川省已于"十一五"期间整体进入工业化中期①。四川省城乡规划设计研究院、四川省规划编制研究中心在"四川省城镇体系规划修编（2010~2020）"的初步意见②中也认为，从 2008 年有关指标分析，四川省已初步进入工业化中期阶段。《四川省"十二五"工业发展规划》的初步意见：根据四川省"十一五"期间工业发展的态势，判断四川刚进入工业化中期，处于加速发展期，具备了加快发展的坚实基础和有利条件。可见，"十一五"期间四川省已进入工业化中期阶段，对此有比较一致的判断。

（三）四川未来工业化进程的预测

按照"十一五"期间四川省人均生产总值、非农增加值比重、非农就业比重的提高幅度和统筹城乡改革将使城镇化提速，根据人均生产总值、非农增加值比

---

① 四川经济信息中心杨廷页执笔《四川工业化进程分析与预测》《经济热点分析》2010 年第 22 期。

② 四川省城乡规划设计研究院：《"四川省城镇体系规划修编（2010~2020）"初步意见的资料》，四川省规划编制研究中心提供，2011 年 11 月。

重、非农就业比重、城镇化率4项指标，四川经济信息中心对未来四川省工业化进程进行了预测（见表3-3）。

表3-3 2010~2020年四川省工业化进程指标预测

单位：美元，%

| 年　份 | 人均生产总值 | 非农增加值比重 | 非农就业比重 | 城镇化率 |
|---|---|---|---|---|
| 2009年实际 | 2538<br>（17337.1元） | 84.2 | 55 | 38.7 |
| 2010年预测 | 2800<br>（19126.8元） | 85 | 57 | 40 |
| 2015年预测 | 5000<br>（34155.0元） | 90 | 66 | 50 |
| 2020年预测 | 8800<br>（60112.8元） | 95 | 75 | 60 |

资料来源：四川经济信息中心：《四川工业化进程分析与预测》，杨廷页执笔，《经济热点分析》2010年第22期。原注：为剔除物价和汇率影响，人均生产总值的预计和预测均按2009年价格和汇率计算。由于统计数据尚未公布，2009年的非农就业比重为推算值。注：人均生产总值中括号内的为人民币，系本书作者按2009年人民币汇率1美元兑6.831元人民币换算。

从表3-3的预测可以看出未来四川省工业化进程的大致趋势。"十二五"末，四川省开始由工业化中期向后期过渡，2015年人均生产总值和非农增加值比重，将达到进入工业化后期的标志值，但与工业化后期标志值相比，非农就业比重尚有一定差距，城镇化率尚有较大差距。"十三五"末，四川省将进入工业化后期阶段，2020年人均生产总值、非农增加值比重、非农就业比重、城镇化率，将全面达到工业化后期的标志值，完成基本实现工业化的目标，进入全面实现工业化的时期。"四川省城镇体系规划修编（2010~2020）"的初步意见也预测，到2020年四川生产总值达到47000亿元，人均生产总值达到55000元左右，接近或达到当年全国水平（见表3-4）。

表3-4 2020年四川省经济发展主要指标预测

| 指　标 | 2008年 | 2020年 | 年均增长率（%） |
|---|---|---|---|
| 全省生产总值（亿元） | 12506.25 | 47000 | 11.5 |
| 人均生产总值（元） | 15378 | 55000 | 11.2 |
| 地方财政一般预算收入（亿元） | 1041.66 | 3269.1 | 10 |

续表

| 指　标 | 2008 年 | 2020 年 | 年均增长率 |
|---|---|---|---|
| 全社会固定资产投资（亿元） | 7602. 40 | 26596. 2 | 11 |
| 外贸出口总额（亿美元） | 131. 1 | 701. 4 | 15. 0 |
| 非公有制经济比重（％） | 52. 1 | 60. 8 | 1. 3 |
| 城镇居民人均可支配收入（元） | 12633 | 24292. 5 | 5. 6 |
| 农村居民人均纯收入（元） | 4121. 2 | 8292. 6 | 6 |

资料来源：由四川省城乡规划设计研究院、四川省规划编制研究中心提供，2011 年 11 月。

### （四）四川未来城镇化进程的预测

"四川省城镇体系规划修编（2010～2020）"的初步意见在分析的基础上，结合《全国城镇体系规划》（2006 年版）确定的 2020 年四川省城镇化水平为 54％ 左右和《成渝城镇群协调发展规划》确定的 2020 年四川省（不包括甘孜州、阿坝州、凉山州、广元市、巴中市）城镇化水平为 60％ 的结论，最后预测四川省未来城镇化水平：2010 年为 41％，2015 年为 49％ 左右，2020 年为 57％ 左右，2030 年为 65％。城镇人口 2010 年在 3380 万人，2015 年在 4150 万人左右，2020 年在 5000 万人左右，2030 年在 5700 万人（见表 3 - 5）。

表 3 - 5　2010～2030 年四川省总人口、常住人口、城镇化水平和城镇人口预测

单位：万人,%

| 年　份 | 总人口 | 常住人口 | 城镇化水平<br>（以常住人口计算） | 城镇人口 |
|---|---|---|---|---|
| 2008 | 8907. 8 | 8138 | 37. 4 | 3043. 6 |
| 2010 | 9000 | 8250 | 41 | 3383 |
| 2015 | 9250 | 8450 | 48～50 | 4056～4225 |
| 2020 | 9450 | 8600 | 55～60 | 4730～5160 |
| 2030 | 9600 | 8770 | 65 | 5700 |

资料来源：由四川省城乡规划设计研究院、四川省规划编制研究中心提供，2011 年 11 月。

### （五）四川工业化城镇化阶段和发展趋势的总体判断

综合《四川省"十二五"工业发展规划》的初步意见和《四川省"十二五"城镇化发展规划》的初步意见，以及上述有关研究的结论，可以对四川省工业化

城镇化阶段和发展趋势做如下基本判断和预测。"十一五"期间，四川省已进入工业化中期阶段，2010 年城镇化率达到 40.18%，城镇化正处在快速发展阶段。"十二五"期间，四川省开始由工业化中期阶段向后期阶段过渡，城镇化将进入发展的高峰阶段[①]。《四川省"十二五"规划纲要》的预期指标显示，2015 年人均生产总值将达到 35000 元左右，三次产业结构将调整为 10.2：50.8：39，城镇化率将达 48% 左右。"十三五"末期，四川省将进入工业化后期阶段，2020 年预计人均地区生产总值将达到 8000～8800 美元（55000～60000 元）；城镇化率将达到 55%～60%。2020～2030 年，四川省将开始向后工业化阶段迈步，2030 年城镇化率将达到 65% 左右。四川省可能要在 2030 年以后才能全面进入后工业化阶段。

国内外学术界对未来中国中长期发展前景预测的研究成果很多，我们选择国内部分预测较为适中的研究成果与上述对四川省发展趋势的预测做比较。一项研究对人均 GDP 的预测是，中国 2015 年人均 GDP 超过 5000 美元，到 2020 年人均 GDP 将超过 7000 美元，到 2025 年达到 10000 美元左右，到 2030 年将超过 13000 美元[②]。另一项研究对城镇化率的预测是，中国 2020 年城镇化率为 60%，2030 年为 70%[③]。与上述中国中长期发展前景预测比较，到 2020 年四川省的人均生产总值和城镇化率，有可能接近或达到全国的平均水平。

以上对四川省未来工业化城镇化趋势的预测，对未来四川省城镇工业和生活用水需求，乃至对四川省城镇水务的发展，都将产生巨大的影响。

# 四　四川工业化城镇化发展趋势对城镇用水需求的影响

## （一）预测城市未来用水需求的基本方法

预测城市未来发展的用水需求，是城市总体规划，更是城市水专项规划的主

---

① 城镇化率超过 30% 将进入城镇化快速发展阶段，城镇化率为 45%～55% 是城镇化最快发展阶段或称发展的高峰阶段。

② 关于中长期中国人均 GDP 的预测，参见李善同、刘云中等：《2030 年的中国经济》，经济科学出版社，2011，第 36～51 页。原注：均采用 2008 年不变价计算，汇率按 2008 年人民币汇率 1 美元兑 6.956 元人民币计算。

③ 关于中长期中国城镇化率的预测，参见胡鞍钢、鄢一龙、魏星执笔《2030 中国迈向共同富裕》，中国人民大学出版社，2011，第 71～73 页。

要任务之一。目前对未来城市发展用水需求的预测方法主要有：用水回归分析法、用水定额法、时间序列分析法和弹性系数预测法等，这些预测方法通常是先建立数据序列的统计模型，然后根据统计模型进行计算和预测。但由于城市需水量受众多因素影响，各影响因素与城市需水量之间存在复杂的非线性关系，传统预测模型无法较好模拟这种非线性关系，使得城市需水量预测有较大不确定性。为减少不确定性，一些非线性理论，如混沌理论、灰色系统理论、神经网络理论、系统动力学方法、粒子群算法、计量经济学方法等被引入城市需水量预测中，在一定程度上提高了预测精度。但由于这些方法一般为数据驱动模型，受历史资料的制约较大，对影响城市需水量变化的内在机制研究不足[①]。

（二）中长期用水需求预测的误差问题

历史教训证明，中长期用水需求预测误差较大，主要的倾向往往是偏高，而且偏高幅度很大。用水需求的宏观预测失误的案例很多，比如 1995 年全球实际取水量为 3500km³，仅为 30 年前预测值的 1/2；20 世纪 80 年代初水利部预测我国 2000 年需水量为 7096 亿 m³，1994 年《中国 21 世纪人口、环境与发展白皮书》预测 2000 年的总需水量为 6000 亿 m³，而 2000 年实际用水量为 5497 亿 m³；山西省水利厅"七五"期间预测 1990 年需水量为 72 亿~76 亿 m³，2000 年需水量为 90 亿~100 亿 m³，而实际用水量分别为 54 亿 m³ 和 56.4 亿 m³，仅为预测值的 71%~75% 和 56%~62%[②]。城市需水量预测失误的案例，以北京最为突出。2000 年前后北京总用水量高达 45 亿 m³ 左右，当时预测到 2010 年北京的用水量要增加到 56 亿~59 亿 m³。为此兴建了南水北调中线工程，规划到 2010 年往北京调水 12 亿 m³。令人始料未及的是，10 年来北京的用水量不但没有增加，反而出现了持续下降的趋势。最近几年保持在 35 亿 m³ 左右，比 10 年前少了 10 亿 m³，其中还包含 6 亿 m³ 再生水，每年实际取用新鲜水不到 30 亿 m³。天津市、河北省也有类似情况[③]。

---

① 张志果、邵益生、徐宗学：《基于恩格尔系数与霍夫曼系数的城市需水量预测》，《水利学报》第 41 卷第 11 期。

② 转引自褚俊英、陈吉宁《中国城市节水与污水再生利用的潜力评估与政策框架》，科学出版社，2009，第 5 页。

③ 邵益生：《系统规划助解城市水"难"》，中国水工业网，2011 年 2 月 24 日。

四川省近年来对总需水量、工业需水量的预测，也有类似现象。2007 年四川省有关部门合作编制的一项规划预测，2010 年四川省工业需水量为 106.8 亿 $m^3$，总需水量为 366 亿 $m^3$[①]；实际上 2010 年四川省工业用水量为 69.2 亿 $m^3$，总用水量为 230.3 亿 $m^3$（《中国统计年鉴 2011》），实际值分别为预测值的 64.8% 和 62.9%。

发生对总需水量、工业需水量预测偏高的原因，有学者认为是由于当前工业增速很快，预测未来工业增速也很快。按照工业增加值乘以单位耗水量指标的预测模式，即使考虑单位耗水量大幅度降低，预测的工业需水量也将成倍增长[②]。这就导致在水资源规划中，预测工业需水量成倍增长，特别是长期预测更为明显。由于工业需水量在总需水量中所占比重较大，这就可能导致对总需水量的预测也偏高。实际上，目前采用的预测方法以及指标、定额、标准等，都是建立在对历史数据进行收集、归纳、分析等基础上形成的。如果不研究工业化城镇化进程对未来需水量趋势的影响，预测误差很大就难以避免。

（三）关于发达国家工业用水量变化趋势研究的概述

近年来，国内学者对发达国家在工业化进程中工业用水量变化趋势的研究较多。如有研究分析了国外工业用水变化过程，发现经合组织（OECD）24 个成员国中，有 17 个国家在 20 世纪 90 年代之前，都有工业用水量由高峰转为下降的过程。这些国家在工业化过程中，工业用水量都经历了快速增长、缓慢增长和零增长 3 个阶段。在工业化初期，重工业高速发展，用水量处于快速增长阶段；在工业化中后期，调整工业结构，发展高技术工业，普及节水技术，工业用水增幅下降，增长缓慢；进入后工业化阶段，产业结构重大调整，主导行业向第三产业转移，同时改进工业技术，健全法规体系，强化节水管理，最终这些国家达到用水零增长甚至负增长。研究结果表明，工业用水下降的国家大致分为三类：第一类，产业结构演进和技术进步是工业用水下降的主要因素，以美国、日本等国为代表；第二类，在产业结构演进和技术进步等条件不完全具备的情况下，通过严格的法

---

① 《四川省"十一五"节水型社会建设规划》，2007，第 52 页。

② 贾绍凤：《工业用水零增长的条件分析——发达国家的经验》，《地理科学进展》第 20 卷第 1 期，2001，第 51 页。

规迫使工业用水下降，瑞典、荷兰属于这种情况；第三类，水资源极度匮乏，通过强化节水管理和非传统水源开发，胁迫用水量下降，以色列是典型。从国内情况来看，1997～2005 年全国有 15 个省级行政区用水量连续 9 年零增长，北京市与天津市已率先实现全市用水量负增长；水资源相对丰富的上海、江苏、浙江、江西、湖南等 5 个省、市用水量实现零增长；河北等 10 个省、区的用水量年增长呈现 0.2%～1.9%的缓慢增长趋势①。

还有研究在深入分析后，指出发达国家工业用水减少的主要原因：一是严格的环保法规。既要求减少取水量，又要求减少排放量，从两方面推进了工业取水量的减少。二是产业结构升级。产业类型由耗水多的劳动—资本密集型向耗水少的技术—知识密集型转变，是发达国家工业用水减少的根本原因之一。三是市场经济体制的基础作用。其表现之一是较高的市场化的供水价格和排污费，使发达国家工业用水重复利用率普遍达到 80%以上。工业用水重复利用率的提高是发达国家工业用水减少的直接原因之一。该研究还进一步论证，产业结构升级表现在，工业用水由增长转为减少的时机对应的是第二产业的 GDP 比重和就业比重的明显减少时间（见表 3－6）。根据 7 个较大的发达国家的资料统计，工业用水减少时第二产业 GDP 比重范围为 30%～45%，第二产业的就业比重范围为 28%～38%②。

表 3－6　发达国家工业用水由升转降与产业结构升级的时间对应关系

| 项　目 | 美国 | 日本 | 德国 | 法国 | 英国 | 意大利 | 澳大利亚 |
|---|---|---|---|---|---|---|---|
| 工业用水减少时间（年） | 1981 | 1974 | 1989 | 1989 | 1985 | 1981 | 1980 |
| 用水减少时第二产业 GDP 比重（%） | 34 | 45 | 36 | 30 | 34 | 41 | 35 |
| 用水减少时第二产业就业比重（%） | 28.9 | 36.3 | 38 | 30 | 31 | 37 | 28.3 |
| 第二产业 GDP 比重顶峰发生时间 | 1951 | 1974 | 1962 | 1965 | 1950 | 1974 | 1957 |

① 鲁欣、秦大庸、胡晓寒：《国内外工业用水状况比较分析》，《水利水电技术》2009 年第 1 期。

② 贾绍凤：《工业用水零增长的条件分析——发达国家的经验》，《地理科学进展》第 20 卷第 1 期。

续表

| 项　目 | 美国 | 日本 | 德国 | 法国 | 英国 | 意大利 | 澳大利亚 |
|---|---|---|---|---|---|---|---|
| 对应比重（%） | 40 | 45 | 55 | 49 | 49 | 44 | 42 |
| 第二产业 GDP 比重明显减少发生时间 | 1982 | 1974 | 1985 | 1981 | 1985 | 1983 | 1982 |
| 对应比重（%） | 33 | 45 | 35 | 34 | 34 | 40 | 34 |
| 第二产业就业比重减少发生时间 | 1957 | 1973 | 1970 | 1964 | 1957 | 1971 | 1957 |
| 对应比重（%） | 32.7 | 36.6 | 50 | 39.9 | 50 | 44 | 49 |

资料来源：贾绍凤：《工业用水零增长的条件分析——发达国家的经验》，《地理科学进展》第 20 卷第 1 期。
原注：世界经济与政治研究所《世界经济》编辑部编，《当代世界经济实用大全》；United Nations，*Statistical Year Book*，1989–1998。

### （四）关于发达国家生活用水量变化趋势研究的概述

关于生活用水的预测，有关研究列出欧洲 13 个国家 1980 年和 1997 年人均日家庭生活用水和人均日综合用水指标的数据（见表 3－7），表中数据表明，1980～1997 年欧洲相关国家人均日家庭生活用水指标变化幅度很小，有半数国家该指标略有上升，半数国家该指标略有下降，其平均值由 152L/人·d 上升为 154.42L/人·d，这说明当国民经济发展到一定程度时，家庭生活中各种用水器具均已齐备，家庭生活用水量不再继续增长，将会稳定在一个相应水平上。我国目前城市家庭除水冲厕所外，洗浴设施、洗衣机等用水器具和热水系统正处于不断完善的阶段，人均日家庭生活用水可能还将逐年有所增加。但是 2003 年我国城市人均日家庭生活用水平均指标已达到 154L/人·d，接近欧洲 13 国 1997 年的平均值，因此该研究预计未来增加的余地不会太大。表中有关人均日综合用水的数据表明，纳入统计的欧洲国家中有 2/3 的国家 1980～1997 年的人均日综合用水指标出现了下降的趋势；有 1/3 的国家略有上升。13 个国家的平均值由 229.67L/人·d 下降到 226.62L/人·d，总体上稳中有降[①]。人均日综合用水量稳中有降，也是发达国家到后工业化阶段实现用水量零增长甚至负增长的反映。

---

① 宋序彤：《我国城市用水发展和用水效率分析》，《中国水利》2005 年第 1 期。

表 3 - 7　1980～1997 年欧洲发达国家人均用水量情况表

单位：L/人·d

| 国　　　家 | 人均日家庭生活用水量<br>（包括住区商业用水） | | 人均日综合用水量<br>（包括生活和工业用水） | |
|---|---|---|---|---|
| | 1980 年 | 1997 年 | 1980 年 | 1997 年 |
| 奥 地 利 | 155 | 160 | 255 | 237 |
| 比 利 时 | 104 | 118 | 163 | 160 |
| 丹　麦 | 165 | 136 | 261 | 206 |
| 芬　兰 | — | 155 | — | 252 |
| 法　国 | 109 | 151 | 167 | 205 |
| 德　国 | 139 | 130 | 191 | 164 |
| 匈 牙 利 | 110 | 104 | 217 | 153 |
| 意 大 利 | 211 | 228 | 280 | 286 |
| 卢 森 堡 | 183 | 172 | 259 | 253 |
| 荷　兰 | 142 | 166 | 179 | 209 |
| 西 班 牙 | 157 | 145 | 215 | 240 |
| 瑞　典 | 195 | 188 | 315 | 257 |
| 英　国 | 154 | — | 254 | 324 |
| 13 国平均 | 152.00 | 154.42 | 229.67 | 226.62 |

资料来源：宋序彤：《我国城市用水发展和用水效率分析》，《中国水利》2005 年第 1 期。原注：*Statistics and Economics Committee ISWA*，September 1999。

上述研究认为，2003 年我国城市人均日家庭生活用水平均指标已达到 154L/人·d，接近了欧洲 13 国 1997 年的平均值，因此预计未来增加的余地不会太大，这是有道理的。但是，考察我国人均日家庭生活用水量不能仅仅看城市。需明白，欧洲发达国家人均日生活用水量是不分城乡的总体情况，其人均日生活用水量能稳定在一个相应水平上，是在城镇化率达到峰值①，城乡社会经济发展的差距很小，城乡服务业都高度发达，城乡自来水普及率达到或接近 100% 的条件下实现的。发达国家生活用水量从增长到稳定的机理是，一方面生活水平的提高使居民的家庭用水量增加，同时居民消费能力增强又使服务业得以发展，导致服务业的公共生活用水量增加；另一方面生活水平的提高使得居民能接受到更多节水教育，居民节水意识增强，节水器具使用率增加，从而使得居民生活用水量减少。我国

---

①　城镇化峰值是一个国家或地区的城镇化水平可能达到的最高值。

目前城镇化率很低，城乡社会经济发展差距还很大，服务业发展很不充分，广大小城镇和农村的自来水普及率和人均日家庭生活用水量都还非常低。因此，我国城乡居民生活用水量和人均日生活用水量都可能会有较大的增长空间。

（五）关于发达国家总用水量变化趋势研究的概述

还有学者用产业结构分析法进行分析。通过分析国内外产业结构发现，一个国家或地区的总需水量，与第三产业增加值占 GDP 的比重相关。随着经济社会发展进入后工业化阶段，第三产业增加值占 GDP 的比重达到约 60% 时，总需水量将达到零增长甚至负增长。以美国、日本等发达国家及北京市的经济发展为实例，美国在 1980 年全国总取水量达到最大值，第三产业比重为 61.2%，总取水量出现零增长（见表 3 - 8、图 3 - 1）。日本也有类似情况。北京市在 1996 年至 2000 年间第三产业比重达到 55.9% ~ 64.8%，总取水量进入稳定减少期。该研究通过对未来 20 年我国国内生产总值及产业结构的预测，推算出 2026 年至 2030 年，我国第三产业占 GDP 的比重有望达到 60% ~ 67%，进而可能实现全国总需水量零增长[1]。

表 3 - 8　1950 ~ 2000 年美国用水量变化情况[2]

单位：亿 $m^3$

| 年份 | 1950 | 1955 | 1960 | 1965 | 1970 | 1975 | 1980 | 1985 | 1990 | 1995 | 2000 |
|---|---|---|---|---|---|---|---|---|---|---|---|
| 农业 | 1230 | 1520 | 1520 | 1658 | 1796 | 1934 | 2073 | 1893 | 1983 | 1851 | 1980 |
| 工业 | 1064 | 1534 | 1907 | 2432 | 2998 | 3385 | 3523 | 3005 | 3107 | 3027 | 2210 |
| 生活 | 243 | 285 | 340 | 387 | 435 | 468 | 547 | 612 | 641 | 678 | 610 |
| 合计 | 2537 | 3339 | 3767 | 4477 | 5229 | 5787 | 6143 | 5510 | 5641 | 5556 | 4800 |

资料来源：马静、陈涛、申碧峰、汪党献：《水资源利用国内外比较与发展趋势》，《水利水电科技进展》第 27 卷第 1 期。

我们再以美国工业化进程中用水量变化情况为例来做进一步的分析。从美国 1950 ~ 2000 年 50 年的用水变化曲线（见表 3 - 8、图 3 - 1）可以看出，1980 年是美

---

① 何希吾、顾定法、唐青蔚：《我国需水总量零增长问题研究》，《自然资源学报》第 26 卷第 6 期。

② 美国 1950 ~ 2000 年用水量数据，转引自马静、陈涛、申碧峰、汪党献《水资源利用国内外比较与发展趋势》，《水利水电科技进展》第 27 卷第 1 期。

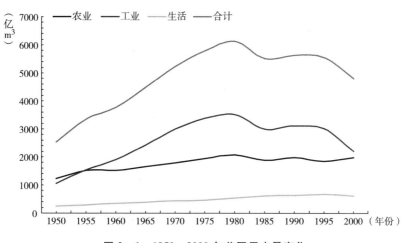

**图 3 – 1 1950 ~ 2000 年美国用水量变化**

资料来源：马静、陈涛、申碧峰、汪党献《水资源利用国内外比较与发展趋势》，《水利水电科技进展》第27 卷第 1 期。

国总用水量和工业用水量开始下降的拐点，经过 1985 ~ 1995 年的相对稳定后，1995 ~ 2000 年又呈现明显的下降趋势。通过分析发现，从 1980 年开始，美国工业化城市化进程和产业结构呈现几个主要特征：一是第三产业占 GDP 的比重 1980年达到 61.2%，1990 ~ 2000 年从 69.9% 继续上升至 74.6%；二是工业占 GDP 的比重 1980 年为 32%，1990 ~ 2000 年从 27% 继续下降为 24%，而制造业中的高技术制造业的比重，却从 1980 年的 12.7% 迅速上升，1990 年和 2000 年分别攀升到 17.6 和18.8%[1]；三是城市化率 1980 年为 73.7%，1990 ~ 2000 年从 75.3% 继续上升到79.1%[2]。上述分析可以说明，美国总用水量和工业用水量实现零增长和负增长的条件，是产业结构的高端化和高水平的城市化，或者说是工业化进程发展到后工业化阶段的现象。从美国用水量变化曲线还可以直观地发现，与总用水量及工业用水量的变化不同的是，生活用水量却一直持续缓慢增长，到 1995 年后才略呈下降趋势。简单的道理可以解释：人口的增长、服务业用水量的持续增长、社会经济的发展和高水平的城市化率使人们的生活品质提升，必然导致家庭生活用水量的增长。这个过程在城市化率接近或达到峰值后才可能基本稳定。美国总用水量、工业用水量和生活用水量变

---

① 有关美国产业结构的数据参见李善同、刘云中等《2030 年的中国经济》，经济科学出版社，2011，第 184、191 页。

② 有关美国城市化率的数据参见胡鞍钢、鄢一龙、魏星执笔《2030 中国迈向共同富裕》，中国人民大学出版社，2011，第 72 页。

化趋势，与前述其他发达国家大体一致。

表 3 - 9　1980～2010 年四川省用水量变化情况

单位：亿 m³

| 项目＼年份 | 1980 | 1985 | 1990 | 1995 | 2000 | 2005 | 2006 | 2007 | 2008 | 2009 | 2010 |
|---|---|---|---|---|---|---|---|---|---|---|---|
| 工业用水量 | 13.9 | 17.8 | 23.7 | 44.6 | 57.2 | 56.8 | 57.5 | 59.0 | 57.7 | 61.6 | 62.9 |
| 生活用水量 | 20.0 | 22.5 | 25.6 | 30.1 | 35.5 | 31.7 | 34.2 | 34.4 | 34.5 | 36.3 | 38.0 |
| 农业用水量 | 136.2 | 136.2 | 139.2 | 141.4 | 142.8 | 121.8 | 121.2 | 118.7 | 113.6 | 123.6 | 127.3 |
| 生态用水量 | — | — | — | — | — | 1.97 | 2.2 | 1.9 | 1.78 | 2.0 | 2.1 |
| 总用水量 | 170.1 | 176.5 | 188.5 | 216.1 | 235.5 | 212.27 | 215.1 | 214.0 | 207.58 | 223.5 | 230.3 |

资料来源：《四川省水资源公报》、《四川省统计年鉴》。

（六）四川工业和生活需水量未来变化趋势的初步分析

若单从有关学者对发达国家工业用水量出现零增长或负增长的条件来分析，比照四川省 1980～2010 年用水量变化的情况（见表 3 - 9、图 3 - 2），以及前面关于四川工业化城镇化阶段的判断和对未来工业化城镇化发展趋势的预测，我们对未来四川工业和生活需水量的变化趋势可以做如下初步判断和推测：一是工业用水量快速增长阶段（1980～2000 年年均增长率为 7.33%）已结束，从 2000 年开

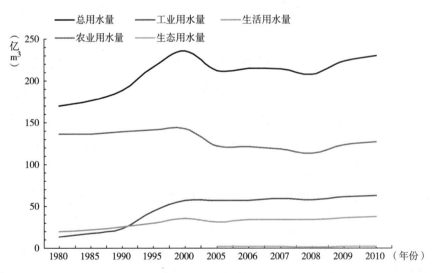

图 3 - 2　1980～2010 年四川省用水量变化

资料来源：《四川省水资源公报》、《四川省统计年鉴》。

始进入工业用水量缓慢增长阶段（2000～2010 年年均增长率为 0.92%）。这与四川省工业化进程在"十一五"期间进入工业化中期阶段，是大体相关的。预计工业需水量还将持续缓慢增长。二是从产业结构演化进程判断，目前和相当一段时期内四川工业用水量从缓慢增长转为零增长的条件还不具备。根据有关研究提出的几个相关标志值（第三产业增加值占比为 60%，第二产业增加值占比从峰值回落至 30%～45%，第二产业就业人数占比从峰值回落至 28%～38%，城镇化率为 60% 以上等）进行初步测算后判断，预计 2030 年前，也就是在四川省进入后工业化阶段之前，不会进入工业用水量零增长的阶段。三是生活用水量在相当长的时期内，将会持续增长。

（七）四川与江苏等五省用水量变化的回顾与比较

但是，如果仅仅做这样的判断和推测，是否四川省只能等到 2030 年以后进入后工业化阶段，才可能实现工业用水量零增长或负增长呢？答案是否定的。如前文所述，国外也有如瑞典、荷兰、以色列等发达国家，是在产业结构演进和技术进步等条件不完全具备的情况下，通过强化节水管理，实现用水量下降的先例。近几年，国内也有一些省、市的工业用水量实现或接近实现零增长。北京、天津、上海等特大城市的情况与四川省无法比较。我们选取前述有关学者提到的工业用水量呈现零增长或接近零增长的五个省，即华东地区水资源较丰沛的江苏省和浙江省，华北地区水资源较贫乏的河北省，华中地区水资源较丰沛的江西省和湖南省等的工业和生活用水量变化情况，来与四川省做一个分析比较（见表 3－10）。

表 3－10　2004～2010 年四川与江苏等五省工业和生活用水量变化情况

| 项　目 | | 2004 年 | 2005 年 | 2006 年 | 2007 年 | 2008 年 | 2009 年 | 2010 年 | 年均增长率（%） | m³/万元 L/人·d | L/人·d |
|---|---|---|---|---|---|---|---|---|---|---|
| 江苏 | 工业 | 182.6 亿 m³ | 207.9 亿 m³ | 220.3 亿 m³ | **225.3** 亿 m³ | 209.4 亿 m³ | 194.5 亿 m³ | 191.9 亿 m³ | 0.83 | 99.6 | 862.6 |
| | 生活 | 40.6 亿 m³ | 43.1 亿 m³ | 46.1 亿 m³ | 48.4 亿 m³ | 49.5 亿 m³ | 51.4 亿 m³ | 52.9 亿 m³ | 4.51 | 184.3 | |
| 浙江 | 工业 | 55.8 亿 m³ | 58.1 亿 m³ | 62.7 亿 m³ | **64.2** 亿 m³ | 61.0 亿 m³ | 55.3 亿 m³ | 59.7 亿 m³ | 1.13 | 47.2 | 498.8 |
| | 生活 | 31.4 亿 m³ | 31.3 亿 m³ | 32.2 亿 m³ | 33.9 亿 m³ | 36.3 亿 m³ | 37.6 亿 m³ | 39.4 亿 m³ | 3.86 | 198.3 | |

续表

| 项 目 | | 2004年 | 2005年 | 2006年 | 2007年 | 2008年 | 2009年 | 2010年 | 年均增长率（%） | m³/万元 L/人·d | L/人·d |
|---|---|---|---|---|---|---|---|---|---|---|---|
| 江西 | 工业 | 52.2 亿 m³ | 55.8 亿 m³ | 50.6 亿 m³ | 58.6 亿 m³ | **59.9** 亿 m³ | 56.2 亿 m³ | 57.4 亿 m³ | 1.60 | 133.9 | 521.9 |
| | 生活 | 21.7 亿 m³ | 21.0 亿 m³ | 20.9 亿 m³ | 22.9 亿 m³ | 23.4 亿 m³ | 26.1 亿 m³ | 27.5 亿 m³ | 4.03 | 169.0 | |
| 湖南 | 工业 | 76.4 亿 m³ | 80.5 亿 m³ | 82.0 亿 m³ | 82.5 亿 m³ | 82.0 亿 m³ | 83.5 亿 m³ | **89.8** 亿 m³ | 2.73 | 142.4 | 568.1 |
| | 生活 | 42.1 亿 m³ | 43.5 亿 m³ | 44.4 亿 m³ | 44.6 亿 m³ | 45.1 亿 m³ | 46.1 亿 m³ | 46.4 亿 m³ | 1.63 | 193.6 | |
| 河北 | 工业 | 25.2 亿 m³ | 25.7 亿 m³ | **26.2** 亿 m³ | 25.0 亿 m³ | 25.2 亿 m³ | 23.7 亿 m³ | 23.1 亿 m³ | −1.4 | 24.2 | 179.6 |
| | 生活 | 21.6 亿 m³ | 23.7 亿 m³ | 24.1 亿 m³ | 23.9 亿 m³ | 23.4 亿 m³ | 23.4 亿 m³ | 24.0 亿 m³ | 1.77 | 91.5 | |
| 四川 | 工业 | 56.5 亿 m³ | 56.8 亿 m³ | 57.5 亿 m³ | 59.0 亿 m³ | 57.7 亿 m³ | 61.6 亿 m³ | **62.9** 亿 m³ | 1.81 | 85.0 | 343.1 |
| | 生活 | 31.0 亿 m³ | 31.7 亿 m³ | 34.2 亿 m³ | 34.4 亿 m³ | 34.5 亿 m³ | 36.3 亿 m³ | 38.0 亿 m³ | 3.45 | 129.5 | |

注：表中加粗的数据是工业用水量达到峰值的数据；第 11 列分别为：2010 年万元工业增加值用水量（m³/万元）和 2010 年人均日生活用水量（L/人·d）；第 12 列为 2010 年人均日综合用水量（L/人·d）。

资料来源：《中国统计年鉴》、《江苏省统计年鉴》、《浙江省统计年鉴》、《江西省统计年鉴》、《湖南省统计年鉴》、《河北省统计年鉴》、《四川省统计年鉴》。

首先，比较工业用水量的情况。从表 3 - 10 可以看出，六省中有四个省在"十一五"期间工业用水量分别在 2006 年（河北省）、2007 年（江苏省、浙江省）、2008 年（江西省）出现峰值后下降。其中江苏省和河北省一直下降到 2010 年，显得比较稳定；而浙江省和江西省则在 2010 年略有上扬，但未超过峰值，"十二五"期间的趋势尚待观察。湖南省和四川省"十一五"期间的峰值出现在 2010 年，估计"十二五"期间仍呈上升趋势（见图 3 - 3）。

其次，比较生活用水量的情况。从表 3 - 10 还可以看出，"十一五"期间，六个省的生活用水量无一例外都呈上升趋势，除湖南省和河北省的年均增长率为 1.6% ~ 1.8% 外，其余省的年均增长率都为 3.5% ~ 4.5%；且生活用水量的年均增

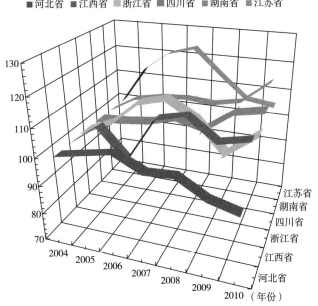

图中图例：■河北省 ■江西省 ▨浙江省 ▤四川省 ▧湖南省 ▧江苏省

**图 3 - 3 2004～2010 年四川与江苏等五省工业用水量的指数变化**

注：以 2004 年工业用水量为 100。

资料来源：《中国统计年鉴》、《江苏省统计年鉴》、《浙江省统计年鉴》、《江西省统计年鉴》、《湖南省统计年鉴》、《河北省统计年鉴》、《四川省统计年鉴》。

长率普遍高于工业用水量的年均增长率（湖南省除外）。这需要做进一步的分析：生活用水量的较高增长率，不仅反映了城乡居民生活水平的提升及家庭生活用水量的增长，更反映了第三产业的快速发展，导致服务业用水量有较快的增长（见图 3 -4）。

对四川与江苏等五省的工业化阶段分析（见表 3 -11）表明，虽然从产业结构演化进程判断，这六个省目前都不具备有关研究提出的，工业用水量实现零增长的几个相关标志值的基本条件。但明显的是，在工业用水量到达峰值后下降的四个省中，江苏省和浙江省在"十一五"期间已全面实现工业化后期的主要指标；河北省和江西省有部分指标势头较好（两省的非农增加值比重接近90%，非农就业比重大于60%；且河北省的人均生产总值大于4000美元）。湖南省和四川省则刚进入工业化中期阶段不久，与各项工业化后期的指标相比，尚有较大差距。

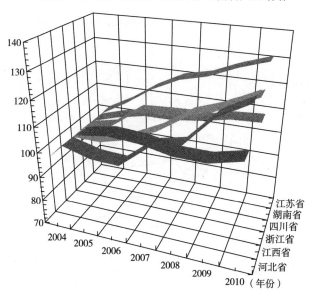

**图 3 - 4　2004～2010 年四川与江苏等五省生活用水量的指数变化**

注：以 2004 年生活用水量为 100。

资料来源：《中国统计年鉴》、《江苏省统计年鉴》、《浙江省统计年鉴》、《江西省统计年鉴》、《湖南省统计年鉴》、《河北省统计年鉴》、《四川省统计年鉴》。

**表 3 - 11　2010 年四川与江苏等五省工业化阶段分析**

单位：美元,%

| 省　份 | 人均生产总值 | 非农增加值比重 | 非农就业比重 | 城镇化率 | 工业化阶段 |
|---|---|---|---|---|---|
| 江苏省 | 7806 | 93.3 | 81.4 | 60.6 | 工业化后期 |
| 浙江省 | 7639 | 95.1 | 84.1 | 61.6 | 工业化后期 |
| 江西省 | 3134 | 87.2 | 62.4 | 43.8（2009 年） | 工业化中期 |
| 湖南省 | 3652 | 85.5 | 53.3 | 43.2（2009 年） | 工业化中期 |
| 河北省 | 4235 | 88.4 | 61.3 | 43.0（2009 年） | 工业化中期 |
| 四川省 | 3129 | 85.6 | 56.3 | 40.2 | 工业化中期 |

注：汇率按 2010 年 100 美元兑 676.95 元人民币计算。

资料来源：《中国统计年鉴》、《江苏省统计年鉴》、《浙江省统计年鉴》、《江西省统计年鉴》、《湖南省统计年鉴》、《河北省统计年鉴》、《四川省统计年鉴》。

　　如果就四川与江苏等五省的第二产业和第三产业增加值占地区生产总值比重，在"十一五"期间的变化（见表 3 - 12）做进一步分析，就会发现工业用水量下降的江苏、浙江、河北三省有一个共同的特点，即第二产业增加值占地区生产总值比重呈下降趋势，而第三产业增加值占地区生产总值的比重呈上升趋势。江西、湖南、四川三省则相反,第二产业增加值占地区生产总值比重尚未达到峰值,还在继续攀升,而第三产业增加值占地区生产总值的比重却呈下降态势。第二产业增加值占比的持续攀升和第三产业增加值占比的继续下降,可能预示着工业用水量还会增长,这需要在"十二五"期间继续观察。

表 3-12 2006~2010 年四川与江苏等五省第二产业、第三产业增加值占地区生产总值的比重

单位:%

| 省 份 | 第二产业增加值占地区生产总值的比重 | | | 第三产业增加值占地区生产总值的比重 | | |
| --- | --- | --- | --- | --- | --- | --- |
| | 2006 年 | 2010 年 | 上升或下降 | 2006 年 | 2010 年 | 上升或下降 |
| 江苏省 | 56.5 | 52.5 | ↓ | 36.4 | 41.4 | ↑ |
| 浙江省 | 54.0 | 51.6 | ↓ | 40.0 | 43.5 | ↑ |
| 河北省 | 52.9 | 52.5 | ↓ | 34.0 | 35.0 | ↑ |
| 江西省 | 50.2 | 54.2 | ↑ | 33.5 | 33.0 | ↓ |
| 湖南省 | 41.5 | 45.8 | ↑ | 42.0 | 39.7 | ↓ |
| 四川省 | 43.4 | 50.5 | ↑ | 38.2 | 35.1 | ↓ |

资料来源:《中国统计年鉴》、《江苏省统计年鉴》、《浙江省统计年鉴》、《江西省统计年鉴》、《湖南省统计年鉴》、《河北省统计年鉴》、《四川省统计年鉴》。

江苏省和浙江省在工业化后期就实现了工业用水量的零增长,河北省和江西省甚至在工业化中期就实现了工业用水量的零增长,这都与工业节水管理工作强度有较大相关性,这一内容我们将在第七章中探讨。从浙江省和江西省在 2010 年又出现反弹来看,在产业结构升级没有完全到位的情况下,工业用水量的下降可能并不稳定,还会有反复。从万元工业增加值用水量、人均生活用水量和人均综合用水量三项指标来看,六省中除水资源相对贫乏的河北省外,其余五省与发达国家相比都较高,工业用水量下降的空间还很大,也说明产业结构升级和工业节水管理工作都还任重道远。有关学者的判断是有道理的,也许只有达到相关的标志值和进入后工业化时期,工业用水量才能稳定下降,并达到更低水平。

(八)四川工业和生活需水量未来变化趋势的推测

通过对国内外在工业化城镇化进程中,工业和生活用水量变化趋势的分析比较,我们可以对四川省未来工业化城镇化进程中,工业和生活需水量的变化态势做一个大致推断。

四川省从"十五"期间开始,工业用水量进入缓慢增长阶段。"十一五"期

间进入工业化中期阶段，工业用水量继续缓慢增长。预计"十二五"期间，工业用水量还将持续增长。工业用水量零增长拐点出现，主要取决于产业结构全面升级。按照对四川工业化进程的预测，要在2030年以后才能全面进入后工业化阶段，达到工业用水量零增长的主要标志值，实现工业用水量零增长和负增长。但如果四川能进一步采取更加有力的措施，加快产业结构调整步伐，强化工业节水管理，主要标志值相当于江苏省和浙江省2010年的水平时，在工业化后期也有可能提前实现工业用水量零增长。由于四川省发展不平衡、产业结构滞后，且2010年的万元工业增加值用水量（85m³/万元）、人均日综合用水量（343.1L/人·d）等指标相对已达到较好水平，较短时期内万元工业增加值用水量、人均日综合用水量等指标持续大幅下降的可能性不大。因此，四川省工业用水量在2020年左右进入工业化后期时即实现零增长的难度很大，但随着产业结构调整和节水管理工作力度的加强，在2020～2030年，有可能提前实现工业用水量零增长。

四川省2010年城乡人均日生活用水量为129.5L/人·d，除水资源较贫乏的河北省外，与其余四省相比，虽有生活习惯、气候、地理、水文等条件不同的因素，但反映出四川省城乡居民用水水平，特别是小城镇和农村居民用水水平总体较低的客观事实。预计在未来相当长的时期内，随着城镇化率的逐步提高，第三产业的加速发展，特别是农村改水中自来水受益人口的大幅提升，以及城乡一体化公共供水服务体系建设取得进展，生活用水量继续增长的趋势将会长期持续下去，人均生活用水量也会从当前的微降转为上升的态势。但是，在加强生活用水节水管理、水价逐步调升和居民节水意识增强等因素的作用下，人均生活用水量不会大幅提升，但有可能在未来农村居民用水器具大普及的时段会有较高的升幅。直到后工业化阶段到来，城镇化率达到峰值和城乡自来水普及率接近100%时，生活用水量和人均生活用水量才会呈现稳定状态，实现零增长或有所回落，估计那是2030年以后了。

（九）未来对水质和水生态环境的要求

前面所讲的都是对未来水量需求变化趋势的推测。需要提醒的是，随着工业化城镇化的进展和生活质量的提高，人们对水质，特别是对饮用水水质的要求和对水生态环境的要求将会越来越高。在某种程度上，城乡居民对水质和水生态环境的要求比对水量的需求，更能对城镇水务行业产生变革性的深刻影响。

（十）工业化城镇化与水资源承载力

从四川未来工业化城镇化发展趋势，及其对工业和生活需水影响的分析可以看出，需水量的预测是地区长远发展的前提性工作。因此，"四川省'十二五'工业发展规划"初步意见的资料中提出的"五大经济区"、"五条产业带"、"八个重点园区"和"四川省'十二五'城镇化发展规划"初步意见的资料中提出的"成都都市圈"、"四大城市群"、"五条城市带"、"十个特大城市"，"有条件的县级市、县城发展成 50 万人口以上的大城市"等布局，都要对工业和生活需水量进行预测，并对水资源承载力进行评估和论证。在对工业和生活需水量进行预测，对水资源承载力进行评估和论证的基础上，编制好区域和城市水专项规划，应提到议事日程上来抓紧完成。

# 第四章 以城市水专项规划为龙头 引导城镇水务科学发展

## 一 做好区域和城市水专项规划，提高城镇水务决策的科学性

### （一）当前城市供排水规划存在的问题

城市规划在城市建设和发展中起着龙头作用，其中城市供排水规划是城市规划的重要组成部分。城市供排水规划一直是城市规划的重要内容之一。在城市总体规划的成果中，都有相应的城市供水排水工程规划篇章；在城市分区规划和详细规划层次，也有相应层次的供排水工程分区规划和供排水工程详细规划章节；其规划范围主要是在城市规划区内；城市全域①的城镇体系规划中，对供排水规划一般都要做原则性的安排。这种做法，在城市规模较小、城市发展比较缓慢、城市之间联系不密切、城乡分割、城镇化水平较低的情况下，基本能够适应城市发展需要。

当前，四川一批特大城市和大、中城市，以及多组团形态的城市快速发展；城市中的新区、开发区、园区迅速兴起；增长极、经济区、产业带等产业发展格局，推进着都市圈、城市群、城市连绵带等城市发展新形态逐渐成形；城乡统筹方针的实施，推动城乡一体化发展的局面初步形成。因此，过去城市供水排水工程规划的做法，就暴露出一些缺陷和弊端（实际上城市基础设施规划都普遍存在类似问题，但城市供排水规划的问题显得更为突出）。比如，普遍没有进行环境、资源承载力，特别是水资源承载力对城市发展影响的分析和评估，致使有的城市发展目标有明显的盲目性；一般都没有做城市全域的供排水工程专项规划，使有的城市的旧城与新

---

① 本书提到的"城市全域"，可以理解为"建制市"的全域，也可以理解为"建制县"的全域。

区、城区与园区、市区与县镇、城市与农村的供排水工程建设，缺乏全域系统的规划和大体协同的建设项目安排，造成许多难以克服的矛盾和问题；缺乏区域①供排水工程专项综合规划，都市圈、城市群、城市连绵带等新型城市形态的城际之间、上下游之间、城乡之间等，水资源和水工程共享常出现行政性障碍，水污染治理不能形成有效合力，供排水设施不可能协同高效运行等，对社会经济发展造成了一定的负面影响。

（二）城市水专项规划与水资源承载力论证

因此，在城市进行总体规划编制或修编时，必须把单独编制城市供排水工程专项规划（以下简称"城市水专项规划"）放到更为重要的位置，与城市总体规划编制（或修编）同步开展，同步进行。城市水专项规划应在区域供排水工程专项综合规划（以下简称"区域水专项规划"），及其他相关上位规划所确定的原则和具体要求的基础上进行。城市水专项规划，首先应进行水资源论证，即对城市发展的水资源承载力进行认真分析和评估，以确定城市发展目标的可行性。《四川省天府新区总体规划——水资源承载力专题研究》②　是一个进行水资源承载力论证的案例（见参考资料4-1）。以城市水专项规划的水资源承载力论证成果为依据，城市的国民经济和社会发展规划以及重大建设项目布局，都应与城市的水资源条件相适应，并在发展中严格执行建设项目的水资源论证制度。城市水专项规划还应是城市全域的规划，综合统筹旧城与新区、城区与园区、市区与县镇、城市与农村等的水务发展、建设、管理诸事项，注重城镇水务全局的系统性和协同性，而不仅仅局限于城市市区、城市建成区或城市规划区内的水务事项。城市水专项规划，应充分体现供水、排水及污水处理、再生水回用、雨洪管理和雨水综合利用、城市防洪排涝、城市水生态环境保护和修复、城市地下水资源保护与修复等城镇水务事项的内在统一性。这些城镇水务事项，都是水的社会循环的完整体系中相互依存、相互

---

①　本书提到的"区域"，是指在地域上靠近，在社会、经济、文化等方面联系密切，由若干城镇组成，但不属于同一行政建制管辖的省域内的"都市圈"、"经济区"、"城市群"、"产业带"、"城市连绵带"等形态的次区域。

②　四川省住房和城乡建设厅、中国城市规划设计研究院、四川省城乡规划设计研究院、成都市规划设计研究院：《四川省天府新区总体规划（2010～2030）专题》之《专题7——水资源承载力专题研究》，2011。

制约的不同环节。通过合理安排基础设施，统筹协调解决城镇水务各事项的矛盾，在防治污染的同时，促进水资源合理利用和重复利用，提高水的利用效率，使得取水与补水、污染与修复之间实现动态平衡，确保水的良性社会循环。有关城市水专项规划的各项内容，本书会在有关章节中分别再做深入讨论。

### 〉〉〉 参考资料 4 - 1

### 《天府新区总体规划——水资源承载力专题研究》摘要

不同节水水平下的用水指标：

本研究考虑了三种不同的节水水平，其中一般节水水平为在成都现状用水水平下有一定程度的提高，中等节水水平为达到或略高于北京、上海等缺水地区的现状用水水平，高等节水水平基本达到目前世界领先。不同节水水平下主要用水指标如下表所示。

**天府新区主要用水指标一览**

| 用水指标 | 一般节水水平 | 中等节水水平 | 高等节水水平 |
|---|---|---|---|
| 污水回用率（％） | 10 | 20 | 30 |
| 雨水综合利用率（％） | 2 | 3 | 6 |
| 城镇人均日综合生活用水量（L/人·d） | 300 | 290 | 280 |
| 农村人均日综合生活用水量（L/人·d） | 180 | 160 | 150 |
| 亩均灌溉用水（m³/亩） | 300 | 260 | 240 |
| 万元工业 GDP 用水量（m³/万元） | 25 | 21 | 18 |
| 其他水量占生活生产水量的比例（％） | 10 | 8 | 6 |

可供水量预测：

天府新区内可供水包括地下水、都江堰来水、回用污水和综合利用的雨水，规划期内各类水可供应量如下表所示。

**天府新区内各类供水量一览**

单位：亿 m³/年

| 水资源种类 | 可供水量 | | |
|---|---|---|---|
| | 一般节水水平 | 中等节水水平 | 高等节水水平 |
| 本地地下水资源可供水量 | 0.2 | | |
| 都江堰可供水量 | 13.00 | | |

续表

| 水资源种类 | 可供水量 | | |
| --- | --- | --- | --- |
| | 一般节水水平 | 中等节水水平 | 高等节水水平 |
| 污水回用量 | 0.94 | 2.17 | 4.30 |
| 雨水综合利用量 | 0.27 | 0.40 | 0.80 |
| 可供水总量 | 14.41 | 15.77 | 18.30 |

基于水资源平衡的人口容量：

根据上述指标和供水总量，可以算出现状区域内水资源水平可以承载的人口数量，如下表所示。

天府新区水资源承载力一览

单位：万人

| 项　目 | 一般节水水平 | 中等节水水平 | 高等节水水平 |
| --- | --- | --- | --- |
| 现状水资源水平可承载的人口数 | 360 | 475 | 620 |

可以看出若不考虑跨区域调水，不同节水水平下区域内可以承载的人口数分别为 360 万人、475 万人和 620 万人。根据国内外节水现状及趋势分析，在对区域内水资源和用水情况进行严格管理的情况下，天府新区可以达到高等节水水平。

## （三）系统分析是区域水专项规划的有效方法

从发达国家的发展历程可以看出，在工业化和城镇化迅速发展，社会、经济、生活急剧改变，人口、资源、环境的矛盾日益尖锐，城市群、都市圈、城市连绵带等区域性城市新形态日益兴起时，需要对经济结构、生产力布局、城际关系、人口分布、环境保护等事项进行区域性协调，区域规划方法就被广泛采用。区域规划中一项重要规划就是区域水资源综合利用规划，其主要内容之一就是区域供排水工程专项综合规划。区域水专项规划须树立区域和流域的理念，避免以往的规划与建设中，将水资源规划与供水、排水及污水处理等规划相互分割造成的弊端，在区域内将水资源、供水、排水及污水处理作为一个系统整体进行综合规划。系统分析方法是区域水专项规划的有效方法。在区域水专项规划中，首先要分析系统的基本要素及它们之间的协调机制。这些要素（子系统）主要由水源及供水系统、用水系统、排水系统、污水处理及回用系统、水体容纳系统、管理系统等六大部分组成。除管理系统外，其他 5 个子系统在水资源的开发利用过程中均与"水"的输入输出相联系，而这 5 个子系统中又都包含着若干要素，是这些要素间"水"的输入输出构成综合系统的水循环。所以，在明晰各子系统的构成要素及其子系统协调功能的基础上，结合区域"水"系统存在的问题，依据可持续发展原则、开源与节流并重原则、新旧给排水系统有机结合原则、远近期规划与建设相协调原则，以及经济、社会和环境效益相统一的原则，分析归纳出系统综合规划的主要目标及各具体目标间的相互关系[1]。根据区域水资源时空分布、上下游水文关系、水污染控制等要点，通过水资源的调配、供需矛盾的平衡、污水处理程度、排污口位置，以及水体环境容量等关系的协调，才能实现水资源供给、上下游城市发展、区域和流域生态平衡等目标。区域水专项规划必须从区域全局把握水资源管理策略，强调水资源、生态系统和人类的相互协调，重视生态环境和水资源利用的内在联系，遵循"首先保障基本生态需水"的原则，对供水、排水和污水处理、再生水和雨水综合利用、水生态环境修复以及节水管理等事项，进行综合统筹协调。区域水专项规划涉及问题多，矛盾复杂，且工程耗资大，建设周期长，需要对多种方案进行论证和评估，对多种方案进行优化比选，才能为水资源科学利用、水生态环境修复、区域供排水设施合理布局及优化运行打下坚实基础。

总之，区域水专项规划和城市水专项规划是引导城镇水务发展的龙头，对城镇水务发展战略决策的科学性，应起到决定性的作用。

## 二　以城乡普及自来水为目标，建设城乡一体化公共供水服务体系

### （一）四川城乡自来水普及率分析

《中共中央国务院关于水利改革发展的决定》明确要求："到 2013 年解决规划内农村饮水安全问题，'十二五'期间基本解决新增农村饮水不安全人口的饮

---

[1]　田一梅、王煊、汪泳：《区域水资源与水污染控制系统综合规划》，《水利学报》第 38 卷第 1 期。

水问题。积极推进集中供水工程建设，提高农村自来水普及率。有条件的地方延伸集中供水管网，发展城乡一体化供水。"同时提出，要"坚持民生优先。着力解决群众最关心最直接最现实的水利问题，推动民生水利新发展"。图4-1是通过换算得出的四川省城乡自来水普及的大体状况。从图中可以看出，四川省常住人口中，截至2010年末，城镇未用自来水人口有323万人（约占常住人口的4%）、农村改水尚未受益人口有356万人（约占常住人口的4.4%）、农村改水其他受益人口有1891万人（约占常住人口的23.5%），全省共计有2570万人（约占常住人口的31.9%）没有用上自来水。由此得出，四川省城乡自来水普及率约为68.1%，比全国城乡自来水普及率65%略高。但是，根据农村饮用水安全卫生评价指标的要求（见表4-1），人力取水距公用自来水供水点往返10~20分钟之内，即可视为自来水受益。由于资料缺乏，农村改水自来水受益人口中，家庭独用自来水人口数不详。由此得知，农村改水自来水受益率还不是完全意义的自来水普及率。即使如此，从横向比，2009年四川省农村改水自来水受益人口占农村人口的比重，在全国仍处于倒数第三、西部处于倒数第二的地位，仅49.14%；而北京、上海达99%以上，天津、江苏、浙江在90%以上，重庆、福建、河北、

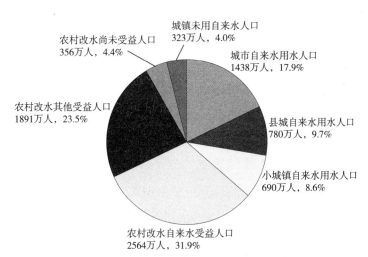

图4-1 2010年四川省城乡自来水普及情况

注：此图标注的农村改水自来水受益人口、其他受益人口和尚未受益人口等数据，系根据《2011四川省统计年鉴》的农村改水受益率、农村改水自来水受益率按农村常住人口数据重新换算；城市、县城自来水用水人口数据，由四川省住房和城乡建设厅提供；小城镇指县城以外的建制镇和乡镇，其自来水用水人口，根据四川省住房和城乡建设厅提供的建制镇和乡镇自来水用水人口的数据，适当扣减小城镇附近农村用水人口后估算。

山东、广东都在80%以上①。四川省的这种落后状态亟待改变。

（二）城乡一体化供水是城镇水务发展的必然选择

长期以来城乡分割的"二元结构"，使城镇水务事业只局限于城市之内。在城乡统筹发展的新形势下，城乡一体化供水是城镇水务发展的必然选择。正在实施的"农村饮用水安全工程"，不仅是农村水利建设的任务，也是城镇水务发展的任务。"积极推进集中供水工程建设"、"有条件的地方延伸集中供水管网"，在"十二五"期间"基本解决农村饮水不安全问题"，有城镇供水企业的一份社会责任。

但这还远远不够。从当前"农村饮用水安全卫生评价指标"就可以看出，这个近期目标只能解决农村居民"温饱需水量"的最低要求（见表4－1）。实践还证明，分散供水和小规模集中供水，很难从根本上解决饮用水安全卫生问题。

表4－1　农村饮用水安全卫生评价指标一览②

| 农村饮用水安全评价指标体系分为安全和基本安全两个档次，由水质、水量、方便程度和保证率四项指标组成。 | |
| --- | --- |
| 四项指标中只要有一项低于安全或基本安全最低值，就不能定为饮用水安全或基本安全。 | |
| 水　　质 | 符合国家《生活饮用水卫生规范》要求的为安全 | 符合《农村生活饮用水卫生标准准则》要求的为基本安全 |
| 水　　量 | 每人每天可获得不低于40～60L水为安全 | 每人每天可获得不低于20～40L水为基本安全 |
| 方便程度 | 人力取水往返时间不超过10分钟为安全 | 人力取水往返时间不超过20分钟为基本安全 |
| 保证率 | 供水保证率不低于95%为安全 | 供水保证率不低于90%为基本安全 |

资料来源：转引自《农村用水管理与安全》；其中水量的具体标准，根据气候特点、地形、水资源条件和生活习惯，将全国分为5个类型地区，不同地区有不同的具体水量标准，此表略。

同时，当前城镇饮用水水质问题也十分严峻。调查发现，除了部分条件比较好的城市和县城供水水质能达到或基本达到GB5749—2006《生活饮用水卫生标准》外，目前四川还有少数城市和相当数量的县、镇的供水水质不能完全达标。因此，为了保障城乡居民的身体健康，近期城镇供水的最为紧迫的任务，就是加大饮用水水源的保护力度，加大保障水质的供水设施工艺改造的投资力度，尽快

---

① 国家统计局、环境保护部：《中国环境统计年鉴（2010）》，中国统计出版社，2010，第184页。

② 转引自董洁、田伟君《农村用水管理与安全》，中国建筑工业出版社，2010，第28～29页。

实现城镇饮用水水质全面达标。

（三）城乡普及自来水是城镇水务的战略目标

从历史的角度看，城乡居民随着社会经济的发展和生活质量的提升，生活用水必然会经历"温饱需水量"、"小康需水量"和"富裕需水量"三个阶段。现在"农村改水"和"基本解决农村饮水不安全问题"，只是解决部分农村居民尚未解决的"温饱需水量"的最低要求。从长远着眼，在建设全面小康和共同富裕社会的进程中，必须发展城乡一体化的公共供水服务体系。当前，在满足"温饱需水量"的基础上，应明确城乡居民基本公共供水服务均等化的近期目标。城乡居民基本公共供水服务均等化，就是在城乡基本实现自来水普及（见图4-2）。自来水普及，一般有两个阶段：首先应普及安全卫生饮用水，然后再普及家庭独用自来水和独用厕浴卫生设施。随着社会经济的发展，还应进一步向城乡居民提供满足"小康需水量"，并最终实现提供满足"富裕需水量"的优质公共供水服务。这是城镇水务发展的长期战略目标。因此，在城市水专项规划中，应把建设城乡一体化公共供水服务体系，作为一项主要内容，统一布局、统一规划，以便在城乡统筹发展进程中，分步骤地统一建设、统一实施。

**图4-2　漫画："我们盼了多年，终于喝上干净的自来水了。"**

资料来源：奥一·东江网，2010年1月18日。

# 三 实现水的良性社会循环，是城镇水务可持续发展的战略重点

## （一）水资源的循环再生属性

水资源与石油、矿产等自然资源的根本区别在于，石油、矿产等资源是不可再生资源，而水资源具有循环再生的属性。这种循环再生属性主要通过两种形式实现，一是水的自然循环，二是水的社会循环。城镇从天然水体取水，经适当处理后，供生活和生产使用，使用过的水又排回天然水体，这就是水的社会循环。在水的社会循环中，使用过的水中必然会有许多废弃物。天然水体作为生态系统，对排入的废弃物有一定的自净能力。随着工业化、城镇化的发展，社会循环的水量不断增大，排入水体的废弃物不断增多，超出了水体自净能力的极限，水质就会恶化，使水体遭到污染。受污染的水体，丧失或部分丧失使用功能，从而影响水资源的可持续利用。这是造成水资源危机的重要原因之一。

## （二）水的良性社会循环是可持续的水资源利用模式

水的良性社会循环，简单地说就是指对生活或生产中使用过的污水、废水进行处理，使其排入天然水体不会造成污染，从而实现水资源的可持续利用。各地都在加快污水处理设施的建设，正是在为实现水的良性社会循环而努力。但是，还有一些经济可行的路径也可以为实现水的良性循环提供更高的效率。一是节约用水。节约用水不仅可以减少取水量，还可以减少排水量，并节约供水、污水处理的费用。四川省城镇节水和工业节水的潜力都还很大。二是污水、废水的再生回用。提高四川省工业用水的循环利用和重复利用率还有很大的潜力。城市污水经处理后可做农业灌溉、生态环境用水；或深度处理后作为再生水供给城镇绿化、洗车、清洁道路、冲厕等使用，使之成为稳定的城市第二供水系统，这在四川省城镇发展中才刚刚起步。三是雨水综合利用。现代城市的大部分地面用不透水材料覆盖，遇到暴雨很容易形成水涝灾害。将部分雨水经处置后储存起来，可作为绿化、景观、洗车、道路等城镇用水，这是直接利用雨水资源；增加城市绿地、湿地和透水地面面积，使雨水渗透或回灌地下，可以涵养地下水、减少水涝灾害、改善城市生态环境，这是间接利用雨水资源的

措施。雨水综合利用在四川省城镇发展中还基本没有起步。污水或废水再生回用、雨水综合利用、海水和微咸水淡化利用等，被统称为非传统水资源利用。总之，节约用水和多渠道利用非传统水资源，是近年来世界各国普遍采用的可持续的水资源利用模式。

实现水的良性社会循环，不仅有助于水资源的可持续利用，还能改善城市水系的生态环境。同时，还使得上游地区的用水循环不影响下游水域的水体功能，水的社会循环不损害水的自然循环规律，对保护或修复流域的水生态环境，也能起到很大的促进作用。

（三）实现水的良性社会循环必须转变观念

实现水的良性社会循环必须转变观念。一是从注重增加供水量转变为更加重视节水管理，树立节水优先的观念；二是多渠道利用非传统城市水资源，树立污水、雨水、洪水等都是城市水资源的观念；三是从注重天然水体取水转变为保障生态环境用水，树立保护和修复城市水系生态环境，才能实现城市可持续发展的观念。

因此，在城市水专项规划中，要把节约用水和多渠道利用非传统城市水资源作为重要内容，进行统筹规划、统筹布局。把实现水的良性社会循环，作为城镇水务可持续发展的战略重点，在未来工业化城镇化的快速发展中，统筹安排、分步实施。

# 四 加快城镇地下管网设施的改造与建设，夯实城镇发展的基础

（一）地下管网设施严重滞后于地面建设

调查发现，四川城镇水务发展中较为普遍存在的一个问题，就是部分城镇的地下管网和各类地下设施的建设和改造，严重滞后于地面建筑和设施的建设。在供水管网方面，主要是20世纪90年代之前建设的供水管网，由于当时社会经济发展条件的限制，存在管网与制水能力不配套、管材材质差、管道老化、布局不合理等问题。这些问题在部分城市的旧城区和一些县、镇比较突出。这是造成这些城镇供水管网漏损率高、爆管事故频繁、管网水质超标、供水压力

不足等问题的主要原因（见表4－2）。在污水管网方面，有的城市污水处理设施建设与污水管网不配套的问题较严重，致使有相当部分污水处理厂不能发挥效益。另外，有的城市的旧城区雨污合流体制普遍存在，也使污水处理设施很难充分发挥效益；有的城市新区虽然实现雨污分流排水体制，也有管材材质差、接头不严等情况，造成污水渗漏。在雨水管网方面，主要问题是由于历史原因，设计标准偏低、设计断面偏小、使用材质差、管道陈旧老化，加上管理落后，致使有的城市雨水管道不能正常应对雨季考验，经常发生排水不畅甚至严重内涝现象。同时，城市地下空间利用缺乏整体规划，致使地下空间利用混乱，地下空间利用效率低也是一个严重问题。总之，地下管网及各类地下设施落后的现象很普遍。

表4－2　2010年四川自贡市城区自来水爆管情况统计

| 管材直径 | | 100mm | 150mm | 200mm | 250mm | 300mm | 400mm | 500mm | 600mm | 700mm | 800mm | 合计 |
|---|---|---|---|---|---|---|---|---|---|---|---|---|
| 灰口铸铁管 | 次数（次） | 50 | 42 | 15 | 21 | 6 | 4 | 2 | — | 1 | 1 | 142 |
| | 占比（%） | 29.2 | 24.6 | 8.77 | 12.3 | 3.51 | 2.34 | 1.17 | — | 0.58 | 0.58 | 83.0 |
| 水泥管 | 次数（次） | — | — | 1 | — | 1 | 3 | 2 | 3 | — | 2 | 12 |
| | 占比（%） | — | — | 0.58 | — | 0.58 | 1.75 | 1.17 | 1.75 | — | 1.17 | 7.00 |
| 钢管 | 次数（次） | 1 | 4 | — | — | 1 | 1 | — | 2 | — | — | 9 |
| | 占比（%） | 0.58 | 2.34 | — | — | 0.58 | 0.58 | — | 1.17 | — | — | 5.25 |
| UPVC | 次数（次） | 2 | 2 | — | — | — | — | — | — | — | — | 4 |
| | 占比（%） | 1.17 | 1.17 | — | — | — | — | — | — | — | — | 2.34 |
| 球墨铸铁管 | 次数（次） | 1 | — | — | 1 | 1 | — | — | 1 | — | — | 4 |
| | 占比（%） | 0.58 | — | — | 0.58 | 0.58 | — | — | 0.58 | — | — | 2.32 |

资料来源：自贡水务集团有限公司提供，2011年11月30日。

地下管网设施严重滞后，既有历史的原因，也与决策层重视地上建筑和设施建设，对地下管网设施的配套存在认识误区，造成地下管网设施总体长期投资不足有关。因此，必须提高对地下管网设施建设重要性的认识。地下管网设施滞后，造成爆管频繁、内涝严重、供水漏损率高、管网水质超标等问题，不仅经常影响城镇居民正常生活，而且还会给城市或城市局部造成交通瘫痪、出行受阻等突发事件，严重降低城市运行效率。应当明确，地下管网设施现代化是城市基础设施现代化的前提条件；没有现代化的城市地下管网设施，就不可能有现代化的城市。从这个意义上讲，城市地下管网设施是城市基础设施的基础。当前，城市地下管网设施建设滞后的问题，已经成为城镇水务发展的瓶颈，有的城市这一问题甚至成为城市社会经济发展的瓶颈。因此，地下管网设施问题严重的城市，必须把加快城市地下管网和各类地下设施的改造和建设，作为一项急迫任务提上议事日程来研究解决。

（二）对地下管网设施进行全面普查

许多城镇对地下管网设施的情况并不完全清楚，没有完整详尽的地下管网和各类地下设施档案资料。这就需要对地下管网设施的现状进行彻底的普查。为了准确调查现状，实事求是地评估城市地下管网设施存在的问题，应委托专业探测队伍借助先进设备仪器，对城镇地下管网设施，特别是旧城区的地下管网设施进行全面系统的调查，绘制完整详尽的地下管网设施现状图，形成地下管网设施档案，为科学编制城市水专项规划和其他城市基础设施专项提供翔实准确的基础资料，特别是为旧城区的地下管网设施的系统改造和新城区的地下管网设施的系统建设提供准确的基础数据。也为将来数字城市的规划、建设和管理，为各类地下管网设施的自动化、智能化管理打下基础（见参考资料4-2）。

>>> **参考资料 4 - 2**

## 绵阳绘制四川首张"地下地图"①

在我们脚下数尺，有一个不被人关注的世界。那里，曾住着4只功夫高强的"忍者神龟"；那里，Andy曾完成了他的《肖申克的救赎》，从而迎接"新生"；那里，Scofield曾为了《越狱》，用除草剂和磷酸混合以腐蚀管道铁皮；那里，丑陋的

① 黄婷婷：《绵阳绘制四川首张"地下地图"》，《华西都市报》2012年7月17日，第18版。

音乐天才曾对克里斯蒂吟唱思慕，上演一出《歌剧魅影》；就连雨果也曾说过，那里关乎一个城市的智慧和良心。那里昏暗而充满未知，那里错综而又有序，那里潮湿而拥挤……那就是如迷宫般的地下管网，它们在我们的脚下默默维系一个城市的运转。

"师傅，你们这是在干什么？""绘地下地图。"近日，不少绵阳市民总能在街头看见一群神秘的工作人员拿着监测仪器，在窨井口爬上爬下。多年来，在绵阳城区的地下各类管线密如蛛网，但谁也说不清地下到底有多少管线，在什么位置？这些"蛛网"形成的"地下迷宫"，在城市建设施工中经常被挖断，造成断水、断电和断气的"城市病"。如今，绵阳终于下决心攻破这一"难题"，着手绘制四川省第一张地下地图。记者昨日获悉，7月起建市以来最大范围的地下管网普查工作已经展开，今年底，绵阳将出炉四川首张城市"地下地图"。

探测：150人发射磁场信号

"这次，通过政府公开招标，我们两家国内顶尖的公司，两支专业普查队伍，加上专业监理和相关部门和系统内部工作人员共有约150人。"据四川第三测绘工程院施工员、今年43岁的潘廷堂介绍，此次探测和数据绘制工作由他们测绘院和另外一家公司担负。"通过发射机发射磁场，另外一头的接收机接收磁场信号的强弱，来判断地下管网的确切位置、深度等情况。"昨日上午，他正在涪城路和三名助手搞物探，用管线探测仪对地下管网分布进行准确观测并绘图。"这样就能在不破坏地面覆土的情况下，快速准确地探测出地下自来水管道、金属管道、电缆等的位置、走向、深度及钢质管道防腐层破损点的位置和大小。"在现场，《华西都市报》记者看到，这台进口的机器分发射机和接收机两部分，潘廷堂的助手打开了一处人行道上的井盖，将发射机一头的金属夹子夹在地下管网的接头处，几米外另外一名工人提着一个外形像一把大钥匙的机器开始在地上勘探起来。随后，他和同事在纸上绘出草图，并在每个揭开的井口上记录。

难题：无参考数据和图纸

"地下管线如同蛛网，没有参考数据和图纸，只能物探，难题不少呀！"记者跟随几个勘探小组实地走访时，一位参与普查的相关负责人感慨，前期勘探发现绵阳的地下管网管线繁杂，他希望相关产权单位大力支持和配合。"目前普查已经进入到老城区一带，按照要求5米以上宽度的街道都会普查，一些容易引发内涝的地方，地下情况也都会逐一普查。"负责此次普查的一位监理单位负责人告诉记者，从目前前期勘探情况来看，绵阳的地下管网管线繁杂，走向不是很明确，有些井盖不好打开，有些开了无法复原。据一位现场负责探测的王师傅介绍，对确定的明显管线点采用直接查勘方法进行实地调查和测量，隐蔽管线点主要采用地下管线探测仪器进行探查或开挖等方法，确定其地面投影位置及埋深。

运用：建立地下管线数据库

绵阳市规划局市政科刘科长介绍，此次地下管线的普查范围为城市集中建成区及外围主次干道，普查对象主要为四类：市政类管线：给水、排水（含雨水、污水、雨污合流）、燃气、热力等；通信类管线：电信、移动、联通、军用光缆、有线电视、交警信号、治安监控网络等；电力类管线：各类高压和低压地埋电缆、路灯等；其他管线：工业管道、人防工程、集约管沟等。"在地下管线普查结束后，将建立'数字绵阳'公共信息平台，实现地下管线信息的实时、动态管理与维护，并且实现多部门共享。"刘科长说按照计划，这次地下管线普查在10月完成，11月完成地下管线信息系统的开发建设，年底前进行验收评审。最后将建立绵阳地下管线普查数据库，实现数据输入和输出、数据编辑、属性查询、数据统计、综合分析、三维场景漫游等多种功能和"数字绵阳"公共信息平台的交换服务；实现地下管线信息的实时、动态管理与维护，并且实现多部门共享。

对地下管网设施进行全面普查，还有一个重要的作用，就是为城镇地下管网设施这笔对大多数城市来说一直没有"进账"的"死资产"进行资产评估做好基础性工作。城市政府作为这笔资产的所有者，如果能盘活地下管网设施这笔财富，对改革地下管网设施管理体制和为城镇水务改革发展提供融资、引资条件，都具有重要意义。

（三）地下管网设施建设改造的原则

地下管网设施的改造和建设，要在科学编制城市水专项规划的基础上，有计划分步骤地进行。在对供排水管网进行统一规划时，还应对许多城镇过去未做考虑的再生水输送系统、雨水收集处理储存输送系统等进行统一规划，以便在对城镇供排水管网进行改造或新建时，同步完善再生水和雨水利用系统。在改造和新建时，一般对新区应采取较高的设计标准，旧城区的改造比较复杂，为了不过度影响城市的运行，不可能大规模开挖重来，而要通过分段改造，分步提高标准。

供水管网改造原则：主要是对存在影响水质安全因素的管网实施更新改造，包括过去使用的低质或禁用的材质的管网，或者频繁爆管、管道内壁锈蚀及漏损严重的管网（见表4-3）。管网改造应根据不同的工作压力、使用条件和地质状况，经技术经济比较后选择耐腐蚀、不产生二次污染的优质管材和配件，并选择技术可靠的管道连接方式。实施管网改造时，应对配水系统中影响供水水质的有关建筑物和构筑物进行同步改造，并按规定和标准设置测压、测流设施和水质监测点。管网改造技术方案，应结合以公共供水替代自建供水设施的发展需要，并对二次供水设施进行整合，对"城中村"进行同步改造，以发挥综合效益。县城或规模较小的独立供水区，应尽可能将枝状管网改造成环状管网，改善循环条件①。

表4-3  2010年四川自贡市城区自来水输配水管网分类情况

单位：km,%

| 管材分类 | | 长度 | 占总长度的比重 |
|---|---|---|---|
| 按建设年限分类 | 1978年以前 | 295 | 20.8 |
| | 1978~2000年 | 540 | 38.1 |
| | 2000年以后 | 582 | 41.1 |
| 按管径分类 | DN<75mm | 709 | 50.1 |
| | 75mm≤DN<300mm | 441 | 31.1 |
| | 300mm≤DN<600mm | 199 | 14.0 |
| | 600mm≤DN<1000mm | 36 | 2.5 |
| | DN≥1000mm | 32 | 2.3 |
| 按材质分类 | 球墨铸铁管 | 270 | 19.1 |
| | 灰口铸铁管 | 122 | 8.6 |
| | 钢管 | 16 | 1.1 |
| | 镀锌管 | 12 | 0.9 |
| | 塑料管 | 879 | 62.0 |
| | 水泥管 | 118 | 8.3 |
| 合　计 | | 1417 | 100 |

资料来源：自贡水务集团有限公司提供，2011年11月30日。

---

①  详见住房和城乡建设部《城镇供水设施改造技术指南（试行）》，2009年9月10日。

地下管网规划改造中关于排水体制问题，值得注意。城镇排水体制应根据城市总体规划、环境保护要求、当地自然条件和水体环境容量、城市污水量和水质、城市现状排水设施、经济实力、维护管理水平及可操作性等诸多因素综合考虑，通过技术经济比较后决策。一般规划新建城镇或新区的排水系统，较多采用分流制；旧城区排水系统改造，采用截流式合流制较多。同一城市的不同地区，可以采用不同的排水体制。一般在旧城区不宜未经认真技术经济比较和评估，就大规模地将合流制改造为分流制[①]。

**（四）部分旧建筑的管线改造问题**

上面所讲述的是城镇地下管网设施的普查和改造问题。但除了城镇地下管网设施以外，大约 20 世纪 90 年代早期以及之前建造的大量住宅小区和部分公共建筑的管线也有类似问题。这些旧建筑本身没有达到使用年限，无论从可持续发展理念，还是从建筑物效能充分发挥的角度，都不宜随意拆除重建。但小区和建筑中的各类管线问题却十分突出。给排水管道（不仅是给排水管道，还有燃气、供电、电信、宽带、电视等管线）材质低劣、老化变质、乱搭乱接、计量不到户等现象严重，不仅供水管线漏损问题突出，而且影响供水水质安全和污水渗漏污染，有的甚至还存在居民生命财产安全的隐患（见参考资料 4–3）。对大约 20 世纪 90 年代早期以及之前建造的大量老旧住宅小区和公共建筑的各类管线进行全面普查，并结合建筑节能、节水（一户一表和水表改造）、抗震设防、环境综合治理等改造，对各类管线和部分老旧住宅建筑的卫生设施进行集中改造，应提到日程上来研究解决。至于改造资金来源的问题，可在修订城镇住房维修基金、住房公积金等政策时予以适当考虑。据报道，四川省城镇住房公积金归集总额 2011 年已达1680 亿元，2012 年有望突破 2000 亿元[②]；成都市城镇住房公积金归集总额 2011年达 585 亿元，2012 年第一季度已达 616.27 亿元[③]。只要有关政策调整合理得当，资金问题应该不会很大。

---

① 金善功：《城镇排水体制的现状与规划》，中国城镇水网，2005 年 5 月。

② 转引自"新浪博客·住房公积金痴人 2012 年 5 月 15 日的博文"（http：//blog. sina. com. cn/gyg008）。

③ 转引自全媒体中心记者洪雳昕四川在线（http：//www. scol. com. cn）消息，2012 年 4 月 17日。

>>> **参考资料4-3**

# 自来水漏水严重　居民无能力改造①

水费涨跌如股票，9月4.4元/吨，10月5.8元/吨，最高6.3元/吨。

居民怀疑水费有"猫腻"，社区称漏水严重无能力改造。

网友"倔强"发帖说，他家住玉居庵东路4号院，刚搬过去不久的他看着每个月的水费有点摸不着头脑。"9月4.4元/吨，10月5.8元/吨，最高6.3元/吨。"而之前他住的地方才2.9元/吨，"倔强"怀疑这时高时低，但明显高于成都市收费标准的水价是不是有"猫腻"？

居民：水价涨跌如股票

根据网友反映的情况，记者来到玉居庵东路4号院。这里的多位居民证实了网友的说法，小区的水价20多年来一直"起伏不定"有时每吨4元多，有时每吨5元多，最高的时候每吨水要6.3元。

一位居民打趣地说："今天一个价，明天一个价，比股票还玄。"

社区：设施老旧是主因

院落居民小组长胡尚智对此解释说，4号院以前是单位宿舍区，"当时周围都是农田，没有市政的水电管网"。为了解决居民的用水问题，当时从其他单位的管线"借道取水"，借水单位要收15%的管理费。"总表安在人家单位，院落居民安装分表。"

记者问，就算加了15%，也没有那么高价吧？胡尚智说："更主要的原因是管道老化漏水、水管爆管等原因，小区的水损非常严重。"水费按总表数字收费，这部分"多出来的水"就只能由4号院200余户居民平摊。

"院落曾经召开过居民大会，想把水管接到市政的自来水管。但需要十几万元的费用，要居民自己承担。"胡尚智说："社区没有经费，如果平摊每户要出几千元，好多人就不愿意。"加之一直传闻小区马上要拆迁，居民就更不愿意出钱改造了。

自来水公司：可提出改造申请

---

① 记者阳虹钰、实习生杜玉全 摄影报道《我家的自来水到底多少钱一吨?》《华西都市报》2011年11月15日，第15版。

就玉居庵东路4号院的情况，记者咨询了成都市自来水有限责任公司。自来水公司答复说，市内居民生活用水价格为2.85元/立方米，用水数以小区总水表为准，征收水费。小区户主的用水价格，由小区物管根据总水表用水量及居民实际用水量进行制定，水价会与市内生活用水2.85元/立方米的价格有所不同。

自来水公司相关负责人表示，小区物业可以向自来水公司提出改造申请，再由工作人员到小区进行实地勘察，制定改造方案。改造费用将通过实地改造情况分为"表后改造"和"表前改造"，即小区总表内外改造情况。"表前改造"的费用须由小区承担，"表后改造"的费用则由自来水公司承担。

在普查的基础上，对城镇地下管网和各类地下设施，以及部分旧建筑的管线进行大规模的投资建设与改造，既是拉动内需促进国民经济健康发展的重要举措，也是一项有利于城镇可持续发展的重要建设任务，还是一件重要的民生工程，值得有关部门高度重视。

# 第五章 以保障水质为核心 建设城乡一体化 公共供水服务体系

## 一 充分认识城乡居民饮用水水质安全问题的严峻性

### (一) 供水设施建设重点应从"扩能"转向"保质"

长期以来,由于供水能力不足,不能满足社会经济发展和居民生活用水需求,城镇供水事业的发展一直是以增加供水能力,加快供水设施建设为主要任务。2001~2010 年的统计数据表明,通过长期努力,四川省的城镇供水设施已达到一定规模,总体上城镇供水能力已经能够满足当前社会经济发展和居民生活的需求。2010 年城市的日均供水量为供水能力的 59.2% (见图 5 - 1),县城的日均供水量为供水能力的 57.2% (见图 5 - 2)。由此说明,四川省的城市和县城的供水能力已具一定的超前性。当然,还有一些城市或县城现在仍有供水能力不足的问题。而且,从城镇化进程和建设城乡一体化公共供水服务体系的前景来看,扩大城镇供水能力的建设还任重道远。但从当前全省总体情况分析,一段时期内应把重点从"扩能"转向"保质",即把保障城镇供水水质安全、

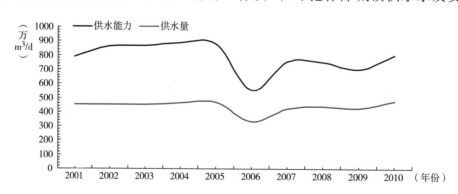

**图 5 - 1 2001 ~ 2010 年四川省城市供水能力与供水量比较**

资料来源:四川省住房和城乡建设厅提供,2011 年 11 月。

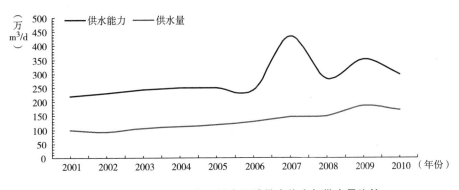

图 5 - 2　2001～2010 年四川省县城供水能力与供水量比较

资料来源：四川省住房和城乡建设厅提供，2011 年 11 月。

提升城镇供水水质、实现城镇供水水质全面达标，作为城镇供水的主要目标和投资方向。明确这一点非常重要。

当前，在全省城镇供水能力达到相当规模的同时，饮用水水质安全问题却令人担忧。

（二）饮用水水源保护形势堪忧

据四川省环保厅公布的数据，全省纳入省控城市集中式饮用水水源地水质监测月报的 65 个断面中，全年全部达标的有 47 个，占 72.3%，部分时段达标的有 12 个，占 18.5%，全年不达标的有 6 个，占 9.2%。影响四川省城市集中式饮用水水源地水质的主要污染物为粪大肠菌群、总氮、高锰酸盐指数等（见参考资料5－1）。四川省饮用水水源保护的主要问题：首先是农村分散式饮用水水源水质较差。经调查评估的 261 个水源地中，不达标的有 18 个，占 6.8%；3172 个乡镇集中式饮用水水源地中，不达标的有 522 个，占 16%。同时，饮用水水源地监测能力弱。国家规定每年必须开展一次 109 项全指标监测，但目前只有四川省环境监测中心站有能力开展。水质例行监测只有 28 项，大多数县城不能完成常规监测，全省 3718 个集中式饮用水水源保护区，开展例行水质监测的仅有 65 个，仅占 1.75%。乡镇集中式饮用水水源地监测基本处于空白，分散式饮用水水源地基本没有开展过水质监测。而且，饮用水水源保护机制不健全，部分饮用水水源保护存在跨界纠纷问题。如德阳市区 2/3 的饮用水取自人民渠，该集中式饮用水取水点上游有 65 公里河渠位于成都市范围，沿途生产生活废物时常抛撒下渠，致使水质受到影响。

自贡市区 2/3 的饮用水来自威远县长葫水库，近年该水库水质一直不达标，对自贡市区饮用水安全造成威胁。饮用水水源保护区监管责任主体不明确，导致日常监管工作不落实。饮用水水源保护投入不足，现行法规对饮用水水源保护区采取保护措施、建设保护设施有明确要求，但没有明确经费来源，致使保护区建设和管理相对滞后。饮用水水源保护区补偿政策缺失。饮用水水源保护区往往经济相对落后、生态相对脆弱，发展经济与保护水源的矛盾比较突出。例如，成都市自来水六厂所在的饮用水水源保护区有居民 2.8 万人。由于保护区内不能进行土地整理，无法重建房屋，只能从事传统农业生产，当地群众生活水平远低于非保护区居民，且得不到相应补偿，影响了当地群众保护饮用水水源的自觉性和积极性[①]。

>>> 参考资料 5-1

### 2010 年第三季度四川城市集中式饮用水水源地水质状况[②]

21 个市州政府所在地饮用水水源地水质：2010 年第三季度，21 个市州政府所在地饮用水水源地全部达标的有成都、泸州、绵阳、广元、遂宁、内江、乐山、达州、巴中、雅安、眉山、资阳、马尔康、康定、西昌 15 个城市，全部不达标的有自贡、攀枝花、宜宾 3 个城市，德阳、南充、广安 3 个城市阶段性达标。

25 个县级区、市、县饮用水水源地水质：2010 年第三季度，饮用水源地全部达标的有成都都江堰市、双流县、青白江区、邛崃市、新都区，自贡富顺县，德阳绵竹市、什邡市，绵阳江油市，遂宁射洪县，南充阆中市，内江资中县，乐山峨眉山市，达州渠县、宣汉县、万源市，巴中平昌县，资阳简阳市 18 个县级区、市和县城；全部不达标的有成都彭州市、自贡荣县、内江威远县 3 个县级区和市；阶段性达标的有德阳广汉市、内江隆昌县、广安华蓥山市、达州大竹县 4 个县级区、市和县城。

---

①  四川省人大城乡建设环境资源保护委员会、四川省人大常委会研究室：《报告显示：四川饮用水安全形势是城镇好于农村，集中好于分散》，人民网，2011 年 10 月 15 日。
②  摘自《2010 年第三季度四川省环境质量状况》，四川省环保网，2011 年 1 月 6 日。

　　主要污染物：2010 年第三季度，四川省城市集中式饮用水河流型水源地主要污染指标为粪大肠菌群，主要表现在金沙江、岷江流域的攀枝花、宜宾；湖库型水源地主要污染指标为总氮，主要表现在沱江流域的自贡、内江及岷江流域的成都，其中个别湖库型水源地还出现了高锰酸盐指数及铁超标，主要表现在内江的隆昌县和成都的彭州市；地下水水源地的主要污染指标锰，主要出现在德阳城区及德阳的广汉市。

　　（三）供水水质不能全面达标

　　据调查，从供水设施情况看，有相当数量的城镇水厂的供水水质不能实现全面达标（见参考资料 5 - 2）。除了水源水质问题外，有的水厂供水设施不完善、工艺上有缺陷；有的修建年代较早、工艺陈旧、管网老化；有的管理水平低、对水质达标不够重视，甚至认为原水水质较好，可以不投药、不过滤、不消毒；有的技术力量薄弱，不能将水厂运行工况调整到最佳情况；有的管材选用灰口铸铁管、水泥管等管材，锈蚀严重；还有不少城镇供水设施由于历史原因，资金不足，建设起点低，是因陋就简逐年建设形成的；等等[1]。更为严重的是，四川除了成都、绵阳等少数大城市的供水企业具备全部指标的检测能力外，大多数供水企业不仅没有全部指标的检测能力，甚至有的连日常或常规指标的检测能力也不完全具备，致使有的供水企业对自己的供水水质处于情况不明的状况。而我国新的水质标准（GB5749—2006《生活饮用水卫生标准》）已于 2007 年 7 月 1 日开始实施，要求按常规指标（42 项）对各类集中式供水的生活饮用水实施监测，并在 2012 年 7 月 1 日前，要按全部指标（106 项）实施监测。同时规定，标准适用范围包括城乡各类集中式供水的生活饮用水。当前，提高供水企业的水质检测能力，建立全省水质督察和监测体系已成为保障供水水质的关键。广大农村和小城镇，虽然通过多年来的农村改水，饮用水的水质安全保障水平有了很大的提高，但总体看仍存在不少问题，需要在"十二五"期间付出更大的努力，才可能得到进一步的改善。

---

　　[1]　熊易华：《保障供水水质安全的几个问题》（文稿），四川省城镇供水排水协会提供，2011 年 11 月。

>>> **参考资料 5 - 2**

## 自来水合格率仅 50%？住建部称自来水达标率 83%①

5 月 7 日出版的新世纪周刊《自来水真相》一文报道称，根据 2009 年的住建部城市供水水质监测中心的普查，在全国 4000 余家自来水厂中有 1000 家以上城市自来水厂出厂的水质不达标。但有专家估计，水质不达标的自来水厂数，可能占到 50% 左右。

住建部称自来水达标率 83%

据《21 世纪经济报道》称，5 月 10 日，住建部公开回应了"城市自来水出厂水质合格率 50% 左右"说法。住房城乡建设部城市供水水质监测中心主任邵益生通过新华社记者做了公开回应。

邵益生称，2009 年进行城市水质调查的原因在于《生活饮用水卫生标准》的修改。2006 年有关部门重新修订颁发了《生活饮用水卫生标准》，要求于 2012 年 7 月 1 日起全面实施。新的《生活饮用水卫生标准》在原有 35 项水质指标的基础上，大幅度提高到 106 项，指标限值也越加严格，总体上与发达国家的水质标准接轨。

因此，为了掌握城镇供水设施是否适应新标准要求，2008 年和 2009 年，住房城乡建设部城市供水水质监测中心组织对全国 4457 个城镇自来水厂进行了普查，按新的《生活饮用水卫生标准》评价，城市自来水厂出厂水质达标率为 58.2%。

根据邵益生的介绍，2011 年，邵益生所在的机构会同有关单位组织国家认可的专业水质检测机构对占全国城市公共供水能力 80% 的自来水厂出厂水进行了抽样检测。按新的《生活饮用水卫生标准》评价，自来水厂出厂水质达标率为 83%。

供水安全形势还较严峻

据《人民日报》报道，对于即将全面实施的新标准，清华大学水业政策研究中心主任傅涛并不乐观。他在 9 日接受记者采访时表示，即便经过至今 5 年的推广，我国供水系统与新标准的实现，还有较大差距。

---

① 《自来水合格率仅 50%？住建部称自来水达标率 83%》，中国经营网，2012 年 5 月 11 日。

傅涛认为，除了自来水厂的工艺设计仍然相对落后以外，还存在自来水厂水质检测设备及检测水平不合格的问题，目前国内有能力完成新标准106项指标全检测的自来水厂寥寥无几。他指出，目前我国的供水水质测定都是以水厂的出水水质为主，而入户水龙头的水质状况却无从知晓。即使出水厂的水质达标，供水系统中陈旧的管网也难以保障到户水龙头的出水水质。

傅涛表示，这些问题是供水行业的投资不足以及长期成本倒挂的水价体系造成的。长期以来，我国的居民用水水价一直低于运营成本，尤其是水源污染、水资源费上涨、水质标准提高之后，供水的生产和运营成本提高，使企业无暇顾及水质的提高，导致供水行业低价低质的恶性循环。近日一则"全国普查自来水合格率仅50%"的消息，引发了公众对饮用水安全的担忧。他进一步指出，目前我国有关部门在水源保护、引入竞争机制、严控企业成本等方面采取了一系列措施，但供水行业的现行水质检测体系仍然存在问题。各地的核心水质检测中心绝大多数在人事关系和经费来源上隶属于当地自来水公司，只是名义上的独立，水质检测数据的可信度不足。

（四）供水企业应急能力不足

自然灾害频繁、突发性水源水质污染事件增多，加上信息沟通不畅、协调机制不顺，成为威胁城镇供水安全的又一重要因素（见参考资料5-3）。突发性水源水质污染事件具有危害的灾难性、影响的长期性和处理的艰巨性等特点，供水企业应急能力不足也是一个亟待解决的课题。

>>> 参考资料 5-3

### 四川水污染事件频发　暴露多重深层次问题[①]

7月21日，涪江上游普降暴雨，泥石流将四川省阿坝州松潘县境内的四川岷江电解锰厂尾矿渣带入涪江，导致涪江沿岸江油至绵阳段城乡约50万居民饮用水受到影响。近年来，一起起水污染事件频繁发生，引起全社会的广泛关注。有关专家认为，事件频发敲响了环保监管的警钟，其背后暴露出的化工企业布局、水

---

① 《四川水污染事件频发　暴露多重深层次问题》，中国网络电视台，2011年8月1日。

资源保护等一些深层次问题更是值得关注和反思。

"水危机"突如其来

7月26日晚，绵阳市人民政府突然发布公告，称该市涪江江油、绵阳段水质氨氮、锰指标超标，呼吁广大市民近期生活饮用水尽量使用瓶装水、桶装水等成品水。

公告一出，引发了一场"抢水"风波，矿泉水等的供应一度趋紧。

记者了解到，涪江水源是绵阳市三大水源之一，所供水量占绵阳城区30多万居民生活和饮用水量的70%，绵阳市其他两个水源未发现异常。事发后，绵阳市加强了安全饮用水供应，从周边地区紧急调运成品水并向居民区运送安全备用水，从26日至今，绵阳市从外地紧急调入了几十万件瓶装水。

经过几天的紧张处理，绵阳市水务集团29日凌晨监测结果显示，经过生化处理和管网全面冲洗，水源取自涪江的自来水厂出厂水达标，绵阳市疾控中心在群众家中接出的末梢水也全部检测合格。绵阳市政府于29日中午12时向全市公告解除警报，告知市民可以饮用自来水。

目前，"水危机"对于绵阳市民来说，已成为过去时，但仍有一些市民心有余悸。市民王小芬告诉记者，家中烧饭仍使用送水车中的水，家人喝的是先前买的瓶装水。

"天灾"引发"水危机"

是什么原因造成污染事件的呢？目前污染源情况如何呢？记者于7月27日赶到了事发地松潘，并在那里蹲点追踪调查。

7月27日下午，记者在松潘县小河乡泥石流现场看到，暴雨导致涪江支流一侧的山体发生泥石流，四川岷江电解锰厂位于山腰位置。泥石流卷走部分矿渣冲入河道，阻塞了一部分河道。河道宽处有10余米，但窄处仅六七米，河水较为湍急，仍不断冲刷着泥石堆积体。

四川岷江电解锰厂总经理谢才坤回忆说，20日傍晚，小河乡辖区局部骤降罕见特大暴雨，历时约一个半小时。暴雨导致山体垮塌，山水猛涨，形成了历时10多分钟、多达数十万立方米的特大泥石流。"泥石流像脱缰的野马狂奔而下，挡水坝、挡渣坝、泄洪道被严重损毁。"

事发后，松潘县于21日7时对水进行了采样。松潘县环保局局长张友奎说：

"由于我们自身不具备检测能力，因此只能将水样送往州环保局进行检测，23日才出检测结果，显示锰、氨氮两项指标超标。24日再次取样，26日结果显示，仅有锰一项超标。"

张友奎介绍说："如果天气晴好，没有雨水冲刷泥石堆积物，将不会产生新的污染。就怕出现新的暴雨，可能再次冲刷堆积物，将污染物冲入河中。我们正在加紧清理河道附近的堆积物。从理论上说，随着河水向下游流动，支流不断汇聚、河水流程增加，污染程度会逐渐减轻。"

两天后，记者再次来到事发现场，当地有关部门仍在全力对造成涪江污染的泥石流现场进行处置。记者看到，大批机械车辆在泥石流现场进行清理作业，几名工人在一块卡车大小的岩石上钻孔，为爆破清除做准备。目前，在泥石流中堵塞的电解锰厂渣场导流隧洞已经打通，渣场上方的雨水能够通过导流隧洞排走。

最近几天一直在现场指挥抢险的松潘县副县长刘明刚告诉记者："目前，冲入河道造成涪江污染的泥石堆积体已基本清除，没有新的污染物进入涪江。"

29日凌晨，经四川省环科院、四川大学水利地质专家实地考察、反复论证，决定在继续修复电解锰厂渣场受损挡坝的同时，在其下方新筑一条高15米的挡坝，新挡坝已于29日6时开建。目前，新挡坝正在加紧修筑，同时，工程技术人员将对机械车辆无法处置的大块岩石实施爆破清除，爆破后的石块将填筑进挡坝，届时阻止矿渣进入涪江将更有安全保障。

江水污染引发的"深度思考"

事件发生后，四川省派出调查组来到绵阳，绵阳市委常委、常务副市长李炜在汇报会上的一句话发人深省，"一次污染可能是偶发事故，如果再次发生，那将成为一次责任事故"。作为事故调查组负责人，四川省政府副秘书长何旅章也表示："四川被誉为'千河之省'，要进一步加大对江河沿岸采矿、化工等企业的环保监管，排查隐患。"

这起水污染事件还敲响了保卫城市水源安全的警钟。城市水源单一，缺乏储备水源，导致抗风险能力弱。四川大学社会学系主任陈昌文说，随着城市人口规模和工业规模的不断增长，单一水源不仅不能满足需求，还将严重制约经济社会的发展，而且一旦水源发生危险，就会造成社会的恐慌。

为防止水污染事件再次发生，专家认为，应"内外兼修"，从体制机制上破题。应科学规划流域内的重点产业布局。绵阳市应急办主任鲁良军认为，在饮用水水源地和大江大河的上游地区，要慎重布局重污染型企业，以免对中下游地区的用水造成威胁；要建立区域性"污染补偿机制"，例如加大下游对上游生态保护的经济补偿，确保上游地区加强环境保护的积极性。

同时，要进一步加大违规成本和惩治力度，并引入市场机制，推动水污染治理。四川省社会科学院教授胡光伟说，有关部门应进一步完善水环境保护的各项法规，加大对违规企业的处罚，并制定相关政策，激励更多的企业加强污水治理。

饮用水水质安全问题是涉及城乡居民健康的大事，同时也是影响社会稳定的大事。要充分认识当前饮用水水质安全问题的严峻性，在"十二五"期间必须加大饮用水水源保护、供水设施工艺改造和供水企业应急能力建设的投资，把提高城乡供水水质安全保障能力放在突出位置来完成。这是城镇供水行业刻不容缓的急迫任务。

## 二 加大保障饮用水水质的投资，是"十二五"城镇供水的主要任务

### （一）保障水质安全是供水行业的首要任务

住房和城乡建设部、国家发展和改革委员会在《全国城镇供水行业"十二五"规划》的初步意见中，提出了四项任务：一是加强公共供水服务能力，扩大公共供水服务范围，推进城乡统筹区域供水。城市公共供水普及率达到95%，县城达到85%。所有城市和85%的县城公共供水管网漏损率达到国家控制标准要求。二是改善城镇供水水质。通过水厂工艺改造和管网更新改造，解决因水源污染和供水设施落后造成的供水水质不达标问题，消除管网水二次污染隐患。三是提高供水水质检测能力。加强检测能力建设，按照《生活饮用水卫生标准》的检测项目和频率，满足供水水质检测和政府水质督察的要求。四是建立应急保障体系。具备应对突发性水源污染和自然灾害的应急供水能力[①]。四项任务中，一项

---

① 住房和城乡建设部办公厅、国家发展和改革委员会办公厅：《关于征求城镇供水设施改造与建设"十二五"规划意见的通知》，四川省城镇供水排水协会提供，2011年11月。

是扩大公共供水服务范围,推进城乡统筹区域供水,这一内容我们将在本章第三部分深入讨论。其余三项都是关于提高城镇供水水质安全保障的任务。由此可见,保障水质安全是"十二五"期间全国城镇供水行业的主要任务。

2006年,国家正式执行新的饮用水水质标准(GB5749—2006《生活饮用水卫生标准》)。新标准规定了生活饮用水水质卫生要求、生活饮用水水源水质卫生要求、集中式供水单位卫生要求、二次供水卫生要求、涉及生活饮用水卫生安全产品卫生要求,以及水质监测和水质检验方法等。这是21年来首次对标准进行修订,规定指标由原标准的35项增至106项,其中常规指标42项,非常规指标64项。新标准于2007年7月1日起实施,并要求2012年7月1日按106项指标实施监测。调查发现,当前四川省大部分城市和县城供水水质能达到或基本达到《生活饮用水卫生标准》,但还有少数城市和部分县、镇供水水质不能全面达标。为了保障城乡居民身体健康,近期城镇供水的最为紧迫的任务,就是加大饮用水水源保护的力度,加快供水设施的工艺改造步伐,尽快实现饮用水水质全面达标。根据《全国城市饮用水卫生安全保障规划(2011~2020年)》,四川省应抓紧制定具体措施,保证规划目标在"十二五"和"十三五"期间全面提前实现。在此,我们着重谈谈"十二五"期间加大保障饮用水水质投资力度等问题。

(二)全面加强饮用水水源保护

必须按《四川省饮用水水源保护管理条例》明确饮用水水源保护的责任主体和主要职责,确定饮用水水源保护区的管理机构并赋予其相应职责,并明确监管部门负责监管工作。同时要加强跨界和分散式饮用水水源的保护,建立上下游水源保护联动机制,协调解决水源安全问题。要加强对饮用水水源保护区管理,严格控制水源保护区的工程项目,坚决对污染源和饮用水水源周边环境进行综合治理,确保水源安全监测常态化。要加大对饮用水水源保护的投入,建立饮用水水源保护专项基金,专门用于饮用水水源保护,形成政府引导、市场参与的饮用水水源保护多元化投入机制。要建立饮用水水源水质监测体系,实施实时监测。供水企业也要加强水源水质日常检测和预警监测工作,发现饮用水水源有异常情况,采取有效措施,并按规定向环保等主管部门报告。同时,还要加快城市和有条件的县、镇的第二水源建设(见参考资料5-4、参考资料5-5)。

>>> **参考资料 5－4**

## 成都全面建成中心城区应急供水水源[①]

昨日，记者从成都市水务局获悉，成都市应急水源工程项目日前顺利开闸蓄水，这标志着成都市中心城区应急供水水源全面建成。

成都市应急水源工程位于都江堰紫坪铺境内，项目总投资为 6.2 亿元。工程建成后增强了都江堰配水功能，可解决成都市、都江堰市的应急供水问题，提高了防洪标准，能有效保护都江堰水利工程。

工程由都江堰市政府和省都江堰管理局共同建设，输水暗渠在 2011 年已成功试通水，其余工程于今年 3 月中旬动工修建，6 月下旬完成了主体工程建设。

>>> **参考资料 5－5**

## 四川各城市第二水源大调查[②]

四川各城市第二水源（部分）：成都，已完成初步备选方案（规划中）；南充，升钟水库、磨尔滩水库（已建成）；绵阳，涪江区吴家镇燕儿河水库（规划中）；广元，白龙湖（规划中）；巴中，后溪沟水库（已建成）；雅安，南郊水厂备用水源工程（筹建中）；内江，濛溪河（已建成）；遂宁，寻找中。

日前，涪江水污染事件引起社会广泛关注。作为四川第二大城市的绵阳，因为没有第二水源，在第一水源遭到污染之后，百万市民显得是那么的无助和无奈。华西都市报记者对我省部分城市的第二水源规划建设情况进行打探，可谓是喜忧参半。

绵阳选址燕儿河　规划第二水源

绵阳市政府常务会议于 6 月审议通过，决定将属岷江水系位于涪江区吴家镇的燕儿河水库建设为第二水源，结束绵阳城区百万人依赖涪江独一水源的历史。昨日下午，华西都市报记者冒雨前往燕儿河水库，探访绵阳第二水源地。绵阳市将在燕儿河水库新建两座水厂，规划日产自来水 40 万吨。绵阳市水务局与绵阳市

---

① 《成都全面建成中心城区应急供水水源》，《华西都市报》2012 年 7 月 4 日，第 7 版。

② 《四川各城市第二水源大调查》，《华西都市报》2011 年 7 月 30 日。

住房和城乡建设局等政府有关部门，正在加紧制定实施中。

遂宁备用水源 还正在寻找

遂宁同样面临无第二水源的局面。涪江是遂宁市民唯一的饮用水水源，没有备用饮用水水源。但遂宁的两个自来水厂，都没有直接从涪江取水。遂宁有一条人工河渠河，渠河之水是从新桥镇黄连沱村引入的涪江水。遂宁的自来水公司都是从渠河取的水。一旦涪江受到污染，把黄连沱入水口的 12 孔闸门拉下，受污染的涪江水就流不进渠河了！在上无来水的情况下，渠河之水经过自来水公司加工处理后，能供应遂宁城区市民 5～7 天。当地政府正在寻找备用饮用水水源。

广元第二水源 选择白龙湖

广元市的饮用水水源来自嘉陵江的地表水，如果这段水源遭到污染，还有备用水源，但暂时只能保障三分之一的市民。城市在发展，人口在不断增长，为了满足和寻找到充足的备用饮用水水源，广元正在规划把白龙湖的水引到广元来。届时，将彻底解决广元市城区高位区域用水高峰时期的缺水现象以及新建片区的用水需求；同时，还将有效解决市城区饮用水安全问题。

雅安开辟第二水源 建南郊水厂

雅安市第二水源南郊水厂备用水源工程前期准备工作正在进行中。雅安城区供水水厂供水水源，来自青衣江，水源较为单一，难以应对上游自然灾害和突发事件等对水源和供水系统的威胁，一旦青衣江受到污染，城区基本生活用水要求就难以满足。2008 年 10 月，雅安市决定开辟第二水源，确保安全用水，并着手对南郊水厂备用水源工程进行督促、筹备。

内江有经验 再遇污染将从容

沱江如污染，濛溪河随时顶上。在内江人心里，永远也抹不去沱江"3·02"特大水污染事故造成的恐慌。2004 年，高浓度工业废水流进沱江，这项被环保部列为全国最大的水污染事故，造成内江市民 26 天断水。有了这个教训，2005 年，内江就在沱江以外修建了濛溪河应急饮水工程，日供水 6 万吨，沱江水的主导位置也被削弱。如出现紧急情况，按照设定好的程序，启动第二水源，濛溪河的水就会被送到百姓家中。

巴中第二水厂 明年就能投产

巴中市居民饮用水及工业用水的唯一水源来自南江河。每年枯水时节，南江河流量每秒仅 0.67 立方米, 严重时甚至断流, 城区供水得不到根本保障。目前巴中第二水厂正在紧锣密鼓地建设中。第二水厂水源地分别为化成水库和天星桥水库。第二水厂建成, 两大水库实现联网供水, 能满足至少 60 万城市人口的需求。另外, 作为备用水源的后溪沟水库一直没有启用过。

自贡饮用水　供水管全封闭

自贡市担负饮用水功能的集中式水源地主要来自两大水库长沙坝葫芦口水库和双溪水库, 这两个水库能满足市区近 70 万居民的饮用水需求。自贡的水源不从河道取水, 采取的是管道封闭运输, 在运输的过程中基本无污染。饮用水一旦出现污染的情况, 将立即启动紧急调水预案, 从烈士堰水厂、长土水厂调水, 直接从旭水河重滩堰取水, 保障城乡居民饮用水的足量供应。

广安虽有第二水源　长期不用几乎作废

渠江是广安市民的饮用水水源。该市最大的水库全民水库是广安区城市供水备用水源保护区。一旦渠江发生水污染, 全民水库可做备用饮用水水源。2006 年 10 月, 全民水库被确定为岳池县城市集中式饮用水水源保护区和广安区城市供水备用水源保护区。然而, 目前因为渠道受损严重, 自来水公司难以从全民水库中取水。

（三）以水质达标为中心, 加大工艺改造投资强度

把水质达标作为当前的中心工作, 必须加大制水工艺改造的投资强度。要根据各地的实际情况, 分析水质不达标的原因。供水水质不能稳定达标, 一般由水源水质不达标、制水工艺落后、管网老化造成水质二次污染、二次供水设施污染等因素造成。要使供水水质稳定达标, 一是水源、二是制水工艺、三是配水系统、四是维护管理, 四者缺一不可。四川省相当多的水厂建成时间较长, 不少供水企业的制水工艺落后于新标准的要求。工艺落后导致出厂水水质不能稳定达标的水厂, 包括因水源污染导致出厂水耗氧量等指标超标, 需增加深度处理工艺进行升级改造的水厂; 因工艺不完善导致出厂水浑浊度等指标超标, 需完善常规处理工艺进行改造的水厂; 因工艺不完善导致铁、锰、氟化物、砷等指标超标, 需增加除铁、锰、氟、砷工艺进行改造的以地下水为水源的水厂等。要把污染物含量处理得符合饮用水标准要求, 必须确保这类供水企业工艺改造的投资需求。在进行

工艺改造前，要根据水源水的特性、设施现状和水质要求，经过认真的技术经济论证，确定供水设施工艺改造技术方案。一般来说，出厂水水质超标项目属常规处理或现有工艺能处理的范围，应分析管理原因或某些工艺环节不合理，针对存在问题加以改进；如果当地水源水存在某种特定污染物，应根据污染物去除特性，采取针对性的处理措施加以去除；超标项目属常规处理工艺不能去除的，则须采取相应技术对其中工艺不合理部分进行工艺改造，使工艺设备处于经济合理的状态，或针对超标项目选用深度处理工艺（见图5-3）。工艺改造中应注意提高工艺的自动控制水平，为稳定运行提供保障[①]。在对制水工艺进行改造的同时，还须加大管网更新改造投资力度。对城镇管网建成使用时间很长，使用灰口铸铁管、石棉水泥管等劣质管材的供水管网，以及管网漏损严重的，必须实施改造。从全省看，还应重点抓好缺水县城制水工艺及管网的改造，特别是解决好少数民族地区和盆周山区，以及水源污染严重地区的制水工艺和管网的改造。

**图5-3　绵阳自来水三厂深度处理——粉末活性炭投加装置**

资料来源：绵阳水务集团公司提供，2011年11月。

（四）加快供水企业水质检测能力建设

企业水质检测能力的大小，直接关系供水水质的稳定性，因此加强企业水质检测能力十分重要。要实现新标准106项完全自检，需添置较多大型昂贵仪器和

---

[①]　黄琼：《浅议中小供水企业贯标措施及供水水质安全保障》，城镇水务网，2011年6月9日。

建设检测实验建筑物，投资大、运行成本高、使用频率低，对检测人员业务素质要求也很高。因此，在对供水设施进行工艺改造时，应根据有关标准、水质检测指标及频率的要求，配置相应的检测仪器设备。全省配置的原则应是合理布局、全面覆盖、分级建设。加强企业内部水质检测能力，近期应对不同规模的供水企业的检测能力提出不同的要求。所有城镇公共供水企业都必须具备日常指标的检测能力；地级市供水企业应具备 42 项常规指标的检测能力；全省应合理布局 106 项指标的检测能力，并建立有效机制实现检测仪器设备的资源共享（见图 5-4）。为提高农村饮用水水质的合格率，全省应以县为单位分期分批建设农村饮用水安全水质检测中心，原则上每个县建成一个水质检测中心站。农村饮用水安全工程点多面广、小而分散，偏僻的小微型供水厂（站）送检不便，配备检测设备投资大，可统一购制水质检测车，对水质进行流动检测①。供水企业除应有相应的水质检测能力外，还应安装必要的生产过程水质在线监测仪表（见图 5-5）。根据企业生产特点和水源水质特点，对易超标的水质项目，特别是消毒剂和消毒副产物指标、水源污染指示性指标，供水企业都应创造条件尽可能实施日常自行检测，以便有效指导和管理生产，确保供水水质。

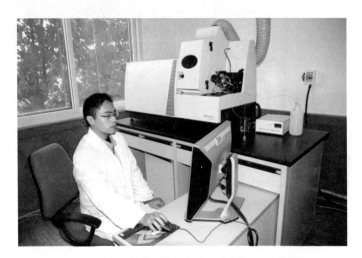

**图 5-4　四川省城市供排水水质监测网绵阳监测站**

资料来源：绵阳水务集团公司提供，2011 年 11 月。原注："5·12"地震后，公司投资 800 余万元，对 2005 年组建的川西北第一家省级水质检测机构——四川省城市供排水水质监测网绵阳监测站进行恢复重建，达到了国家《生活饮用水卫生标准》106 项检测要求。

---

① 《湖南省首批农村饮水安全水质检测车交付使用》，中国政府网，2012 年 1 月 7 日。

图 5 - 5　水厂生产过程水质在线视频监视

资料来源：陆强摄于富顺县自来水厂，2012 年 2 月 8 日。

### （五）强化供水企业水质动态管理

水质是衡量供水企业技术和管理水平的最主要指标。企业应把国家饮用水标准当作起码标准，努力提高水质管理水平，树立强烈的水质意识和水质观念。要注重生产过程管理、在线仪表管理以及与水质密切相关的设备管理；要选好用好混凝剂、消毒剂、助凝剂和助滤剂；要优化运行操作程序，制定各工艺环节合理的出水水质标准并严格执行；要加强配水管网的水质管理，定期排放管网盲管水或末梢水，保证用户用到合格的水；要加强管网巡视、维护工作，及时发现并处置管网漏情；要建立严格的管网水质检测制度，动态合理设置监测点，创造条件实施管网水质在线监测；要定期对监测数据进行综合分析，有针对性地调整内控指标，切实改善出厂水水质及管网水水质。随着城市的发展，高层供水越来越普遍，二次供水管理是亟待解决的问题。2012 年 4 月四川省颁布《城镇二次供水管理办法》，但落实情况不佳。有条件的城镇，要创新二次供水管理体制，可由供水企业组建二次供水公司，按照专业化的经营模式，负责二次供水的建设、运营和管理工作，为市民提供规范、方便、高质的服务，最大限度减少二次供水污染[①]。总之，供水企业要牢牢树立"水质第一"的理念，全力保障供水水质安全。

（六）加强供水安全应急系统建设

提高保障城镇水源和供水水质安全，应对突发事件的处置能力，必须加大应急能力建设和预警监测能力建设的投资。为加强饮用水水源污染事故应急处理工作，必须组织编制饮用水水源污染事故的应急预案。应急预案的完善、应急预案的演练、应急能力的硬件建设和应急技术的储备，这几个环节都十分重要。要针对本地区的特征污染物，提高公共供水企业相应的应急净水能力，并在进行工艺升级改造时一并考虑实施。同时，还应配置必要的应急净水和供水装置，配备应急救援物资，满足应对突发性事件和自然灾害的应急供水保障需求。突发事故和人为破坏事故可能成为供水的突出矛盾并严重影响供水水质，因此供水企业在重视应急能力建设的同时，还应加强预警监测能力建设，才能确保供水安全。对于中小企业来说，要完全应对各种突发水质污染的应急处置和应急检测，难度很大，可以采取区域互动、资源共享的模式，加强预警监测能力建设。重视水质预警监测和水质卫生安全隐患防范，水厂取水值班室和制水值班室还应对原水、沉淀池出水和滤池出水等采用生物养鱼在线监测。水厂、管网加压站和高位调节池等均应采用电子围栏或红外线等防范系统[②]。应对水源突发性污染时，应优先采用联网调度措施，必要时还需建设应急处理设施。特别是水源存在较高突发性污染风险的水厂，必须在进行工艺技术改造时，统筹考虑供水系统调度和应急处理设施建设。环保部门应在供水厂水源地建立水质自动监测站，实现指示水源污染指标的在线检测和预警。总之，在"十二五"期间，要进一步加大水源预警监测能力和水质突发污染应急处置能力的投资，确保供水水质安全。

（七）全面提升供水服务质量

针对千家万户关注的自来水供应的服务质量问题，省级有关部门应修订完

---

① 《社会问题催生二次供水"新机制"》，网易，2009年7月16日。

② 黄琼：《浅议中小供水企业贯标措施及供水水质安全保障》，城镇水务网，2011年6月9日。

善"城市供水服务质量标准",对城镇供水企业的供水质量、设施维护、经营管理等服务质量进行统一规定,向公众公布,并制定考核方式,督促县城以上供水企业按服务标准为市民提供服务。服务标准应包括,严格按规定检测频率检测供水质量,对水源水、出厂水和管网水进行检测;定期向所在地供水行政主管部门上报水质检测报告,内容包括水质检测数据、指标分析、水质事故情况分析、对策措施;定期向社会公示供水水质检测结果,接受社会监督等。标准还应要求供水企业制定并适时修订突发事件应急供水预案,并对维修和停水时间做出规定,以确保将影响降到最小。国内有的省规定,供水管道突发性爆管、折断等事故,一般的明漏、暗漏,企业应在接到报漏电话之时起 4 个小时内止水,并立即组织抢修。管径在 500mm 及以下的管道 24 个小时内修复,大于 500mm 的应在 48 个小时内修复,并启动应急供水方案,保障居民生活用水等。除紧急抢修外,一般工程需要停水或降压供水时,供水企业宜错开用水高峰期。若需大范围施工停水,必须经主管部门批准。施工时,若连续 24 个小时不能正常供水的,应启动应急供水方案,保障居民生活用水等。考虑到各地抄表到户改造起步时间不同,部分老用户改造难度较大等因素,要求居民用户新户抄表到户率应达到 100%,老居民用户也应尽力扩大抄表到户的范围。同时,供水企业还应当制订老用户改造计划,报当地政府和主管部门,分步实施,逐步改造到位。由于各地供水企业的经营规模和服务质量等有差异,省级服务标准应属最基本要求,企业还应制定社会服务承诺制度,内容包括用户接水、抄表到户等业务办理;突发性爆管抢修;停水预告、投诉处理等工作的时限要求;抄表及时、准确的要求等,承诺不得低于省级服务标准(见图 5-6)。同时,服务承诺还应包括经营单位的违诺责任,若违反承诺,应向用户道歉或给予用户一定数额的经济补偿等[①]。

(八)加大水质行政督察力度

为确保供水水质安全,省、市(州)、县主管部门都要强化水质行政督察力度,并逐步建立第三方水质监测体系,使供水水源和供水水质督察能做到按照数据科学执法。

---

① 《江苏发布城市供水服务质量标准》,《新华日报》,2007 年 8 月 18 日。

图 5 - 6 漫画："责任在他！"

资料来源：互动百科网，作者孙立，2011 年 10 月。

# 三 统筹规划，分步实施，建设城乡一体化公共供水服务体系

## （一）城乡一体化供水战略目标的决策

《中共中央 国务院关于加快水利改革发展的决定》要求：坚持民生优先，着力解决群众最关心最直接最现实的水利问题，推动民生水利新发展。到 2013 年解决规划内农村饮用水安全问题，"十二五"期间基本解决新增农村饮用水不安全人口的饮用水问题。积极推进集中供水工程建设，提高农村自来水普及率。有条件的地方延伸集中供水管网，发展城乡一体化供水。住房和城乡建设部也要求，在"十二五"期间，继续加强公共供水服务能力，扩大公共供水服务范围、推进城乡统筹区域供水。城市公共供水普及率达到 95%，县城达到 85%，满足城镇化发展用水需求，全面提升城镇供水水质，让人民群众喝上放心水，建设全面小康社会的城镇供水安全保障体系。

从四川省的具体情况分析，2010 年城市和县城的自来水普及率分别达到 92%和 89.6%。"十二五"规划，城市自来水普及率将达到 98%，城镇居民自来水普

及率将达到一个相对较高的水平。反观广大农村，通过多年农村改水，四川省自来水受益率仅为53.3%，在全国排位还比较靠后。据在基层调查时有关部门的反映，农村改水过去认为已解决饮用水安全的居民，有的实际上问题仍未解决。一是饮用水安全标准在提高，过去认为打了井就算解决了，现在看来远未达到饮用水标准；二是过去认为乡镇建了集中供水设施，饮用水是安全的，现在看来并未达到卫生标准，还要投资改造。同时，小城镇和农村的供水设施规模太小也是一个问题。从第一章的表1-6和表1-7可以看出，2010年四川省建制镇的集中供水厂（站）共有3879个，平均每个设施的规模为840m³/d；乡镇的集中供水厂（站）共有3277个，平均规模为190m³/d；农村改水后有自来水厂（站）53900个，平均规模更小，最小的仅10m³/d。

小城镇和农村大量的小微型供水设施在运行中存在诸多问题。一是管理体制问题。小城镇的供水厂（站）一般由乡镇政府管理。有一段时期，供水厂（站）产权或经营权被大量出让给不具备特许经营资质的个体或私营企业。部分经营者由于不能盈利或不懂工艺，管理不善的问题十分突出。甚至存在不过滤、不处理、不加药、不消毒的现象，造成水质安全问题严重。有的地方群众反映，"吃的水比原水还差"。二是水源保证率问题。由于供水设施规模小，水源一般就近在溪河、堰塘、小水库取水。这类水源保证率很低，稍遇干旱便无水可取，被迫停水，人畜饮用水就发生困难。三是水源污染问题。农村面源污染、生活污水、牲畜粪便、工业废水直接或间接排入溪河、堰塘、水库等造成水源水质下降。这类水源由于量多面广，很难有效保护和监管。四是供水设施简陋，工程设施老化。不少小城镇和农村的供水工程在兴建时，因陋就简，利用废旧管道、旧机电设备，或利用农村电灌站简易建成。供水设备简陋，有的无净水设施、无检测手段、无技术人员；有的管网材质差、锈蚀严重、渗漏损失大，有的漏损甚至高达40%~60%；有的设备老化、构筑物风化开裂，危及安全。五是运行成本高。小微型供水设施"麻雀虽小，肝胆俱全"，供水量小、单位成本高、管网漏损大、设备维修频繁、水源水质差、处理费用高等，供水成本普遍较高。

我们认为，从四川社会经济发展总体情况看，除了人口密度很低的边远、高原、山区外，四川省大部分市、县已基本具备条件，有能力将公共供水设施的投资方向，从过去以城镇为重点，调整为向城乡一体化的区域统筹供水方式转变。实际上，四川启动城乡一体化供水较早的地方已取得了很好的效果。如成都市新都区 2005 年启动自来水"全域供水"计划，努力推进全区域、满覆盖目标，通过扩建自来水厂供水管网，集中供水和点式供水相结合等多种方式，加快全域供水步伐，在 2015 年前可实现自来水全区全域全覆盖[①]。双流县以自来水厂管网供水为主、以小型集中供水设施供水为辅、以分散庭院式供水为补充，分地区、分层次、分阶段解决全县农村饮水安全问题。"十一五"期间，分别于 2007 年、2008 年实施了"镇镇通"和"村村通"自来水工程，并建成饮用水水源地水质自动监测站。2011 年完成"组组通"自来水，供水人口约 90 万人，村通自来水率达 91.4%，供水普及率达 78%，基本实现了"同网、同压、同质、同价"的城乡一体化供水格局[②]。当前，在满足"温饱需水量"的基础上，应明确城乡居民基本公共供水服务均等化的近期目标。城乡居民基本公共供水服务均等化，就是在城乡基本实现自来水普及。自来水普及，一般有两个阶段：首先应普及安全卫生饮用水，然后再普及家庭独用自来水和独用厕浴卫生设施。随着社会经济的发展，还应进一步向城乡居民提供满足"小康需水量"，并最终实现提供满足"富裕需水量"的优质公共供水服务。这是城镇水务发展的长期战略目标。实践将证明，只有逐步发展城乡一体化公共供水服务体系，才能从根本上解决农村和小城镇供水安全问题。

（二）城乡一体化供水规划的基本原则

为了实现这个长远目标，当前重要的任务就是在城市水专项规划中，做好市域（或县域）城乡一体化公共供水工程总体规划。《四川省富顺县城乡供水一体化工程规划（2008～2025）》[③] 是四川丘陵大县城乡供水一体化规划的一个案例（见参考资料 5-6）。鉴于城乡一体化的区域统筹供水，有范围广、距离远、居民

---

① 《水系民生　城乡水务一体化战略结硕果　建国 60 周年　新都区水务局水利建设成就纪实》，《成都晚报》2009 年 9 月 27 日。

② 杨川良、贾媛媛、李雷：《双流水务：着力服务和改善民生　统筹推进城乡水务一体化》，《成都晚报》2011 年 9 月 2 日。

③ 四川省水利科学研究院：《四川省富顺县城乡供水一体化集中供水工程规划报告（2008～2025）》，2008 年 12 月。

聚居地或用户相对分散等特点，与城镇供水相对集中的情况有较大区别，因此在编制城乡一体化公共供水规划时，应注意以下几项基本原则。

>>> **参考资料 5 - 6**

### 《四川省富顺县城乡供水一体化工程规划（2008 ~ 2025）》摘要

按城乡一体化的要求，对富顺县 26 个镇及所辖村编制城乡供水一体化规划方案。

城乡一体化供水规划原则：按"先急后缓、先重后轻、突出重点、分步实施"原则制定分阶段目标，建设集中供水厂，以一厂供一片，推进城乡一体化供水。规划对小集中的《农村饮水安全规划》与大集中的《城乡一体化供水规划》两个方案进行了比较，详见下表。

**《农村饮水安全规划》和《城乡一体化供水规划》方案比较**

| 规划名称 | 水厂数量（个） | 解决人数（万人） | 投入资金（亿元） | 人均投资（元/人） | 制水成本（元/ $m^3$） |
|---|---|---|---|---|---|
| 《农村饮水安全规划》 | 130 | 35.108 | 4.05 | 439.67 | 1.57 |
| 《城乡一体化供水规划》 | 12 | 77.755 | 1.51 | 181 | 0.8 |

规划分两个阶段实施。近期第一阶段将富顺县划为 12 个片区，每一片区由一个供水厂对本片区供水，将基本解决富顺全县 26 个镇的饮用水安全问题，详见下表。

**富顺县城乡一体化供水第一阶段分区情况**

| 片　区 | 包括镇 | 供水规模（万 $m^3$） | 解决人数（人） 集中供水 | 解决人数（人） 分散供水 | 取水水源 |
|---|---|---|---|---|---|
| 板桥 | 板桥镇、富和镇、永年镇、观乐场、福善镇、李桥镇、彭庙镇 | 277.74 | 160687 | 41872 | 木桥沟水库 |
| 县城 | 互助镇、富世镇、东湖镇、琵琶镇 | 508.81 | 294372 | 70832 | 镇溪河 |
| 代寺 | 代寺镇、骑龙镇、中石镇 | 189.56 | 109667 | 31938 | 上龙凼水库 |
| 童寺 | 童寺镇、古佛镇 | 82.72 | 47859 | 8630 | 上游水库 |
| 龙万 | 龙万镇 | 41.55 | 24039 | 3952 | 协和村泉水 |

| 片 区 | 包括镇 | 供水规模（万 m³） | 解决人数（人） | | 取水水源 |
|---|---|---|---|---|---|
| | | | 集中供水 | 分散供水 | |
| 宝庆 | 宝庆镇、万寿镇 | 65.71 | 38014 | 8940 | 石仁水厂 |
| 兜山 | 兜山镇 | 20.19 | 30687 | 1679 | 瓦窑水库 |
| 安溪 | 安溪镇 | 19.94 | 11534 | 27515 | 洪水沟 |
| 飞龙 | 飞龙镇 | 17.05 | 9865 | 23081 | 飞安水库 |
| 赵化 | 赵化镇 | 54.61 | 31592 | 3960 | 银蛇溪堰 |
| 怀德 | 怀德镇 | 15.72 | 9067 | 26813 | 老张坝石河堰 + 地下水 |
| 石道 | 石道镇、长滩镇 | 17.52 | 10168 | 24135 | 石河子水库 |
| 共计 | — | — | 777551 | 273347 | — |

远期第二阶段，在向家坝水电站建成，并富顺县建成大坡上中型水库后，能提供更为稳定优质的水源时，将全县供水合为 4 个片区，即将第一阶段实施的 12 个供水厂连成 4 片，互相调节，互补供水，全面解决富顺全县 26 个镇的饮用水安全问题，详见下表。

**富顺县城乡一体化供水第二阶段分区情况**

| 片区 | 包括镇 | 集中供水人数 | 取水水源 |
|---|---|---|---|
| 板桥 | 板桥镇、富和镇、永年镇、观乐场、福善镇、李桥镇、彭庙镇 | 160686 | 木桥沟水库 |
| 县城 | 互助镇、富世镇、东湖镇、琵琶镇、代寺镇、骑龙镇、中石镇、龙万镇、兜山镇、安溪镇 | 470299 | 镇溪河 |
| 童寺 | 童寺镇、古佛镇、宝庆镇、万寿镇、怀德镇 | 94940 | 大坡上水库 |
| 飞龙 | 飞龙镇、赵化镇、石道镇、长滩镇 | 51625 | 飞安水库 |
| 合计 | — | 777550 | — |

一是资源共享原则。在指导思想上要打破城乡和区划界限，实现优质水源和供水设施的共建共享。优质水源要优先满足生活用水。保证水源，保护好饮用水水源是规划要特别重视的关键问题。要优先利用地表水；需利用地下水水源时，要确定合理的地下水开采警戒水位，并采取措施严格管理，低于警戒水位必须另辟水源。可采用多水源多水厂联合供水方案，相互联网调节余缺，以提高供水保证率[①]。

---

① 熊家晴主编《给水排水工程规划》，沈月明主审，中国建筑工业出版社，2010，第98页。

　　二是因地制宜原则。供水系统的总体布局应根据水源、地形、人口分布，以及原有供水设施等条件综合考虑，并进行多方案技术经济比较后择优决策[①]。距离城市或县城较近的地区，要充分利用现有城镇供水设施进行扩建改造，延伸供水管网，扩展供水范围，最大限度发挥城镇供水设施的效能；在距离城市或县城较远，且人口稠密、水源充沛的地区，可根据地形、成本等条件，统筹考虑区域供水方案，兴建规模较大的联片供水工程，以"一厂供一片"的方式解决区域供水问题；水源水量较少或居民聚居点较分散，从联片供水工程铺设管道投资过高的地区，可兴建独立集中供水工程。

　　三是远近结合原则。首先，要根据当地社会经济发展的长远或远景规划，确定区域供水远期发展目标及总体布局方案，再结合当前的现实可行性，做出远近期结合、分步骤实施的全面规划。近期要尽可能利用和发挥现有供水设施和输配水管网的能力，远期要充分考虑社会经济发展到较高阶段时，满足城乡居民未来"小康需水量"和"富裕需水量"的可能性。总之，规划既要有远期目标，又可分区、分期实施。

　　四是集中统一原则。集中统一的供水工程，具有投资效益好、管理成本低、水质有保障、保证率高、易于扩建发展等优势。在进行经济技术比较的前提下，应尽量以规划建设规模效益好、供水范围大的集中供水厂，实施区域成片统一供水为优选方案。大范围集中供水的管道投资过高的地方，近期可采用小范围集中供水方案，但要为远期有条件时联网运行做好衔接。总之，要为建设城乡一体化公共供水服务体系的远期目标，打下良好的基础。

　　（三）制定推进城乡一体化公共供水服务的政策法规

　　城乡一体化公共供水服务体系从规划到完全形成，有一个较长的建设过程。因此，在按照总体规划分期、分区实施进程中，有些问题要高度重视，并在实践中研究制定相应的政策法规妥善解决，才能有力推动城乡一体化公共供水服务体系规划的实现。

　　要整合供水资源，实施统一的专业化运营管理模式。当前，四川省许多城镇有不少开发区、工业园区和大中型企业的自备水厂或供水设施，加上小城镇、农

---

　　① 胡晓东、周鸿编《小城镇给水排水工程规划》，中国建筑工业出版社，2009，第31~32页。

村的供水厂（站）等，形成众多相互独立的供水主体，造成供水资源分散、管网互不连通、管理水平参差不齐、服务质量高低不一、水价不统一、供水保证率低、水质安全不能保障等诸多乱象。必须通过供水资源整合，改变供水行业条块分割、经营主体复杂、水质安全问题严重的状况，形成以产权为纽带的规模经营，实现供水资源的统一调配，提高集约化供水保障能力和服务水平①。供水资源整合，还有利于充分利用城镇供水设施（包括开发区、工业园区和大中型企业的自备水厂）的富余产能（见图5-1、图5-2），减少乡镇供水设施的投资和运营成本，提高城镇供水企业的资产效率。

要制定切合实际的供水资产整合处置办法。供水资产整合应由当地政府出面，协调各利益主体的关系，综合运用行政及经济手段，将各自独立的自备水厂和小规模供水企业资产整合成规模较大的供水企业，统一营运管理，才能有效推动城乡区域供水一体化进程。调查中我们了解到，各地对资产整合有多种做法：由供水企业出资收购；或由地方财政出资收购，划拨给国有供水企业；也有将工业企业自备水厂和经营权租赁到期的乡镇水厂，直接划拨给国有供水企业等。此外，由于经营权租赁未到期或产权所有者不愿转让，还有一种"联网分营"的模式值得关注。即供水企业建设一体化供水管网，通过联网向乡镇输送净水，同时保留乡镇水厂的产权和经营管理体制不变，待条件成熟后再向合营过渡②。这种办法，基层也称为"批发—零售"模式，即由供水企业将净水"批发"给小水厂，小水厂再"零售"给农村用户。"联网分营"使农村居民能尽快用上安全的饮用水，还为多渠道吸引社会资金，探索了公建公营、公建民营、民建民营的新路子。"联网分营"模式，为建设城乡一体化公共供水服务体系提供了思路，值得继续探索。

要研究有利于建设城乡一体化公共供水服务体系的投融资政策。目前，供水设施投融资渠道还存在许多问题，对建设城乡一体化公共供水服务体系不利。一是农村改水资金不足。调查发现，农村改水资金来源中，国家补助部分是基本落实的，但标准偏低；问题是有的地方配套资金，特别是县级财政的配套资金并不

---

① 《绵阳市水务资源现状及存在的主要问题》，绵阳市水务集团公司提供，2011年11月16日。

② 张书成、安楚雄：《"联网分营"在城乡供水一体化过渡时期的实践与体会》，城镇水务网，2011年2月22日。

完全落实。由于总体投资不足,影响农村改水成效。二是由于管理体制原因,城镇供水设施投融资渠道和农村改水资金来源是"城乡两张皮",政策上不允许整合在一起投资。三是由于水价等原因,城镇供水企业的亏损面和负债率较高,融资难度越来越大。据不完全统计,2010年四川省城市供水企业平均售水单位成本为1.87元/m$^3$,居民生活用水平均价格为1.74元/m$^3$;全省城市供水企业亏损面为37.5%,亏损总额为4720.5万元[①]。2010年四川省县城供水企业平均售水单位成本为1.95元/m$^3$,居民生活用水平均价格为1.68元/m$^3$;企业亏损面为54.1%,亏损总额为2599.4万元,负债总额为14.5亿元[②]。四是总体上四川省没有制定引进国际国内大型水务集团进行战略投资的相关法规和优惠政策,水务行业招商引资成效不显著。以上问题值得引起有关部门的重视。有关水务行业的投融资问题,我们还将在第八章中再做深入讨论。

要结合新农村建设,引导农村群众积极参与供水设施建设与管理的全过程。首先,保护好饮用水水源需要群众积极参与。划定水源保护区,加强周边环境保护,要引导农民科学施用化肥、农药,减少面源污染,引导群众参与制定水源保护区的"乡规民约"。其次,在规划、设计、施工、运行等环节,要实行用户全过程参与。选择工程技术方案,要征求农村群众意见,充分考虑当地条件和农村群众的需求。再次,在各级政府通过公共财政增加投入的前提下,按照中央、地方和受益群众共同分担的原则,在受益群众的负担能力允许范围内,引导群众承担一定的投资责任。据调查,有的县农村用户自负支管费,不分远近均为1800元/户,另自负安装材料费1200~1600元/户[③]。据说,与当地城镇居民房价中实际包含的供水管材料及安装费用大体相当。还有的县农村用户交800元/户,20m以外的支管费由用户另行自负[④]。据当地主管部门说,农村群众为了改善用水条件,愿意花这笔钱。我们认为,如果与当地城镇居民房价中实际包含的供水管材料及安装费用大体相当,就显得高了一些。因为当前城镇居民人均收入和农村居民人均纯收入还有相当的差距。

---

① 中国城镇供水排水协会编《城市供水统计年鉴(2011)》,第280~283、340~343页。
② 中国城镇供水排水协会编《县镇供水统计年鉴(2011)》,第52~57页。
③ 四川省富顺县水务局提供数据。
④ 四川省荣县水务局提供数据。

要引导供水公司从单纯的制水输水企业转变为服务型企业，为城乡居民提供更多的有关"水"的专业服务。比如，高层建筑的"二次供水"服务。有的城市由供水企业成立"二次供水公司"，按照规范化、专业化的经营模式，负责承担二次供水的建设、运营和管理，为市民提供规范、方便、高质的服务，确保水质达标、运行可靠，解决了长期以来二次供水管理责任不明、水质得不到保障的"老大难"问题。又如，为农村散居农户提供分散式供水服务。包括在加快研发、实现量产的基础上，推广"农户一体化卫生饮用水净化机"（参见第八章第一部分）等适合农村家庭的用水设施；兴建单户或联户的分散式供水工程；在高氟水、高砷水、苦咸水等地区，提供特殊水处理服务；实施分质供水服务，兴建小型集中自来水供水点提供居民饮用水（担水往返10分钟内），原有手压井、水窖提供洗涤和牲畜等用水。当然，为农村散居农户提供分散式供水服务，有的需要政府出资购买。可以肯定，只有规范的专业服务才能使城乡饮用水水质得到长期有效的保障。为用户提供更多的有关"水"的专业服务，是供水企业调整产业结构，转变发展方式的重要方向。

最后说明一点。从更广的范畴看，需要整合的不仅是供水行业，城镇水务行业总体上都有需要整合的问题。这一内容我们将在第九章中进一步讨论。

# 第六章　加快排水与污水处理设施建设推进再生水产业发展

## 一　实现污水处理厂的达标运行，是"十二五"的首要任务

### （一）城镇污水处理设施建设的巨大成绩

"十一五"期间，四川加大环境保护力度，加快了城镇污水处理厂及污水收集系统建设步伐，取得了巨大的成绩。截至2010年12月底，四川城镇建成并投入运行的污水处理厂共128座，正在建设43座，总计171座。全省城镇污水厂覆盖率达65.2%，其中成都、自贡、攀枝花、遂宁、内江、广安、眉山、资阳等8市的污水厂覆盖率为100%。

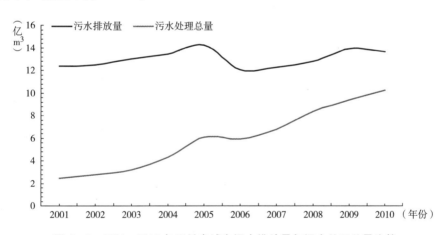

**图6-1　2001~2010年四川省城市污水排放量与污水处理总量比较**

资料来源：四川省住房和城乡建设厅提供，2011年11月。

据统计，2010年四川城镇污水排放量为18.39亿 m³，污水处理总量为11.86亿 m³，全省城镇的污水处理率为64.5%；其中城市污水排放量为13.65亿 m³，污水处理总量为10.22亿 m³，污水处理率为74.9%（见图6-1）；县城的污水排放量为4.74亿 m³，污水处理总量为1.64亿 m³，污水处理率为34.6%（见图6-2）。

据了解，2002 年以后四川建设的污水处理厂都执行国家《城镇污水处理厂污染物排放标准》（GB18918—2002）。已建和在建的 171 座城镇污水处理厂中，执行一级 A 标的 46 座、执行一级 B 标的 111 座、执行二级标准的 4 座。随着大量污水处理厂的投入运营，四川水环境得到了持续改善。2010 年，5 个出川断面高锰酸盐指数比 2005 年下降 0.733mg/L，五大流域 121 个省控监测断面达标率较 2005 年上升 11.3%，65 个饮用水水源地水质监测断面（或点位）达标率较 2005 年上升 25.4%。经环境保护部核定，四川省 2010 年 COD（化学需氧量）排放量为 74.07 万吨，完成了国家对四川省要求的 COD 排放总量控制在 74.4 万吨以内的"十一五"规划目标。

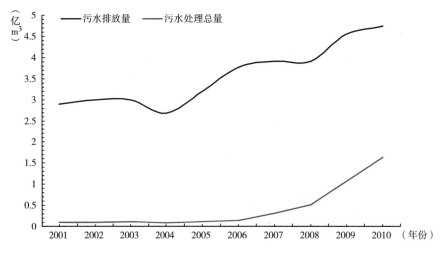

图 6 - 2　2001～2010 年四川省县城污水排放量与污水处理总量比较

资料来源：四川省住房和城乡建设厅提供，2011 年 11 月。

### （二）城镇污水处理运行中的问题

有关专家通过调查认为，目前四川城镇污水处理运行还存在不少问题。从总体上看，四川省城镇的污水厂覆盖率较低，污水处理率也不高。四川省城镇污水厂覆盖率为 65.2%，远低于我国中东部许多省市的城镇污水厂覆盖率，还低于同处西部且相邻的贵州省，贵州省 2010 年城镇污水厂覆盖率达 100%。四川省建制镇的污水厂覆盖率更低，仅为 10%；除成都市外，绝大部分市、县的建制镇还没有污水处理设施[①]。截至 2010 年底，四川城市污水处理率为 74.9%，比全国平均

---

①　熊易华：《四川省城市污水处理厂建设与发展》，《2011 中国西部首届城市污水处理暨污泥处理技术高峰论坛论文集》，第 1～5 页。

水平 82.3%[①]低 7.4 个百分点。

由于污水收集管网系统建设滞后，污水处理的投资效益没有充分发挥。截至 2010 年底，四川省城镇已建成的污水处理厂的污水处理能力为 396.2 万 m³/d。其中，城市污水厂处理能力为 333.4 万 m³/d，实际处理量为 261.6 万 m³/d，平均运行负荷率为 78.5%（见图 6 - 3）；县城污水厂处理能力为 62.8 万 m³/d，实际处理量为 33.42 万 m³/d，平均运行负荷率仅为 53.2%（见图 6 - 4）。县城的

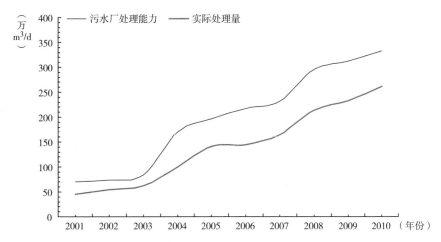

**图 6 - 3　2001～2010 年四川省城市污水厂处理能力与实际处理量比较**

资料来源：四川省住房和城乡建设厅提供，2011 年 11 月。

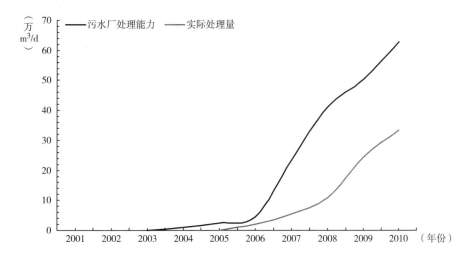

**图 6 - 4　2001～2010 年四川省县城污水厂处理能力与实际处理量比较**

资料来源：四川省住房和城乡建设厅提供，2011 年 11 月。

---

①　中国城镇供水排水协会编《城镇排水统计年鉴（2011）》，第 2～3 页。

平均运行负荷率未达到有关部门规定的"一年内不低于设计能力的60%，三年内不低于设计能力的75%"的要求。其主要原因是，部分市、县配套资金不足，在资金安排上"先厂后网"，以致配套管网建设滞后，造成污水处理厂建成后不能及时完全做到污水收集投运。截至2010年底，四川省城市建成区管网密度仅为5.3km/km²，由于污水收集管网建设不系统，未成网，致使部分污水厂处理能力不能有效发挥。

与此同时，由于大多数城镇污水处理厂投产运营时间不长，技术力量薄弱，设备维护和化验检测不能正常开展，日常运行难以正常维持，也影响污水厂充分发挥效能。另外，污水收费标准偏低且征收不到位也是一个影响因素。目前污水处理收费标准普遍偏低，部分市、县还征收不到位，导致运行困难，不能满足正常运行的资金需求。还有部分市、县的工业企业以已缴纳污水处理费为由，超标超总量排放工业污水，使城镇污水处理厂难以接纳，无法有效处理。

（三）确保污水处理厂尽快达标运行

从上述分析可以看出，当前四川的城镇污水处理运营企业，特别是部分中小城市和不少县城的污水处理厂，还较普遍存在管网配套不完善、管理制度不健全、技术力量薄弱、运行不正常等情况。为了发挥已建成运行和即将建成的污水处理厂的投资效益，"十二五"期间四川各地都应把实现污水处理厂的达标运行作为首要任务，下功夫抓紧抓好。

要把已建成和即将建成的污水处理厂的污水收集管网系统的项目，放在当前投资的优先地位。要千方百计筹集污水收集管网系统项目所需资金，保障资金及时足额到位，加快污水收集管网系统的建设进度，并抓紧相关设施的配套完善，尽快实现已建成或即将建成的污水处理厂的污水全收集、全处理，充分发挥污水处理厂的投资效益。

加强对污水处理厂的监管也是一项重要工作。要帮助和指导污水处理运营企业健全管理制度，抓好污水处理厂运行常态化、标准化管理，尽快实现污水处理厂达标运行。要建立污水处理运行设备的维护维修队伍，提高企业对运行设备的自检自修能力，保证运行设备良好状态；对县城及建制镇的中小型污水处理运营企业，要利用社会设备维修专业队伍，进行污水处理设备的维护检修，确保维修质量；省、市有关行业主管部门都应强化服务意识，加强技术咨询服务，为污水处理运营企业提供技术咨询指导；应重点加强对运行不正常的污水处理运营企业的监管，组织专家对污水处理运营情况进行检查，对查出的问题要有针对性地督促其整改（见图6－5、图6－6）；对长期不投产、不正常运行、

**图6－5　加强对污水处理运营企业的监管**

资料来源：绵阳水务集团公司提供，2011 年 11 月。

**图6－6　污水处理厂出水口水质监测装置**

资料来源：陆强摄于荣县污水处理厂，2012 年 2 月 8 日。

不按规定取得运行合格证、不正常开展水质检测、不按时上报污水处理信息数据的污水处理运营企业，应严格行政执法；应加强对新建污水处理厂员工的业务技术培训，提高管理水平，满足正常运行、设备维护、工艺检测的需要，确保污水处理厂尽快达标运行[①]。

## 二 抓好污泥无害化处理处置，是"十二五"的重要工作

### （一）污泥处理处置设施建设滞后

污水处理厂污泥的无害化处理处置和资源化利用，是污水处理的重要环节。对于解决城市水污染问题，污水处理和污泥处理处置是同等重要又紧密关联的两个系统，污泥处理处置是污水处理得以最终实施的重要保障。在经济发达国家，污泥处理处置是污水处理过程中极其重要的环节，其投资占污水处理厂总投资的比例相当大[②]。近年来，随着城镇污水处理设施相继建成投运，污泥产量急剧增加。据调查，四川省污泥处理处置投资不足，污泥处理处置设施建设滞后，严重制约了污泥无害化处理处置的开展。当前，四川仅有成都市在建一座污泥干化焚烧厂，规模400t/d；全省绝大部分污水处理厂的污泥，都运往垃圾场填埋，污泥未进行无害化处理处置，存在着严重的二次污染隐患。城镇污水处理厂实现污泥的无害化处置和资源化利用，关系到社会公共利益、城镇环境质量和"十二五"时期污染减排目标的完成。因此，必须从保护环境和实现可持续发展的高度，充分认识城镇污水处理厂污泥无害化处理处置的重要性和紧迫性，在"十二五"期间，切实加大污泥处理处置的投资力度（见图6-7）。

### （二）全面启动污泥处置设施建设

"十二五"期间，四川省污泥无害化处理处置的工作，应坚持水环境治理与生态保护并重的方针，因地制宜、因泥施策，科学选定污泥处理处置技术方案，加快污泥处理处置设施建设进度。四川省有关部门要求，到2015年的目标是，四

① 四川省有关部门：《"关于加强城镇污水处理厂运行设备监管工作"初步意见的资料》，2011年11月。

② 水体污染控制与治理科技重大专项领导小组：《国家科技重大专项水体污染控制与治理实施方案》（公开版），2008年12月，第7~8页。

**图 6 - 7　绵阳市永兴污水处理厂污泥脱水车间**

资料来源：绵阳水务集团公司提供，2011 年 11 月。

川省城镇污水处理厂污泥无害化处理率应达到 30%，其中成都市区达到 95%，成都市的区、县达到 60%，地级城市达到 40%，重点流域市、县达到 50%，其他县、市也要建设处理处置设施。为此，必须抓紧污水处理厂污泥处理处置现状的普查，做到污泥的产情、产量清楚，去向有据可查。在普查的基础上制定适合本地特点的污泥处理处置规划，抓好典型示范，尽快使污泥处理处置局部初见成效。在典型示范见效的基础上，全面启动污泥处置设施建设，以保证全省"十二五"期间污水处理厂污泥无害化处理处置目标的完成。

污泥处理处置的总体要求是"无害化、减量化、稳定化、资源化"。要立足各地污泥泥质、产量及分布等特点，坚持因地制宜、技术多元、协同处置、循环利用的原则，综合考虑经济可行、技术适用、工艺先进、操作简单、运行可靠的污泥处理处置方式，走资源节约、环境友好的可持续发展污泥处置路子。要结合当地实际，充分利用现有资源，最大限度节省投资。一是优先利用现有热电厂、水泥厂、砖瓦厂、垃圾焚烧厂等，优先考虑采用焚化技术处理处置污泥，在对上述企业的工艺进行必要的技术改造后，协同处理处置污泥；对有种植业、有机肥生产加工等农业产业化基地的地区，可考虑采用污泥好氧堆肥技术处理处置污泥；对不具备上述条件的地区，可考虑采用干化填埋、石灰稳定，以及其他成熟技术处理处置污泥，确保污泥处理处置无害化。二是通过综合考虑区域内污水处理厂分布和污泥量情况，相对集中建设污泥处理处置设施，实现污泥处理处置设施共建共享，提高污泥处理处置设施运行效率。三是充分发挥污泥处理处置专业公司的技术、资金、人才优势，通过签订特许经营协议，建设污泥处理处置设施，采用多种运营方式处理处置污泥。

（三）建立推进污泥处理处置的政策体系

要实行污水处理和污泥处理处置"三同时"政策。今后新建或改扩建城镇污水处理设施，必须配套建设污泥处理处置设施，做到同时规划，同时建设，同时运营。对已建成投运，尚未配套污泥处理处置设施的污水处理厂，必须尽快配套污泥处理处置设施；对没有污泥处理处置方案的新建污水处理项目，不能通过环境影响评价；污泥处理处置设施没有与污水处理设施同时建设、同时运营的不能通过环保验收。

要研究制定污泥处理处置投融资办法。按照"谁投资、谁受益"和"污染者付费，治污者受益"的原则，综合考虑污泥种类、性质、处置方式、收益等因素，制定相关收费和鼓励政策。在加大政府财力投入的同时，鼓励社会投资主体参与污泥处理处置基础设施建设和运营，健全多元化投融资体制，促进污泥处理处置产业化发展和市场化运营。要加快制定污泥处置费收费标准，并纳入污水处理成本与污水处理费合并收取，或以确定财政补贴的方式筹措污泥处理处置费，保障污泥处理处置设施正常运营。对采取 BOT 或其他托管运营的污水处理项目，应通过协商共同解决污泥处理处置设施建设费，或采取延长特许经营期限的方式筹措污泥处理处置的设施建设费。对专业处置污泥，或以能量回收、资源综合利用等工艺技术处理处置污泥的项目，应给予政策支持。同时，应按节能减排的要求，做好污泥处理处置设施项目的储备，积极争取国家的资金支持。

（四）健全污泥处理处置运行的严格监管制度

污水处理运营单位要建立污泥产期、产量、去向等详细台账，健全相关管理制度，从源头入手，实施严格的登记和管控制度；要加强污泥运输环节的管理，污泥从出厂、运输直至处理处置地，均应办理相关交接手续，并建立转运联单制度，定期将联单记录结果上报主管部门和环保部门；污泥运输要采取密封措施，防止沿途抛撒，禁止随意倾倒。环保部门要加强对污泥处理处置和资源化利用，以及其终端产品应用的全过程监管，做到污泥全处理处置，坚决杜绝产生二次污染。主管部门要建立健全污泥动态信息收集上报系统，将污泥产生量、中间环节处理处置量，以及最终处理处置情况，详细填写数据报表，建立数据库，完善数字化管理信息平台。各有关部门都应按照各自职能加强监管，适时组织开展联合执法专项行动，严肃查处乱排乱倒污泥的违法行为。污泥处理处置的污水处理企业和专业从事污泥处理处置的企业是污泥处理处置的责任主体，要切实负起责任，确保污泥处理处置安全达标。

污泥处理处置是污水处理的终结环节，要建立严格的责任制，将污泥处理处置纳入减排工作的重要内容，加强监督、检查和考核，确保污泥处理处置工作落到实处[①]。

# 三　以限制纳污红线为依据，加大污水处理设施投资强度

## （一）四川水环境功能区与水域纳污容量

《中共中央 国务院关于加快水利改革发展的决定》明确提出，"建立水功能区限制纳污制度。确立水功能区限制纳污红线，从严核定水域纳污容量，严格控制入河湖排污总量。各级政府要把限制排污总量作为水污染防治和污染减排工作的重要依据，明确责任，落实措施。对排污量已超出水功能区限制排污总量的地区，限制审批新增取水和入河排污口。建立水功能区水质达标评价体系，完善监测预警监督管理制度"。该决定关于"确立水功能区限制纳污红线，从严核定水域纳污容量，严格控制入河湖排污总量"的要求，是"十二五"规划和今后相当长的一段时期，进一步加大城镇污水处理设施投资强度的重要依据。具体对四川省而言，水域纳污容量有两个方面的要求，一个是三峡库区的水体水质要求，另一个是四川省水环境功能区的水体水质要求。

三峡库区的水体水质要求，是根据《三峡库区及其上游水污染防治规划（2001～2010年）》确定的。该规划将三峡库区水环境保护的范围分为库区、影响区、上游

---

① 四川省有关部门：《"关于加强城镇污水处理厂污泥处理处置工作"初步意见的资料》，2011年11月。

区三个区域。影响区共 42 个市、县，包括四川省 20 个县（市、区），占全部影响区近一半，其中有四川省的宜宾、泸州、内江、自贡、资阳 5 个重要城市的主城区；上游区共涉及 214 个区、县，包括四川省全部 21 个市、州的大部分县（市、区），占全部上游区的大部分。按照国务院批复环境保护部、发展和改革委员会、财政部、水利部的《重点流域水污染防治规划（2011~2015）》①，到 2015 年应实现"三峡库区干流水质稳定达到Ⅱ类，库区主要支流水质达到Ⅲ类；库区 50% 以上的支流营养状态控制在中度富营养；影响区和上游区长江干流水质稳定达到Ⅱ类，主要支流水质达到或优于Ⅲ类；水生态安全状况有所改善，重要生态保护区水生态服务功能稳定维持良好"的规划目标。由此可见，四川的水环境质量对三峡库区水污染防治有着极其重要的影响。因此，四川省作为长江上游生态屏障的西部大省，对城镇污水处理的要求，理应高于全国平均水平。四川省水环境功能区和水质要求，以及四川省水体水环境容量和可以接纳的城镇未处理污水量等情况的简介见参考资料 6 – 1。

>>> **参考资料 6 – 1**

### 四川省水环境功能区及水体水环境容量简介②

四川省水环境功能区及其对水体水质的要求

四川省绝大部分水系属长江流域，黄河流域水系占极少比例。长江流域在四川省有五大水系，即金沙江水系、岷江水系、沱江水系、嘉陵江水系和长江上游干流（四川段）。1991 年四川省环保局对五大水系的 13 条河流划分了 27 个省级

---

① 国务院批复环境保护部、发展和改革委员会、财政部、水利部的《重点流域水污染防治规划（2011~2015）》，2012 年 4 月 16 日。

② 摘自四川省有关部门《"四川省城镇污水处理及再生利用设施建设'十二五'规划"初步意见的资料》，2010 年 11 月。原注：广义的水环境容量是特定功能条件下水环境对污染物的承受能力，即满足水环境质量标准要求的最大允许污染负荷量或纳污能力；理想水环境容量或基准水环境容量，指的是采用 90% 保证率、近 10 年最枯月平均流量的全国基准设计条件下计算的水环境容量；水环境容量是在理想水环境容量基础上，考虑非点源污染物入河量和来水本底污染物后的容量；最大允许排放量是在水环境容量基础上，按照工业、生活污染物入河的平均系数，折算到陆上的结果。

水环境功能区，见下表。

### 四川省主要河流省级水环境功能区水质保护指标

| 水 系 | 水 域 | 水域范围 | 类别 |
|---|---|---|---|
| 金沙江水系 | 金沙江 | 甘孜州境内段（石渠县真达乡—德荣县子庚乡奔子栏） | II |
| | | 凉山州境内段、攀枝花市干箐沟—师庄—宜宾市合江门码头段 | III |
| | 雅砻江 | 甘孜州境内段（入境处—九龙县小金乡） | II |
| | | 九龙县小金乡—金沙江汇合口 | III |
| | 安宁河 | 干流段 | III |
| 岷江水系 | 岷江 | 茂县飞虹桥以上段 | I |
| | | 茂县飞虹桥—汶川县威州镇段 | II |
| | | 汶川县威州镇—宜宾市合江门码头段 | III |
| | 青衣江 | 宝兴县灵关乡赵家坝以上段 | I |
| | | 宝兴县赵家坝—雅安市水津关段 | II |
| | | 雅安市水津关—乐山市河口段 | III |
| | 大渡河 | 丹巴县章谷镇三岔河以上段 | II |
| | | 丹巴县三岔河—乐山市河口段 | III |
| 沱江水系 | 沱江 | 绵竹县清平以上段 | I |
| | | 绵竹县清平—汉旺镇绝缘桥段 | II |
| | | 汉旺镇绝缘桥—泸州市河口段 | III |
| | 釜溪河 | 干流段（自贡市自流井区凤凰坝双河口—富顺县李家湾） | IV |
| | 濑溪河 | 干流段 | III |
| 嘉陵江水系 | 嘉陵江 | 广元市入境处刘家梁—朝天镇大中坝段 | II |
| | | 广元市朝天镇—重庆市河口段 | III |
| | 涪江 | 平武县龙安镇北门水文站以上段 | I |
| | | 平武县龙安镇—江油县武都段 | II |
| | | 江油县武都—合川县河口段 | — |
| | 渠江 | 南江、通江以上段，万源、白沙以上段 | I |
| | | 南江、通江—平昌段，万源、白沙—宣汉段 | II |
| | | 平昌、宣汉—合川段 | III |
| 长江上游干流（四川段） | 长江 | 四川省境内段（宜宾市合江门码头—巫山县培石乡培石村） | III |

可见，除釜溪河外，各功能区的水质要求皆为Ⅲ类以上。此外，四川省各市、州将所辖水域又划分了116条河流的161个功能区。因此，四川省全省水域功能划类的江河共计129条，功能区共计188个。

四川省水体水环境容量

四川省环境保护局、四川省环境保护科学研究院2004年9月公布的《四川省地表水环境容量核定技术报告》，对全省五大水系的主要河流的水环境容量进行了核定。

水环境容量计算中采用的边界条件，包括控制因子（选择国家水污染物总量控制因子COD和氨氮）、水质目标［按照水环境功能区环境质量标准类别的上限值，执行国家标准《地表水环境质量标准》（GB3838～2002）］、本底浓度、水文条件、降解系数等。计算得出，四川省各流域两种控制因子的理想水环境容量、两种控制因子的水环境容量和两种控制因子的最大允许排放量，见下表。

**四川省各流域水环境容量**

单位：万吨/年

| 流域 | 理想水环境容量 | | 水环境容量 | | 最大允许排放量 | |
|---|---|---|---|---|---|---|
| | COD | 氨氮 | COD | 氨氮 | COD | 氨氮 |
| 长江干流及金沙江流域 | 65.5 | 2.6 | 59.0 | 1.5 | 60.0 | 1.6 |
| 岷江流域 | 71.1 | 2.5 | 65.7 | 1.6 | 65.9 | 1.6 |
| 沱江流域 | 15.1 | 0.5 | 14.3 | 0.3 | 14.3 | 0.3 |
| 嘉陵江流域 | 49.8 | 2.6 | 44.3 | 1.8 | 44.5 | 1.8 |
| 各流域合计 | 201.5 | 8.2 | 183.3 | 5.2 | 184.7 | 5.3 |

从表中可见，四川省COD、氨氮两种控制因子的理想水环境容量分别为201.5万吨/年和8.2万吨/年；两种控制因子的水环境容量分别为183.3万吨/年和5.2万吨/年；两种控制因子的最大允许排放量分别为184.7万吨/年和5.3万吨/年。

四川省水体可以接纳的未处理城镇污水量

四川省城镇污水水质，根据污水处理厂的运行资料，进水COD在200～300 mg/L左右，氨氮在15～25 mg/L左右。水体能够接纳的未处理污水量及应该处理的城镇污水量，根据最大允许排放量计算。除城镇污水外，未进入下水道的工业废水、农业面源污染、养殖污水、未处理的垃圾渗滤液、未收集处理的初期雨水等各种污水，都严重污染水体，因此最大允许排放量不能被城镇污水独占。为了保证水体的水环境质量，最大允许排放量应留有余地。所以，可用于接纳城镇污水的最大允许排放量，初步估计为总量的40%。

按照可用最大允许排放量和污水中的COD或氨氮浓度，计算得出，四川省水体最多能够接纳的未处理的污水量，在污水中COD为200 mg/L、250 mg/L、300 mg/L条件下，分别为1011.22万 $m^3/d$、808.97万 $m^3/d$、674.15万 $m^3/d$；在污水中氨氮为10mg/L、20mg/L、25 mg/L条件下，分别为391.05万 $m^3/d$、293.29万 $m^3/d$、234.63万 $m^3/d$。

由于水体对氨氮的环境容量比对COD的更小，所以在同等污水浓度条件下，按氨氮计算得到的可以接纳的未处理污水量，比按COD计算得到的更小。为了确保水环境质量，按照氨氮为25 mg/L的最不利条件进行可接纳污水量预测，在此条件下，四川省水体最多可以接纳234.63万 $m^3/d$ 未处理的城镇污水。

（二）纳污容量对城镇污水处理的要求

根据四川省水功能区和水环境容量的要求，"十二五"期间，四川省城镇还需要建设多大规模的污水处理厂？四川省有关部门在"四川省城镇污水处理及再生利用设施建设'十二五'规划"初步意见的资料中，对四川省到2015年需要的城镇污水处理量进行了预测。据统计，到2009年底四川省已建污水处理厂的设计处理能力为406.6万 $m^3/d$，实际处理能力为291.3万 $m^3/d$，平均运行负荷率为71.6%[①]。由于未处理的污水和处理后的出水中都含有不同浓度的污染物，因此按照水环境容量计算城镇污水处理量时，均应加以考虑。按照进入污水处理厂的城市污水中含的氨氮25 mg/L和经过二级生物处理以后出水中含的氨氮8 mg/L考虑，这项规划计算得出，到2015年四川省城镇污水量为847.9万 $m^3/d$，需要的污水处理量为747.46万 $m^3/d$。以上仅为理论计算结果，为了更加合理并切实可行，需对上述计算结果进行适当的调整。一是政策性调整，即在污水量较小或水环境

---

① 关于四川省城镇已建污水处理厂的处理能力有3个数据。《"四川省城镇污水处理及再生利用设施建设'十二五'规划"初步意见的资料》采用的数据是，2009年四川省城镇已建污水处理厂设计处理能力为406.6万 $m^3/d$、实际处理能力为291.3万 $m^3/d$、平均运行负荷率为71.6%，其统计范围为城市、县城、重点流域镇和3万人以上建制镇，本书此处采用该数据；另据四川省住房和城乡建设厅计划财务处提供的统计资料，2010年四川省城镇已建污水处理厂设计处理能力为396.2万 $m^3/d$，统计范围为城市和县城，见第一章的表1-4和表1-5；再据中国城镇供水排水协会编纂的《城镇排水统计年鉴（2011）》，2010年四川省城镇污水处理厂设计处理能力为313.4万 $m^3/d$，实际处理能力为280.3万 $m^3/d$。

容量较大的地方，若计算处理率低于相关文件的要求，应按照文件要求进行调整；二是可行性调整，在全省污水处理量和污水处理率总体需求基本不变的前提下，综合考虑各地的水环境要求、社会经济状况、实施条件等各方面因素。经过调整，这项规划的初步意见预测，2015 年四川省实际城镇污水量为 807.53 万 $m^3/d$，需要的污水处理量为 651.03 万 $m^3/d$①。

关于四川省城镇污水处理程度的问题，这项规划的初步意见根据建设部、环境保护总局、科技部的《城市污水处理及污染防治技术政策》和国家标准《城镇污水处理厂污染物排放标准》（GB18918—2002），四川省地表水水质规划全部应达到Ⅲ类以上功能水域要求，认为四川省城镇污水处理程度，必须达到一级标准的 B 标准，只能进行二级生物处理。从污水处理工艺看，为了确保四川省的水环境质量，应对城镇污水中的氨氮进行有效处理，处理程度也必须在二级生物处理以上。在污水全部二级处理也不能满足水环境要求的成都、自贡、德阳、巴中、眉山、资阳等城市，还必须对部分污水进行深度处理，深度处理执行一级 A 标准。但在人口稀少、水环境容量较大、污水量较小的凉山、阿坝、甘孜三州，则应根据当地实际情况，除采用二级处理、执行一级 B 标准外，适当采用自然处理、一级处理或一级强化处理工艺，执行三级标准，但必须预留二级处理设施的位置，分期达到二级标准。

同时，这项规划的初步意见还对四川省 2015 年城镇污水管网进行了预测。为了保证城镇污水处理厂能够处理需要处理的污水量，达到需要的污水处理率，城镇污水管网必须收集并输送足够的城镇污水到污水处理厂。因此，城镇污水管网需要的城镇污水收集率，必须大于需要的污水处理率，一般在处理率的基础上增加 10%。即城市污水管网覆盖率为 95%，县城污水管网覆盖率为 90%，建制镇污水管网覆盖率为 85%。

上述分析表明，四川省无论从改善自身的水环境，还是从建设长江上游生态屏障的全局来看，都必须以水功能区限制纳污红线为依据，从严核定水域纳污容量，严格控制入河湖排污总量，继续加大城镇污水处理设施建设的投资强度。为此，上述"四川省'十二五'规划"的初步意见认为，需新增城镇污水处理能力

---

① 预测范围为四川省的城市、县城、重点流域镇和 3 万人以上建制镇。

320.6 万 m³/d，到 2015 年累计处理能力应达到 781 万 m³/d。新建、续建、改造城镇污水处理和管网工程，以及再生水和污泥处理工程等总投资需 374.85 亿元。上述规划项目完成后，环境效益明显，四川省 85% 的城镇污水将得到处理，每年削减 COD 污染负荷 45.10 万吨、BOD₅ 51.31 万吨、氨氮 6.27 万吨、总氮 7.13 万吨、总磷 1.57 万吨，显著改善四川省水环境质量，为建设长江上游生态屏障做出贡献。而且，对四川省各地的供水水源水质改善和城镇供水安全，也将起到很大促进作用。

（三）制定促进污水处理产业发展的政策法规

为确保上述目标的实现，必须广泛调动全社会参与城镇环保设施建设的积极性，充分发挥市场在资源配置中的基础性作用，全面推进城镇污水处理产业化发展。有关部门应进一步完善污水处理收费政策。目前，四川省的城市和大部分县城都已制定污水处理收费办法，但污水处理费普遍偏低。据不完全统计，四川省城镇污水处理平均直接成本为 0.77 元/m³，而居民污水处理费平均为 0.45 元/m³；近 50% 的市、县的居民污水处理费在 0.40 元/m³ 以下，最低的仅为 0.18 元/m³①。要加快推进价格改革，逐步建立符合市场经济规律的污水处理收费制度，促进城市污水处理设施建设和运营的良性循环。城市污水处理费的征收标准可按保本微利、逐步到位的原则核定。征收的城市污水处理费专项用于城市污水处理设施的运营、维护和项目建设。同时，要加快制定城镇污水处理项目建设、运营、拍卖、抵押、资产重组、资金补助、收费管理、市场准入制度等方面的政策，转变污水处理设施只能由政府投资、国有单位负责运营管理的观念。在强化监管的前提下，推进城镇污水处理厂的市场化改革，逐步建立城镇污水处理项目的投融资及运营管理体制，鼓励社会投资主体通过招投标方式取得特许经营权，采用独资、合资或租赁的方式承包城市污水处理设施的建设和运营管理。实现投资主体多元化、运营主体企业化、运行管理市场化，形成开放、竞争的格局。

根据国家关于"确立水功能区限制纳污红线，从严核定水域纳污容量，严格控制入河湖排污总量"的要求，四川省应进一步对各市、州、县实施区域污染物总量控制制度，根据四川省规划确定的总体目标要求，核定各市、州、县的污染

---

① 中国城镇供水排水协会编《城镇排水统计年鉴（2011）》，第 106～111、340～345 页。

物排放总量和各断面水质目标。定期公布各控制断面的水质监测结果，分阶段对各地的水质目标进行考核。对重点工业污染源要明确水污染物排放总量控制指标和削减指标；对生活污水污染物的削减控制指标要具体落实到每个城镇污水处理厂。对一般建制镇、小集镇和村庄，应提倡根据自身社会经济条件，因地制宜地采用如厌氧沼气池处理技术、稳定塘处理技术、人工湿地处理技术（见参考资料6-2、图6-8、图6-9、图6-10）等多种方式建设污水处理设施，特别是推广应用高效、低成本、易管理且适合农村生活污水处理的工艺，改善广大农村的水环境。正在开展的"农村集中居住区新型生活污水处理设备"（参见第九章第一部分）项目，意义重大，应加快研发进度，早日实现量产，造福广大农村。

>>> **参考资料 6-2**

### 四川省郫县安德镇安龙村林盘家园人工湿地简介[①]

安龙村是成都城市河流研究会资助建设的保护川西林盘家园的生态农业示范村。示范村推广节水粪尿分集式生态卫生旱厕，人尿及粪便均可直接做农肥使用；猪粪经沼气池处理，回收沼气做燃料，沼液、沼渣做农肥；采用人工湿地处理家园灰水，保护走马河的河水和当地农民生活水的取水水源。

家园人工湿地是生态村建设的一个组成部分，用于处理农家灰水。农家灰水是指农村家园中除人畜粪便以外的所有生活污水，包括洗漱、餐饮、农具、地坪冲洗等排水。雨水是指能用管渠收集的家园屋顶和地坪雨水。

工艺设计理念：结合农家具体情况，因地制宜建设家园人工湿地；使农家灰水、雨水成为农业生产的水、肥资源；保护生活水源、改善家园环境、促进生态农业发展。

工艺流程：根据农村林盘家园的大小、居住人口、地形地貌、经济条件、雨水收集及家园组合情况，因地制宜进行设计建设（具体工艺流程略）。

处理水量：$0.3 \sim 15 m^3/d$。

---

[①] 《郫县安德镇安龙村林盘家园人工湿地案例》，四川省环境保护科学研究院教授级高级工程师黄时达提供，2011年12月。

水力负荷：人工湿地核心区 $0.05 \sim 0.2 \mathrm{m}^3/\mathrm{m}^2 \cdot \mathrm{d}$。

工程特色：可根据农家人口、土地、经济情况，因地制宜，见缝插针，分户建设与适度集中建设相结合；农民自行管理，可充分按农民自家的意愿，灵活管理和应用处理出水及水力、水质资源，进行农田灌溉，花卉、粮食、蔬菜种植等，有利于充分发挥出水资源的应用效益；能减少污染，保护河流及当地取水水源；排水管网少，能耗少，污水资源化利用率及生态环境效益高，一次投入多年得益。有利于促进农村家园环境保护、污染治理与农业生产和谐发展；可与农家改厕、改厨、生态种植、环境科普教育相结合，促进农村生态村建设及林盘家园上新台阶。

效果：已在安龙生态村建设不同类型的家园人工湿地处理污水工程 60 多户，并正常运行。在安龙生态村水源保护、家园污染治理及景观生态建设中起到了良好效果，并持续发挥作用。

问题：在水、肥资源利用及效益发挥方面，仍需充实完善。

项目建设及资助单位：成都市城市河流研究会（2006~2011 年）。

**图 6 - 8　郫县安德镇安龙村林盘家园灰水再生人工湿地景观**

资料来源：四川省环境保护科学研究院教授级高级工程师黄时达提供，2011 年 12 月。

图 6 - 9　郫县安德镇安龙村林盘家园农家人工湿地景观

资料来源：四川省环境保护科学研究院教授级高级工程师黄时达提供，2011 年 12 月。

图 6 - 10　荣县双石镇人工湿地景观

资料来源：陆强摄于荣县双石镇，2012 年 2 月 8 日。

# 四　重视污水再生利用设施建设，推进城镇再生水产业发展

## （一）四川污水再生利用回顾

据 2009 年 6 月的一份调查上报资料，四川省污水再生利用量为 33.0 万 $m^3/d$，全省污水再生利用率为 6.9%，见表 6-1。

**表 6-1　四川省城镇再生水利用情况**

单位：万 $m^3/d$,%

| 城　市 | 设计处理能力 | 实际处理量 | 污水再生利用量 | 污水再生利用率 |
|--------|------------|-----------|-------------|-------------|
| 成　都 | 134.0 | 110.0 | 30.0 | 27.3 |
| 绵　阳 | 10.1 | 10.8 | 1.0 | 9.3 |
| 遂　宁 | 5.5 | 5.5 | 2.0 | 36.4 |
| 合　计 | 149.6 | 126.3 | 33.0 | 26.1 |

资料来源：由四川省城镇供水排水协会提供，2011 年 11 月；原注：表中仅列出已经进行再生水利用的部分城镇。

目前，四川省污水再生利用量最大的是成都，利用率最大的是遂宁，其他城镇的污水再生利用基本未起步。成都污水处理厂"季节性水资源综合利用一期工程"已经投入使用，处理后的 30 万 $m^3/d$ 再生水，主要用于南河景观用水；二期工程所生产的再生水，将用于生活杂用水、消防用水、环境绿化用水和市政用水等，并计划在华阳镇建立综合利用示范小区。另外，四川省还有少数单位建设了中水设施。从总体上看，四川省城镇污水再生利用发展缓慢，主要有认识问题、规划问题和政策问题等三个层面的原因。

## （二）提高对污水再生利用的认识

提高对污水再生利用的认识，首先是提高决策者的认识，这是能否加快四川省城镇再生水产业发展的关键。污水再生利用已成为世界水资源发展战略的重要趋势。近年来，国际上污水处理技术路线由单项技术转变为综合技术，即由过去为达标排放而设计的工艺流程，调整为以水的综合利用为目的的工艺流程，以达到水的资源化目标。从污水处理用词的演变过程，即由"污水处理"（waste-water treatment）转变为"水回用"（water reuse），再转变为"水再利用"（water reclamation），最近国外还有用"水循环"（water recycling）来代替"水

再利用"的，可以看出，国际上水处理理念的变化与战略调整过程①。现在，世界上许多国家都制定了再生水取代部分淡水的水资源战略，并确定了污水再生利用的发展目标。污水再生利用在世界各国均呈现较快的增长态势。表6－2是美国等部分发达国家的污水再生利用现状和发展目标。

表 6－2　部分发达国家的污水再生利用现状及发展目标一览

| 地　区 | 再生水量（万 m³/d） | 发展目标 |
| --- | --- | --- |
| 美　国 | 980 | 年增长 15% |
| 以色列 | 96（约为污水量的 70%） | 2020 年 100% 生活污水再生利用 |
| 欧　洲 | 260 | 在现状基础上提高 70% |
| 新加坡 | 29（约为污水量的 70%） | 全国 30% 用水需求靠再生水 |

资料来源：转引自《四川省天府新区总体规划（2010～2030）专题》之《专题7——水资源承载力专题研究》，2011 年 8 月。

从表6－2可以看出，以色列和新加坡是污水再生利用的领先国家。在新加坡，再生水可以用作饮用水和非饮用水。在以色列，再生水主要用于农业灌溉。美国、澳大利亚和欧洲在污水再生利用的项目实施和相关研究方面都非常积极，污水再生利用量稳步增长，并确定了较高的污水再生利用远期目标。此外，日本和韩国的再生水利用量也在稳步增长，两国政府积极推动污水再生利用计划。香港和台湾的水务部门已将污水再生利用纳入水资源综合管理计划，表明再生水在未来发展中的重要性。

在国内，北京市一直致力于污水再生利用的研究和实践。2008 年北京奥运会期间，奥运村内所有景观水系均采用再生水作为水源。北京清河污水处理厂处理后的再生水 100% 用作河道景观生态用水。北京市的规划目标，到 2020 年中心城区再生水利用量将达到自来水供应量的 40%。天津市到 2010 年再生水利用率达到30%，并要求新建住宅全部达到再生水和自来水双管入户标准。天津市滨海新区和河北省曹妃甸工业区，规划到 2020 年污水再生利用分别达到 70% 和 90% 的水平②。石家庄市规划，到 2015 年，城区内将建成 3 座再生水厂，每天污水再生规

---

① 祁鲁梁、李永存编著《工业用水与节水管理知识问答》，中国石化出版社，2010，第180～181页。

② 转引自四川省住房和城乡建设厅、中国城市规划设计研究院、四川省城乡规划设计研究院、成都市规划设计研究院《天府新区总体规划（2010～2030）专题》之《专题7——水资源承载力专题研究》，2011 年 8 月。

模为 47 万 m³，用于农业、工业和城市杂用水等。深圳市拟 7 年内兴建 5 座再生水厂，届时河道环境用水 1/3 要靠污水再生利用。宁波市再生水厂一期工程 2008 年通水，近期为 10 万 m³/d，远期为 15 万 m³/d，以污水处理厂的二级处理出水为水源进行深度处理，可满足各种工业用水水质要求[①]。

　　污水再生利用具有很好的经济效益、社会效益和环境效益。据专家测算，城镇供水经过使用后，有 80% 左右的水量被转化为污水；经过收集和处理，其中有 70% 可以循环使用。这就意味着通过污水再生利用，可以在供水量不变的情况下，使城镇的可用水量增加 50% 以上[②]。采用不同工艺生产的再生水，可用作城市杂用水（道路喷洒、绿化、景观、洗车、冲厕等），以及工业、农业、环境、补充水源水和回灌地下水等（见图 6 - 11）。污水再生利用具有投资相对较小、周期短、水量稳定、水源可靠，以及不受气候影响等优点。利用再生水既可以有效减少城镇淡水的引水、制水和供水量；又可以有效减少城镇排水和污水处理的污水量，从两个方面节约建设费用和运行费用，经济效益可观。同时，还可以减少环境污染，节约环保费用，改善环境和自然人文景观，具有良好的环境效益和社会效益。

**图 6 - 11　漫画："这可是中水，不能喝的！"**

资料来源：新华网，作者桔子，2009 年 5 月 25 日。

---

① 周芸：《水污染治理的巨大进步　我国数城市规划再生水厂》，中国水网，2009 年 6 月 3 日。

② 刘红、何建平等编著《城市节水》，中国建筑工业出版社，2009，第 115 页。

### （三）污水再生利用对城市规划的要求

污水处理从达标排放到再生利用的战略转变，对城市规划，特别是对城市水专项规划将带来观念转变。据了解，目前四川省在城市规划中做再生水规划的城市为数很少。为此必须提示，在进行城市水专项规划时，需同步统筹开展城市再生水系统规划。从城市水专项规划的调查及收集资料阶段开始，就应将城市现有和预测潜在的再生水用户（包括城市水体、河流、绿地、工业或其他行业再生水用户等）的位置以及对水量、水质等需求，作为调查的重要内容列入，为合理确定排水分区、再生水厂设置、再生水管网系统布局打下基础。按照传统规划方法，污水处理厂的设置要根据污染物排放量控制目标、城市布局、受纳水体功能及流量等因素来选择，一般尽可能布局在河流下游或城市远郊。但是这种布局使污水处理厂可能距离再生水用户较远，再生水管网相应增加，不利于再生水利用。比较经济的做法可能是，按再生水用户的需求，选择适当位置设置再生水厂，收集附近区域的城市污水，根据用户对再生水质的要求确定水处理工艺，处理后就近利用[①]。这就需要改变将污水处理厂都布局在城市下游或城市远郊，进行高度集中处理的传统做法。同时，在污水处理厂建设时，还要远近期结合，考虑污水再生利用的需要，为污水深度处理系统预留发展用地，并使现在污水处理工艺，能和未来深度处理再生利用工艺有机结合，取得最佳效益。

还有两类再生水（中水）系统，也需在城市水专项规划中给予关注。一类是建筑再生水（中水）系统，即在一栋或若干栋建筑物内建立再生水系统。再生水作为冲厕、洗车、道路保洁、绿化使用。另一类是小区再生水（中水）系统。小区再生水系统可采用的原水类型较多，如附近污水处理厂出水、工业洁净废水、小区内的杂排水、生活污水、雨水等，系统可采取覆盖全区的完全系统、部分系统或简易系统等。这两类再生水系统具有可就地回收、处理、利用，管线短、投资小、容易实施，作为建筑配套建设不需大规模集中投资等优势，但也有水量调节要求高、规模效益低等缺点[②]。这两类再生水系统作为城市再生水系统的组成部分，也应在城市水专项规划中统筹考虑。同时，还需在城市的相应法规或规章

---

① 张杰：《城市排水系统新思维》，水世界网，2007年1月11日。

② 熊家晴主编《给水排水工程规划》，沈月明主审，中国建筑工业出版社，2010，第188页。

中做出规定以利实施。比如国内有的城市规定，在节约用水规划确定的范围内，下列新建、扩建、改建建设项目应当按照规划配套建设中水利用设施：（一）建筑面积超过 20000m² 的旅馆、饭店和高层住宅；（二）建筑面积超过 40000m² 的其他建筑物和建筑群[①]。这种做法，值得四川省的大、中城市借鉴。

### （四）再生水产业发展需要政策扶持

先了解一下再生水的成本和价格问题。再生水的处理成本因采用的工艺而异。据专家测算，如再生水为满足普通生活杂用，可采用混凝、沉淀、过滤等常规工艺生产，其成本一般在 1 元/m³ 以内。统计表明，国内多数省、市再生水的直接成本为 0.5~0.8 元/m³[②]。若用于锅炉补水、洗车等，则需采用微滤、超滤、反渗透、膜生物反应器等工艺，其成本在 3 元/m³ 左右，但随着膜的成本逐渐降低，成本还有下降空间。再生水的成本，与远程调水、海水淡化、苦咸水淡化等比较具有明显的成本优势。但专家也指出，目前污水再生利用系统一次性投入较大，在运行初期成本明显高于自来水价格，这就需要政策的扶持。再生水的定价原则，应在社会承受能力的范围内，既不能低于实际成本，也不能超过自来水的价格。按照国际通行惯例，再生水价格一般为自来水价格的 50%~80%[③]。不同水质的再生水的价格还应体现"优质优价，按质论价"的原则。同时，再生水的价格还必须能够保证投资者的资本回收和有适当的利润，这是再生水产业发展的前提。目前，四川省污水再生利用还缺少宏观层面的管理，行业法律法规也不健全，污水再生利用距产业化、市场化发展还有相当距离。要实现再生水产业发展，最要紧的是引入市场机制，需要通过投融资政策来启动市场。还要通过宣传教育政策、再生水水质安全保证政策，以消除消费者对再生水的心理障碍[④]。只有政府职能从"主导"向"引导"角色转变，建立鼓励使用再生水的成本补偿与价格激励机制，通过污水再生处理实现资源化，形成新的资源产品，才能推动城市污水再生利用产业的发展。

---

① 《深圳市节约用水条例》第四十一条，2005 年 1 月 19 日。

② 中国城镇供水排水协会编《城镇排水统计年鉴（2011）》，第 125~211 页。

③ 刘红、何建平等编著《城市节水》，中国建筑工业出版社，2009，第 128~130 页。

④ 褚俊英、陈吉宁：《中国城市节水与污水再生利用的潜力评估与政策框架》，科学出版社，2009，第 193 页。

# 第七章　构建城市雨洪管理机制
# 促进城市水系生态修复

## 一　四川城市水生态环境恶化趋势尚未得到有效遏制

### （一）城市水系生态环境恶化

"十一五"期间，在全省经济快速增长的背景下，污染物排放总量得到一定控制，四川环境质量总体上保持稳定和改善，生态建设取得较大进展，生态保护力度加大，生态环境好转。但主要水体的水环境质量与污染状况不容乐观。省内五大河流中，岷江、沱江的水质在原污染较重的基础上有所改善，长江干流（四川段）、金沙江、嘉陵江水质在原相对较好的基础上继续保持稳定。由于全省上千座大小城镇，绝大部分均位于岷江、沱江、嘉陵江等主要流域沿岸，尚有大量城镇生活污水未经处理直接排放，尤其是工业废水的排放总量已接近所有城镇的生活污水，且其浓度相当于城市生活污水的几倍、几十倍甚至于几百倍，从而加剧了这些江河的水质污染。其中沱江沿岸接纳德阳、成都、资阳、内江、自贡等人口密集城市的工业废水和生活污水，沿江污染源污染物排放量大；岷江水质基本符合《地表水环境质量标准》Ⅱ类水域标准，但干流彭山至乐山段以及府河、箭板河等支流河段水质污染不能忽视；嘉陵江、金沙江水质较好，除含泥沙量较多外，大部分水质指标达到《地表水环境质量标准》Ⅱ类水域标准[①]。从四川省环境保护厅发布的 2010 年上半年河流水质评价结果可以看出，部分城市河段污染仍然十分严重（见表 7-1），反映出城市水生态环境恶化趋势尚未得到有效遏制。

城市水生态环境恶化趋势未能得到有效遏制的原因是多方面的。

---

[①] 对四川省"十一五"期间主要水体水环境质量与污染状况的总体评价，采用四川省有关部门发布的《"四川省城镇污水处理及再生利用设施建设'十二五'规划"初步意见的资料》中的评价意见，四川省城镇供水排水协会提供，2010 年 11 月。

（二）城市水系污染仍然严重

城市水生态环境恶化的主要原因，是城市水系的污染仍然十分严重。相当多城镇的污水处理厂覆盖率或污水处理率不高，城市点源污染包括工业废水、生活污水、固体垃圾处置场渗滤液等，未经处理无序排放情况仍在发生，继续对城市水体造成严重污染，许多城市水系成为纳污载体或排污沟。这种现象在四川省众多城镇中具有一定的普遍性。在本书第五章我们已经讨论过，这需要继续加大城镇污水处理设施投资的强度，才能逐步得到解决。但另一方面还应该看到，雨水在径流过程中形成的城镇面源污染问题也很突出。水体的面源污染是指在较大范围内溶解性或固体污染物在雨水径流的作用下进入受纳水体，从而造成水体污染，它随降雨而产生，污染排放具有间歇性[1]。雨水在径流过程中的污染是城镇的主要面源污染。对城市雨水径流的水质管理和径流面源污染的控制，至今在四川省的城市建设中还没有提到日程上来采取措施逐步解决。

表 7-1　2010 年上半年四川省河流水质评价结果一览[2]

（部分城市主要污染指标超标河段摘录）

| 原序号 | 监测站 | 水系河流 | 断面名称 | 断面性质 | 规定类别 | 实测类别 | 是否达标 | 主要污染指标/超标倍数 |
|---|---|---|---|---|---|---|---|---|
| 24 | 成都市 | 岷江府河 | 永安大桥 | 控制 | IV | V | 否 | 氨氮/0.29 |
| 25 | | 岷江府河 | 黄龙溪 | 出境 | III | 劣V | 否 | 溶解氧/IV类、生化需氧量/0.44、氨氮/2.94 |
| 26 | | 岷江江安河 | 二江寺 | 控制 | III | 劣V | 否 | 溶解氧/IV类、生化需氧量/0.91、氨氮/5.25 |
| 27 | | 岷江新津南河 | 老南河大桥 | 控制 | III | IV | 否 | 氨氮/0.29 |
| 32 | 眉山市 | 岷江 | 彭山岷江大桥 | 入境 | III | V | 否 | 氨氮/0.88 |
| 36 | | 岷江思蒙河 | 思蒙河口 | 控制 | III | IV | 否 | 溶解氧/IV类、高锰酸盐指数/0.61、生化需氧量/0.40 |
| 37 | | 岷江体泉河 | 体泉河口 | 控制 | III | 劣V | 否 | 溶解氧/劣V类、高锰酸盐指数/1.79、生化需氧量/2.73、氨氮/2.63、石油类/1.80 |

---

[1]　高湘、王国栋、张明：《浅谈规划中的城市雨洪利用》，《山西建筑》第 34 卷第 26 期。

[2]　摘自四川省环境监测中心站《四川省 2010 年上半年环境质量状况》，2010 年 7 月。

| 原序号 | 监测站 | 水系河流 | 断面名称 | 断面性质 | 规定类别 | 实测类别 | 是否达标 | 主要污染指标/超标倍数 |
|---|---|---|---|---|---|---|---|---|
| 38 | 眉山市 | 岷江毛河 | 桥江桥 | 控制 | Ⅲ | Ⅳ | 否 | 高锰酸盐指数/0.16、生化需氧量/0.43、氨氮/0.20、石油类/1.93 |
| 45 | 乐山市 | 岷江茫溪河 | 茫溪大桥 | 控制 | Ⅲ | 劣Ⅴ | 否 | 高锰酸盐指数/0.29、氨氮/1.52 |
| 52 | 德阳市 | 沱江绵远河 | 八角 | 控制 | Ⅳ | 劣Ⅴ | 否 | 氨氮/0.93 |
| 54 | | 沱江中河 | 清江桥 | 出境 | Ⅲ | 劣Ⅴ | 否 | 氨氮/1.30 |
| 58 | 金堂县 | 沱江中河 | 清江大桥 | 入境 | Ⅲ | 劣Ⅴ | 否 | 生化需氧量/0.19、氨氮/1.44、石油类/0.67 |
| 59 | | 沱江 | 三皇庙 | 控制 | Ⅲ | Ⅴ | 否 | 氨氮/0.63 |
| 60 | | 沱江 | 五凤 | 出境 | Ⅲ | Ⅳ | 否 | 氨氮/0.06 |
| 61 | 青白江区 | 沱江毗河 | 工农大桥 | 控制 | Ⅲ | 劣Ⅴ | 否 | 氨氮/1.14 |
| 66 | 资阳市 | 沱江九曲河 | 九曲河大桥 | 控制 | Ⅲ | Ⅳ | 否 | 氨氮/0.38、石油类/0.07 |
| 75 | 内江市 | 沱江威远河 | 廖家堰上 | 出境 | Ⅲ | 劣Ⅴ | 否 | 溶解氧/Ⅳ类、高锰酸盐指数/0.43、生化需氧量/0.98、氨氮/7.84 |
| 79 | | 沱江釜溪河 | 双河口 | 控制 | Ⅳ | 劣Ⅴ | 否 | 高锰酸盐指数/0.07、生化需氧量/0.14、氨氮/3.15 |
| 80 | 自贡市 | 沱江釜溪河 | 碳研所 | 控制 | Ⅳ | 劣Ⅴ | 否 | 溶解氧/Ⅴ类、高锰酸盐指数/0.10、生化需氧量/0.44、氨氮/8.70 |
| 81 | | 沱江釜溪河 | 入沱把口 | 控制 | Ⅲ | Ⅳ | 否 | 氨氮/0.33 |
| 82 | | 沱江威远河 | 廖家堰 | 入境 | Ⅲ | 劣Ⅴ | 否 | 溶解氧/Ⅳ类、高锰酸盐指数/0.81、生化需氧量/0.81、氨氮/6.97、石油类/0.10 |
| 85 | 泸州市 | 沱江濑溪河 | 胡市大桥 | 控制 | Ⅲ | Ⅴ | 否 | 高锰酸盐指数/0.24、生化需氧量/0.80 |
| 96 | 南充市 | 嘉陵江西充河 | 拉拉渡 | 控制 | Ⅲ | 劣Ⅴ | 否 | 溶解氧/劣Ⅴ类、高锰酸盐指数/1.19、生化需氧量/4.12、氨氮/10.21、石油类/16.50 |
| 102 | 广安市 | 嘉陵江清溪河 | 双龙桥 | 控制 | Ⅲ | Ⅳ | 否 | 生化需氧量/0.05 |

资料来源：四川省环境监测中心站：《四川省2010年上半年环境质量状况》，2010年7月。

（三）对城市水系的物理性干扰

在城市建设中，对城市水系的流态、水文循环的物理性干扰不断增加，造成城市水系生态系统退化，生态服务功能下降，也使水环境不断恶化。有些物理性干扰是在对城市环境进行"综合治理"的名义下进行的。这些干扰包括，为了增加城市开发用地而填占湖泊、池塘、湿地，甚至溪流、河道；为了防洪安全和行洪需要，对河流进行修堤筑坝、裁弯取直；为了"市容整洁"，对河床用砖石或混凝土等进行衬砌硬化处理，有的小河、溪流还被盖上混凝土板改为排水暗沟；为了"城市形象"改造河岸，清除河岸植被，毁掉岸边沼泽、草滩和树丛等。这些城市建设行为，改变了河流的天然形态、自然走向和运动方式，阻断了河流与生态系统其他成员之间的沟通和交流，河流以物理、化学、生物等形式参与生态系统运动的功能丧失，降低了水体的自净能力，水系生态系统遭严重破坏，河道变成了污水沟，河流所在区域的生态系统也面临瘫痪[①]。同时，填占湖泊、池塘、湿地等水体，大量水面被侵占，导致城市水体急剧减少，其天然调蓄雨洪的功能严重萎缩，加大了城市内涝发生的几率。

（四）对城市雨洪的认识误区

对雨洪的传统管理方式，是造成城市水生态环境恶化的另一个重要原因。在自然环境下，70%的雨水被土地吸纳，30%形成地表径流。由于传统上对城市雨洪存在认识误区，城市建设从两个方面阻断了雨水的自然循环过程。一方面在城市建设中，不透水地面面积迅速扩大，使土地丧失了蓄积雨水的功能；另一方面对雨洪采取"尽快排出，避免灾害"的原则，把城市雨洪当作"废水"简单地"排放"。由于缺乏对城市雨洪进行调蓄、下渗等措施，造成城市暴雨洪峰流量大、河流水位瞬涨瞬落、城市面源污染严重、城市热岛效应突出、城市水生态环境恶化。如果采取有效措施使雨洪能够截留入渗，雨水中的污染物经植物的过滤和吸收、土壤的过滤后有极大的削减，考虑城市雨水综合径流系数及初期雨水污染程度等因素，削减城市面源污染保守估计可达到50%以上；还可增加地下水补给量，加大区域降雨的蒸发量，减少城市的热岛效应；

---

① 龚小平：《生态修复城市水系研究进展》，《安徽农学通报》第16卷第11期。

可降低暴雨的洪峰流量，减少区域洪涝灾害发生频率；可增加区域河流的旱季补给量，改善河流的生态环境[①]。

表7-2　2005~2010年四川省生态环境用水量情况

单位：亿 m³，%

| 年份<br>项目 | 2005 | 2006 | 2007 | 2008 | 2009 | 2010 |
|---|---|---|---|---|---|---|
| 总用水量 | 212.3 | 215.1 | 214.0 | 207.6 | 223.5 | 230.3 |
| 生态用水量 | 1.97 | 2.20 | 1.90 | 1.78 | 2.00 | 2.1 |
| 生态用水比例 | 0.93 | 1.02 | 0.89 | 0.86 | 0.90 | 0.91 |

资料来源：《四川省水资源公报》。原注：生态环境用水是指人为措施调配的城镇环境用水（含河湖补水、绿化、清洁）和农村生态补水（对湖泊、洼淀、沼泽补水）。

（五）生态环境用水严重不足

生态环境用水严重不足是城市水生态环境恶化的另一个主要原因。许多城市由于经济的高速发展，生产和生活用水大幅增长，挤占了生态环境用水，造成城市水系的生态环境用水严重短缺，有的连最小流量也难以得到保障，这就加剧了城市水系的生态退化，甚至最基本的生态功能也几乎全部丧失。即使偶尔给城市河道补水或换水，被称为"景观"用水，就像现在有的城市时兴的"景观"大道、"迎宾"大道一样，也只是供"迎宾"、"迎检"而为，并未采取措施维持城市水系的最低流量。另外，城市雨洪和再生水资源未能得到有效利用，也是造成四川省城镇普遍存在生态环境用水严重不足的重要原因。近年来四川省和成都市的生态环境用水基本情况分别见表7-2和表7-3，从表中可以看到生态用水的比例。有研究认为，生态用水比例反映了一个地区生态用水在水资源分配中所占的份额或地位，间接表明该地区生态环境质量的状况[②]。

此外，四川省部分城市市区的地下水过度开采和补给量不足造成地面沉降，以及地下水污染等问题也较为严重。

---

① 俞绍武、任心欣、王国栋：《南方沿海城市雨洪利用规划的探讨——以深圳市雨洪利用规划为例》，《城市规划和科学发展——2009年中国城市规划论文集》，2009，第4381~4384页。

② 魏彦昌、苗鸿、欧阳志云、史俊通、王效科：《城市生态用水核算方法及应用》，《城市环境与城市生态》第16卷增刊。

表 7 - 3 2008～2009 年成都市生态环境用水量情况

单位：万 m³，%

| 地 区 | 2008 年 | | | 2009 年 | | |
|---|---|---|---|---|---|---|
| | 总用水量 | 生态用水量 | 生态用水比例 | 总用水量 | 生态用水量 | 生态用水比例 |
| 中心城区 | 128520.9 | 7000.0 | 5.45 | 132392.1 | 7000 | 5.29 |
| 温 江 区 | 18409.4 | 4523.2 | 24.57 | 19122.2 | 4500 | 23.53 |
| 龙泉驿区 | 15701.1 | 634.7 | 4.04 | 15519.7 | 640 | 4.12 |
| 青白江区 | 54200.4 | 6701.4 | 12.36 | 51704.8 | 6700 | 12.96 |
| 新 都 区 | 33489.1 | 12.0 | 0.04 | 32250.7 | 15 | 0.05 |
| 都江堰市 | 29157.5 | 12.6 | 0.04 | 35207.8 | 14 | 0.04 |
| 邛 崃 市 | 32777.1 | 71.8 | 0.22 | 33660.3 | 72 | 0.21 |
| 崇 州 市 | 35257.0 | 10.0 | 0.03 | 32514.7 | 12 | 0.04 |
| 彭 州 市 | 56054.7 | 4.9 | 0.01 | 57129.5 | 6 | 0.01 |
| 双 流 县 | 48722.1 | 2311.4 | 4.74 | 46551 | 2400 | 5.16 |
| 郫 县 | 26065.1 | 15.4 | 0.06 | 25558.9 | 16 | 0.06 |
| 大 邑 县 | 22444.1 | 450.5 | 2.01 | 22089.1 | 450 | 2.04 |
| 新 津 县 | 15878.5 | 49.8 | 0.31 | 16780.6 | 52 | 0.31 |
| 金 堂 县 | 13460.3 | 7.5 | 0.06 | 46298 | 9 | 0.02 |
| 蒲 江 县 | 10126.5 | 11.9 | 0.12 | 10454.4 | 13 | 0.12 |
| 合 计 | 540263.8 | 21817.1 | 4.04 | 577233.8 | 21899 | 3.79 |

资料来源：《成都市水资源公报》，原注：生态环境用水是指人为措施调配的城镇环境用水（含河湖补水、绿化、清洁）和农村生态补水（对湖泊、洼淀、沼泽补水）。

（六）城市地下水资源隐患突出

据四川省地质调查院 2005 年 10 月对四川省部分城市地质调查的资料显示，地下水过度开采造成地面沉降、地下水污染严重等城市地质隐患日益突出。地面沉降在宜宾市五粮液酒厂导致一些建筑物倾斜、墙体开裂；绵阳市城区南山中学等部分建筑的墙与地板已出现开裂、变形；广元市地下水日开采量达到 4.8 亿 m³，而补给量不断减少，导致广元地下水位下降，部分地面沉降，地下水衰减现象凸显，地下水位下降 1.95m[①]。四川省遂宁市水务局 2008 年 8 月对城区三处地下水的水样进行抽查，并根据 GB/T14848—1993 标准进行评价。检测结

① 《地下水凸现城市地质隐患》，《四川日报》2005 年 10 月 17 日。

果是，其中两处为Ⅳ类水质，一处超标主要物质为锰（0.2）、氨氮（0.6）；另一处超标主要物质为锰（1.8）、氨氮（1.2）、亚硝酸盐（3.0）；另一处达到国家Ⅲ类水质标准[①]。四川省环保厅公布的《2010年度四川省城市集中式饮用水水源地环境状况评估报告（征求意见稿）》中，对全省城市集中式饮用水水源地的环境状况，进行了年度评估。纳入此次评估的21个城市40个集中式饮用水水源中，有36个达标，达标率为90%。分类型来看，湖库型水源水质状况最好，河流型次之，地下水水质堪忧，达标率分别为100%、96.15%、62.5%[②]。四川省国土资源厅发布的2010年度四川省地质环境公报显示，成都市中心城区地下水由西北向东南流，平均水位为492.56m（海拔高度），埋藏深度最浅的监测点位于西北金牛坝一带，此处水位为509.99m；埋藏深度最深的监测点位于城东南锦江区，该处水位为482.97m。成都市水务局的数据显示，2010年成都市地下水资源量约为27.12亿m$^3$，比多年平均地下水资源量32.93亿m$^3$下降了17.6%。成都市中心城区2010年地下水资源量约为0.4亿m$^3$，比多年平均地下水资源量0.49亿m$^3$下降了18.4%[③]。

# 二 构建城市雨洪管理机制，推动城市雨水利用设施建设

## （一）四川城镇防洪排涝基本情况

通常情况下，人们将降雨在地面、建筑物等单一小块下垫面产生的径流称为雨水；将降雨在城市区域的产流、管网汇流与河道行洪过程的径流称为雨洪；将江河流域中短时间内发生的水位急剧上涨的大流量水流称为洪水。

据2010年水利统计年鉴统计，全年已建各类堤防4274.4km，其中达标堤防2158.3km，占已建堤防的50.5%，保护人口1522.5万人，保护耕地860.4万亩。

① 《遂宁市水务局关于开展地下水管理条例立法调研工作的报告》，遂宁新闻网，2010年11月1日。

② 《四川城市水源环境仅成都等4城市100%自动监测》，《成都商报》2011年8月30日。

③ 《调查：市水务局数据显示 地下水位总体呈缓慢下降趋势》，《成都商报》2011年12月2日。

"五江一河"　　（岷江、沱江、涪江、嘉陵江、渠江和安宁河）共建堤防 1422.49km，其中堤防 1134.87km，护岸 287.62km。使大部分重要城市重要河段达到抗御 10～50 年一遇洪水标准。同时还修建了众多的洲坝救生高台；沿主要江河的 156 个县、市河段划定了"三线"水位（警戒水位、保证水位、管护范围水位）；完成了主要江河河段的防洪预案编制；加强了江河管理与河道清障。但主要江河及重要支流的治理任务仍很艰巨，四川省城镇防洪减灾存在的主要问题，一是重点城市没有形成完整、科学的防洪体系。四川有地处重要江河汇口的城镇达 60 余座，由于防洪工程投资不足，建设进展缓慢，已建成防洪工程尚未形成抗洪体系；未设防城镇较多，设防城镇的防洪标准也偏低。二是河道"三乱"（乱建、乱倒、乱占）现象严重。一些城镇未能按"三线"（警戒水位线、保证水位线、江河管理范围线）落实河道管理；有的城镇侵占河道现象十分严重，必然降低行洪能力；一些河段无序采沙、乱挖乱采，甚至靠近堤防采沙，威胁堤防安全，造成洪灾隐患；河道治理与规范采沙监管未能完全到位。三是人水争地矛盾突出。四川不少城镇沿江分布，随着城市不断扩大，涉水建筑物和构筑物不断增多，滨河路、桥梁等存在不同程度侵占河道或在河道狭窄处建设的问题，加剧了河道卡口，造成碍洪壅水，对防洪安全构成严重威胁。四是防汛信息与指挥系统不完善。近年重要城镇堤防防洪能力有所增强，但尚未形成防洪体系，加之水文站点、水情监测设施不足，洪水通信预警系统落后，一旦较大洪水发生，难以满足防洪抢险要求。五是有的城镇上游存在病险水库隐患，亟待除险加固[①]。

据四川省住房和城乡建设厅 2010 年 8 月组织的调查，四川相当部分城镇年年遭受洪涝灾害。多数沿江建设的城镇防洪设防标准低，如达州市、广安市虽按 20 年一遇洪水标准设防，近些年来由于气候变化和城市发展等因素，基本上每年都会遭受到较为严重的洪涝灾害。2010 年渠江流域"7·17"暴雨，发生特大洪灾，两岸城镇如达州市、广安市、万源市、渠县、宣汉县等城镇房屋部分被淹，城市设施毁坏严重，群众生命财产损失惨重（见参考资料 7-1）。

---

① 转摘自林凌、王道延主编《四川水利改革与发展》的"第七章　加强水利基础设施建设，提高防洪减灾能力"，2012 年 6 月 3 日。

〉〉〉 **参考资料 7 −1**

## 达州历史上最惨重的洪灾①

记者从四川达州防洪抗旱指挥部获悉,受 16 日开始的强降雨影响,达州市 7 个县(市、区)263 个乡镇不同程度受灾,受灾人口超过 370 万人,暴雨洪灾还造成 7 人死亡,23 人失踪,直接经济损失超过 40 亿元。请听中央台驻四川记者刘涛、贾立梁,达州台记者牟勇、谢玲、伍晓娟发来的报道:从昨天开始的强降雨天气一直持续到现在。预计今晚七时左右,洪峰会抵达达州城区。达州市气象局局长刘志刚接受记者采访时就说,这次降雨有可能会引发历史上最大的洪涝灾害:达州市南城一街道被淹……达州市河边一工厂被淹……

这次洪灾很有可能是我们达州历史上最惨重的一次洪灾,有可能超过我们历史上 2004 年 9·3 洪灾和 2005 年 7·8 特大洪灾。2004 年的 9·3 特大洪灾是我们达州历史上最惨重的洪灾,我们全城的三分之一都被淹了,死亡了 70 多人失踪了 10 多个。这一次降雨量很多地方密集度远远超过上两次。

达州市位于四川东北部,从 2003 年开始几乎每年都要遭受洪灾侵袭。尽管长期抗洪的达州人,这次早早做好了准备,但突发的洪灾还是打乱了他们的计划:达州市渠县、万源市、宣汉几个区县受灾比较严重,有多条道路、通信等基础设施被毁,其中受灾最严重的万源市,基本成为一座孤岛,到达万源市的铁路已经中断,抢通的公路也因不断的塌方多次中断。

达州市气象局局长刘志刚:尽管我们气象部门发布预告以后,我们市委市政府高度重视,提前两天就把全市所有的水库全部腾空了,在整个过程中一直没有灌水,但是上游的降雨量太大,上游的来水量大概是 12000 多立方米每秒,市委市政府正准备发防汛公告。洪灾致万源 5 死 21 失踪,手机信号全部中断。

调查认为,四川城市防洪排涝工作存在以下问题:一是城市防洪排涝投资远远跟不上城市发展的需要,四川每年的排涝设施投资占城市基础设施投资的比重不足 3%。许多城市排水沟、泻洪道等设施系多年前建设,排水标准低;随

---

① 《达州洪灾致 7 死 23 失踪》,国际在线,2010 年 7 月 18 日。

着城市建成区面积迅速扩大，排水系统建设滞后的问题更加凸显，降雨量稍偏大就造成内涝。统计显示，2001～2010 年四川城镇防洪工程投资总体呈下降趋势，特别是城市防洪工程投资下降幅度很大（见表 7－4）。这无疑是城市大发展的同时，城市洪涝灾害显得日益严重的重要原因。二是许多城市排水系统、管理方式还停留在多年前的运行管理模式。虽然每年从有限资金中提出一部分资金来清淤和完善排水系统设施，但都治标不治本，在规划和建设上没有形成完整规范的排水系统。三是城市建设注重地面设施建设，忽视地下设施建设，造成城市排涝系统建设滞后于城市的发展。城市排涝系统存在"先天不足"和后天保养不够的问题。许多城市的老城区排水管网混乱、管道严重老化，造成排水堵淤和排水不畅。四是在加快城市污水处理厂建设的同时，城市排水系统建设资金却严重不足，造成多数城市老城区没有按照雨污分流的要求进行建设。排水系统建设，因资金投入大、城市地下设施改造困难，加之老城区排水管道断面小，又是雨污合流形式，根本满足不了雨洪排放的要求。五是一些城市排涝系统位于平原城市和低洼地带，排水系统遇到停电时，根本无法操作。正常供电是解决平原城市内涝的重要保障，但在洪涝出现时往往因灾停电，应急能力建设滞后。六是城市排水系统维护资金严重不足，城市排水系统只能是哪儿坏修哪儿，许多城市没有按发展的需要，对排水系统进行全面改造[①]。

表 7－4　2001～2010 年四川城镇防洪工程投资情况

单位：亿元，%

| 项　　目 | 2001 年 | 2002 年 | 2003 年 | 2004 年 | 2005 年 | 2006 年 | 2007 年 | 2008 年 | 2009 年 | 2010 年 | 年增长率 | 总增长率 |
|---|---|---|---|---|---|---|---|---|---|---|---|---|
| 城　　市 | 4.39 | 9.92 | 18.26 | 5.30 | 1.93 | 3.47 | 1.15 | 1.05 | 3.04 | 2.00 | －8.4 | －54 |
| 县　　城 | 1.50 | 0.87 | 1.84 | 2.05 | 1.19 | 0.97 | 1.07 | 2.77 | 1.76 | 3.54 | 10 | 136 |
| 合　　计 | 5.89 | 10.79 | 20.10 | 7.35 | 3.12 | 4.44 | 2.22 | 3.82 | 4.80 | 5.54 | －0.7 | －5.9 |

资料来源：四川省住房和城乡建设厅提供，2011 年 11 月。

　　针对四川近些年来城镇洪涝灾害日趋加重的严峻形势，四川省水利部门抓紧开展了流域防洪规划，其中《四川省渠江流域防洪规划》已获水利部批复。根据

---

[①]　纪胜军：《四川调研城镇防洪排涝情况》，《中国建设报》2010 年 8 月 13 日。

该项规划，到 2030 年整治渠江将投资 310 亿元，其中"十二五"期间投资 120 亿元。规划实施后，巴中、达州、广安的城市防洪标准达到 50 年一遇以上，县级城市防洪标准达到 20 年一遇以上，乡、镇的防洪标准达到 10 年至 20 年一遇，达到国家规定的防洪标准。通过防洪项目的综合作用，加上汛期合理调度，能够抵御 2001 年以来所发生的大洪水[1]。与此同时，四川省水利部门正抓紧完善主要江河流域防洪规划，将"六江一干"（岷江、沱江、涪江、嘉陵江、渠江、雅砻江和长江上游干流）及 3000 锋以上的重要支流规划成果上报水利部，并要求各市、州会同县、区抓紧编制完善所在市、州河段的防洪规划，按轻重缓急积极做好"六江一干"和中小河流项目前期工作，为开展重点河段堤防工程前期工作提供规划依据。南充市加快完善嘉陵江防洪体系，已编制完成嘉陵江南充段的防洪规划修编工作。四川省要求，"十二五"期间地级城市及重要县城基本达到国家规定的防洪标准[2]。成都市要求锦江、青羊、金牛、武侯、成华区范围内的河道，2030 年前应防 70 年一遇的洪水，2030 年后应防 200 年一遇的洪水；上述五城区以外的区、市、县政府所在地，以及市水务局确定的防洪重点镇的河道，应防 20 年至 50 年一遇的洪水；其他地区的河道，应防 10 年至 20 年一遇的洪水[3]。

（二）改变单纯"排涝"的传统观念

有效防御城镇洪涝灾害，更为重要的是改变传统观念。在传统观念中，人们对城市雨洪的认识存在误区。在城市建设中，仅采取建设排水管网、完善排水系统、改善水力条件等工程措施，以"尽快排出"为原则，将雨水排入河道，这就是单纯"排涝"的传统观念。单纯采取"排涝"措施，阻断了雨水入渗地下的通道，城市雨洪只能通过城市排水工程排出城市，不仅增加了城市应对雨洪灾害的脆弱性，更是增加了汇流的水力效率，导致径流量和洪峰流量加大，反而成为城市雨洪灾害的根源。现代城市生命线系统的中枢作用日益增强，城

---

① 《渠江流域防洪规划获部省批复　到 2030 年将投资 310 亿元》，《四川日报》2012 年 3 月 27 日。

② 权燕：《开拓进取　真抓实干　全力推进水利规划计划工作再上新台阶》，四川省水利网，2011 年 2 月 28 日。

③ 《成都市〈中华人民共和国河道管理条例〉实施办法》，2006 年 6 月 8 日，成都市人大常委会修订；2006 年 9 月 21 日，四川省人大常委会批准。

市运行呈现出对其高度的依赖性。城市开发强度越大，雨洪灾害对地下设施、交通、供水、供气、供电、信息等系统造成的损失越大；一旦遭受洪涝袭击，损失影响范围还远远超出受淹范围，间接损失甚至超过直接损失。而且，城市的人口和资产密度越高，雨洪灾害造成的损失也越大。因此，现代城市面对雨洪灾害显得越来越脆弱。同时，城市不透水面积不断扩张，使得城市雨水的地表入渗量不断减小，城市地下水补给量也不断减小，地下水位不断下降，城市河流的基流量不断减少，城市水生态环境不断恶化，形成恶性循环的状态。结果，城市花很大代价千方百计将雨洪排走，浪费了大量淡水资源，却又面临严重水资源短缺的尴尬现象。正由于传统上没有"城市雨洪管理"的概念，按要求在城市规划或水专项规划中，一般都编制城市排水工程规划和城市防洪排涝规划，很少有城市编制雨水利用规划，更少有城市编制城市雨洪管理规划。从一些城市的《防汛应急预案》还可以看出，现行城市防洪排涝的管理手段比较落后。目前的管理手段是以临时决策、应急管理为主，缺乏整体、综合、系统的管理和超前管理，缺乏对暴雨和城市排水系统的准确模拟和积滞水预报预警智能化、数字化、信息化的应用。雨水管网信息以个人记忆、图纸标记、CAD存储为主，很少利用GIS进行管理。正是这种管理现状使得许多雨水管网的位置、高程、淤堵状况等信息不清，出现问题只能临时应付、被动解决[1]。总之，传统上应对城市雨洪的理念及其技术手段，从规划、建设、管理上都显得十分落后，不能适应现代城市发展的需要。近年来，四川一些城市与全国各地一样，在暴雨来到时，多次出现严重内涝的情况（见参考资料7-2）。

>>> **参考资料 7-2**

### 成都暴雨倾城　引发内涝　交通瘫痪[2]

据四川省气象台介绍，2日晚上以来，四川绵阳、德阳、成都、雅安、乐山等地出现了暴雨，个别地方雨量达到100毫米以上。

---

① 吴海瑾、翟国方：《我国城市雨洪管理及资源化利用研究》，《现代城市研究》2012年第1期。

② 《泥石流袭击四川　成都遭遇水淹》，中国天气网—综合，2011年7月4日。

*成都雨势凶猛　气象台一日两次发布暴雨橙色预警*

成都市出现强降水天气，部分地方出现暴雨，个别地方出现大暴雨，并伴有雷暴。强降水造成成都市区个别地方出现了积水。据监测，昨日成都市区大部分地方的降雨只维持在 14 到 19 时。不过，在这 5 个小时的时间里，成都已经创造了今年单日降水最多的纪录。根据加密雨量站资料统计，昨日 14~19 时，成都市区共出现 21 站暴雨，其中最大降水出现在成都市区的武侯区的国税局自动站采集点，雨量为 215.9 毫米，达到大暴雨级别。这个数字已经远远超过 5 月份的日降水纪录。据了解，针对这次暴雨，四川省气象局于 1 日下午提前进入应急气象服务状态，加强了监测预报预警工作。四川省气象台分别于 7 月 1 日 12 时、2 日 17 时发布暴雨蓝色预警，昨日 16 时发布 16 号暴雨橙色预警信号，昨日 20 时 15 分发布 17 号暴雨橙色预警信号，这也是成都今年首次一日两次发布暴雨橙色预警。

*成都暴雨倾城　交通大瘫痪*

成都暴雨倾城，引发严重内涝，交通大瘫痪。晚上 10 时，在成都街头见到，不少地方仍大量积水，暴雨造成的大范围交通拥堵现象还没有缓解。在成都南二环路附近，汽车排成几公里的长龙。"平时我开车最多五分钟就到的地方，今天开了一个多小时还没到！"成都市民张先生干脆将汽车熄火，停在路边等待。

这场暴雨，让成都成为泽国，城区内上百处低洼之处，积水至人膝部，达半米之深，到处可见汽车泡在水里无法走动。

另外，从双流国际机场获悉，截至昨天下午 6 时，国航 124 个航班中有 47 个航班受到影响，约 5000 乘客滞留机场。

*两市民水中行走时被电击身亡*

据《华西都市报》报道，昨天的暴雨造成两市民水中行走时被电击身亡。昨日下午，成都遭遇了一场连续数小时的暴雨，市区多个地段被大水淹没。下午 5 时，衣冠庙一带的水已没过膝盖。6 时左右，在洗面桥街 14 号前，两位市民从水中经过时，不幸被电击倒身亡。

## （三）城市雨洪管理与雨水利用的理念

西方发达国家从 20 世纪七八十年代起，开始对雨水径流污染控制和城市雨水资源利用技术进行研究，在住宅小区和部分城市的排水区采取收集、利用、下渗等措施对建筑及周围地面所产生的径流进行管理（见图 7 - 1）。实践证明，住宅小区雨水利用工程对 5 年重现期以下的降雨径流有很好的控制和利用效果。然而，城市积滞水往往是超标准降雨所致，必须从下垫面产流、管网汇流、河道行洪的整个过程进行系统、全面的雨洪管理，才能根本解决汛期城市积滞水和雨水资源的流失问题。因此，人们开始将研究重点转移到城市化地区以降雨产流、管网汇流、河道行洪为对象的管理过程，即城市雨洪管理[①]。目前，部分国内城市，如北京、天津、上海、深圳等，借鉴发达国家城市雨洪管理的理念和技术，相继开展了对城市雨洪管理和雨水综合利用的研究和应用，取得了较好进展。据了解，四川省在城市雨洪管理和雨水综合利用方面起步较晚，总体上处于比较落后的状态。

**图 7 - 1　美国西雅图市可持续雨水管理系统**

资料来源：《西雅图利用欧特克解决方案设计城市排水系统》，水世界网，2011 年 4 月 26 日。

城市雨洪管理涉及城市管理的诸多领域，是一项复杂的系统工程。城市政府应通过城市雨洪规划、政策法规规范、技术支撑体系等几个方面，构建城市雨洪管理机制。

---

① 潘安君、张书函、孟庆义、陈建刚：《北京城市雨洪管理初步构想》，《中国给水排水》第 25 卷第 22 期。

### （四）城市雨洪控制和雨水利用规划

在编制城市总体规划和水专项规划过程中，应把城市雨洪管理和资源化利用放在重要位置加以重视，制定城市雨洪控制和利用规划，并在城市各层次的规划中贯穿雨洪管理的内容。在规划中应有雨洪控制的指标，如绿化覆盖率、下垫面透水率、水域面积等，充分考虑雨洪的积蓄和利用，并对城市降雨引起的雨洪灾害进行风险分析，绘制风险图作为城市规划和城市雨洪管理的基本依据[①]。规划中还应考虑初期雨水的收集和处理。初期雨水一般是指降雨后的前15分钟的雨水，其污染属于非点源污染，具有突发性和非连续性。初期雨水中的污染物负荷相当高且难以控制，已严重超出直接排放水体的标准。目前国际上已把城市降雨径流产生的污染列为河流、湖泊污染的第三大面源污染源。因此，在城市雨洪规划中应对初期雨水的收集处理设施做出规划[②]。按城市建设用地适宜性评价，城市雨洪利用规划可分为：一是城市建设区雨洪利用规划，主要包括城市规划区内的城市建成区和适建区范围；二是城市生态保护区雨洪利用规划，主要包括城市规划区内的城市禁建区、限建区范围和城市的部分郊区；三是城市水系雨洪利用规划，其中重点是城市建设区雨洪利用规划。由于四川的多数城市全年降雨很不均匀，雨洪收集调蓄利用较困难；且城市建设区雨水污染严重，雨洪调蓄的水质难以保证；加之城市建设区的地下空间和建设用地紧张，这都影响城市建设区雨洪的直接利用。因此，四川的多数城市建设区雨洪利用规划应以"间接利用为主，直接利用为辅"作为雨洪利用的基本原则。根据国内有的城市的降雨记录分析，绿地率为25%的城市建设区各类用地采用雨洪绿地入渗技术，可截留入渗年降雨量的70%以上，即雨量综合径流数将小于0.30，可削减城市面源污染保守估计达到50%以上。雨洪间接利用为主，还有利于改善城市建设区地下水位下降状况，防治城市地面沉降。城市建设区雨洪利用规划的成果，总的要求是以"各类用地在建设前后雨水洪峰流量不增加"为原则，提出各类用地的雨洪利用指引（包括强制性和指导性内容）。为

---

① 吴海瑾、翟国方：《我国城市雨洪管理及资源化利用研究》，《现代城市研究》2012年第1期。

② 高湘、王国栋、张明：《浅谈规划中的城市雨洪利用》，《山西建筑》第34卷第26期。

方便城市规划管理，还需提出控制各类建设用地的流量径流系数，使建设后综合径流系数不大于建设前该用地的综合系数。如果按指引设计一定面积的雨水下渗垫面，综合径流系数仍达不到要求的，则按《建筑与小区雨水利用工程技术规范》增设调蓄排放设施，以达到建设前后雨水洪峰流量不增加的目的。城市生态保护区雨洪利用规划，在雨水水质基本无污染的前提下，应以"直接利用为主，间接利用为辅"作为雨洪利用的基本原则，充分利用现有水库、湖泊、塘堰、湿地等水体（见图7-2）。在满足农业用水和维护河流生态的基流的基础上，可新建集雨水库或调蓄水库，加大丰水年及平水年的蓄水调节能力，增加城市生态保护区的雨洪利用量，进一步改善城市生态环境，并提高城市供水水源的安全度。城市水系雨洪利用规划，需经水系生态修复，水质达到水环境功能区标准后，方可通过河水的提升进行雨洪直接利用[①]。

**图7-2 充分利用现有池塘和湿地调蓄雨洪**

资料来源：陆强摄于美国得克萨斯州科里奇市，2007年12月17日。

## （五）制定城市雨洪管理和雨水利用法规

为了合理并充分利用雨洪资源，四川应借鉴发达国家和国内先进城市的经验，尽早制定有关城市雨洪利用的政策法规，规范城市雨洪利用和滞纳雨洪设施的建

---

① 俞绍武、任心欣、王国栋：《南方沿海城市雨洪利用规划的探讨——以深圳市雨洪利用规划为例》，《城市规划和科学发展——2009年中国城市规划论文集》，2009，第4381~4384页。

设。目前住房和城乡建设部以及部分国内城市已经制定了雨水利用的法规，为城市雨水利用打下了基础。如国内有城市制定的《城市雨水收集利用规定》，要求符合下列条件之一的建设工程项目，应按"三同时"的要求配套建设雨水收集利用设施：①民用建筑、工业建筑的建筑物占地与路面硬化面积之和在 1500m² 以上的建设工程项目；②总用地面积在 2000m² 以上的公园、广场、绿地等市政工程项目；③城市道路及高架桥等市政工程项目。并要求符合上述条件的已建成的民用建筑、工业建筑、住宅小区，以及公园、广场、绿地、城市道路、高架桥等设施，具备建设场地条件的，应按照上述要求逐步补建雨水收集利用设施；主管部门要负责督促或组织补建雨水收集利用设施。要求雨水收集利用应因地制宜地考虑储存直接利用、入渗回补地下水或综合利用：①地面硬化利用类型为建筑物屋顶，其雨水应当集中引入储水设施处理后利用，或者引入地面透水区域，如绿地、透水路面等进行蓄渗回补；②地面硬化利用类型为庭院、广场、停车场、公园、人行道、步行街等工程，应当首先选用透水材料铺装，或建设汇流设施将雨水引入透水区域入渗回补，或引入储水设施处理利用；③地面硬化利用类型为城市道路及高架桥等设施，其路面雨水应当结合沿线的绿化灌溉，建设雨水收集利用设施。雨水收集利用系统在满足收集、处理、储存回用和入渗的基础上，还应当考虑调蓄排放功能，削减雨水洪峰径流量。景观、循环水池等应合并建设雨水储存利用设施；绿地应建设雨水滞留设施。用于滞留雨水的绿地应低于周围路面 50～100mm；设在绿地内的雨水口，其顶面标高应当高于绿地 20～50mm 等[①]。这些规定值得四川省在制定相应法规时参考。同时，还应研究制定相关政策，推动雨洪利用配套设备的研发和产业化，诸如雨水收集设备、初期径流弃除设备、雨水过滤设备、雨水净化设备、雨水下渗设备、雨水存储设备、流量控制设备、蓄水池的自动冲洗设备、雨水与再生水联合使用的自动转换设备等。研究制定雨洪利用实施后的防洪费减免政策，以及鼓励开发商或业主主动实施雨洪利用的政策等[②]。

根据四川的实际情况，还需尽快修订有关雨洪管理和雨水利用的相关规范

---

① 摘自《昆明城市雨水收集利用规定》，2009 年 9 月 22 日。

② 《什么是城市雨洪管理模式？》，天涯问答，2009 年 10 月 11 日。

和标准，包括建筑工程、排水工程、道路工程、绿地建设等。修订的原则是充分利用低影响开发技术[1]，更多采用生物滞留设施、绿色屋顶、透水路面、植草沟以及其他小型辅助设施，减少开发场地的不透水道路和地面、排水沟、排水管道等设施的使用[2]。尽量做到所有建设项目都能采用保护或兴建绿地和湿地、铺设透水铺装、改进地形设计等措施，使项目建成前后雨水径流量没有变化，或在建设项目场地内实现雨水"零排放"。低影响开发技术，对暴雨产生径流的源头控制，减缓洪峰，以及提高地下水位、防治地面沉降、改善城市生态环境，效果都很明显。因此，对有关规范和标准做相应修订或调整很有必要。

（六）构建城市雨洪管理技术支撑体系

四川的大、中城市还应逐步建设城市雨洪管理的技术支撑体系。完善的城市雨洪管理技术支撑体系包括四个方面：一是城区降雨过程精细化预报技术。融合地面气象站观测、雷达测雨、中尺度天气模式模拟结果等，探索利用目前密集覆盖城区的微波网络预报和监测降雨的技术，捕捉发生暴雨的征兆，提前 2~3 个小时准确预报城区降雨的雨强、范围、中心区位置、历时和重点影响范围等。二是基于网络的模拟数据库构建与快速更新技术。利用卫星遥感、航拍和 GPS 等手段，动态获取城区下垫面信息和对中心城区不同形式下垫面（包括建筑物、构筑物、水系、立交桥、绿地、地下管线等）精细刻画与快速录入数据库的技术，从而及时准确地反映出城市微地形、各种下垫面分布及其质地、坡度、坡向、标高等特性的变化，研究快速获取地下管线位置、高程、管径、材质、淤堵状况等信息的探测与监测技术。三是多比尺城区降雨产汇流与调控过程耦合模拟技术。包括城区下垫面多比尺产汇流模拟技术、雨水管网水流及其调控模拟技术、城区河

---

① 低影响开发技术（Low – Impact Development，LID），又译为低冲击开发技术，是发达国家新兴的城市规划概念。其基本内涵是通过有效的水文设计，综合采用入渗、过滤、蒸发和蓄流等方式减少径流排水量，使城市开发区域的水文功能尽量接近开发之前的状况。低影响开发的初始原理是通过分散的小规模的源头控制机制和设计技术，来达到对暴雨所产生的径流和污染的控制，从而使开发区域尽量接近于开发前的自然水文循环状态。这是一种以生态系统为基础，从径流源头开始的暴雨管理方法。

② 刘保莉、曹文志：《可持续雨洪管理新策略——低影响开发雨洪管理》，《太原师范学院学报》（自然科学版）第 8 卷第 2 期。

湖水系水流调控技术等。可按不同精度模拟城区地表降雨产汇流过程的计算模型，包括用于计算屋面、绿地、透水铺装地面、不透水铺装地面、机动车道等各类型地表净雨产生量和全过程的地表净雨计算模块，以及用于模拟各类地表雨水径流的形成和汇集到雨水口过程的地表汇流模块。建立能适应现状复杂多变的河道断面形式的河湖水力学计算模型，计算各种来水和出流条件下（包括河道的渗漏）的河道水流流量、水位。开发河道水工建筑物计算模型，计算河道上各类闸、坝、堰等水工建筑物的水流状态。耦合形成通过调节河湖水工建筑物工况参数来控制河道水位、流量的计算模型。四是基于风险决策的城区雨洪智能管理技术。构建针对不同雨洪积滞水状况、不同管道与河道调度方案的成灾影响分析模型，建立城区雨水管网与河湖水系的风险调控模型和城区雨洪管理决策支持模型，建立模拟结果后处理与立体动态演示系统和对系统效果进行评价的指标和方法体系，集成完整的城区智能雨洪管理与决策系统[1]。在技术支撑体系的保障下，需进一步完善应对城市雨洪的应急机制。应根据精细化预报技术进一步完善预警机制，提前组织有关部门进行预安排，如疏通管线、调度交通等；同时，通过媒体及时向公众发布预警信息，提醒人们调整出行、避让暴雨，避免或缓解交通瘫痪或排水不畅的困境发生。还应根据智能雨洪管理与决策系统修订应急预案，建设反应迅速、组织科学、运转高效的应急机制，并把应急机制纳入政府工作体系和城市的日常管理之中（见参考资料 7 – 3）。

>>> **参考资料 7 – 3**

## 成都公布易涝地图[2]

成都市防汛办 13 日透露，《中心城区低洼易淹地区调查报告》（以下简称《报告》）已经出炉，截至 2009 年底，成都全市共有 61 处易淹易涝地区，其中 21 处将于今年整治完毕，其余每处都有防汛应急预案。据悉，这是迄今为止成都市最为全面准确的易涝区分布图。

---

① 吴海瑾、翟国方：《我国城市雨洪管理及资源化利用研究》，《现代城市研究》2012 年第 1 期。

② 《成都公布易涝地图　中小学开展防汛演练》，《成都商报》2010 年 5 月 14 日。

地图出炉　61 处易淹区涉及 7.33 万人

四川新闻网报道，此次调查的范围是中心城区绕城高速以内 598km² 区域，共有 61 处低洼易淹地区。其中武侯区 23 处，成华区 18 处，金牛区 9 处，青羊区 5 处，高新区 4 处，锦江区 2 处。低洼易淹区总面积 247 万 m²，涉及总住户 2 万户，经营户 72 户，企业 30 家，人口约 7.33 万人。

《报告》由市防汛办组织五城区和高新区防汛办公室、市排水处和市水利电力勘测设计院等单位调查并制作。市防汛办负责人介绍，这是迄今为止成都市最为全面准确的中心城区易涝区调查报告，除详细标明了所属区、易涝区名称位置、易淹范围之外，还将历史淹没情况也进行了调查。更为重要的是，调查报告单列了淹没成因分析，每一处都制定了防汛应急方案和整治措施建议，并落实了牵头负责单位。根据成都中心城区 2010 年低洼易淹地区整治项目计划，今年共有 21 处将被整治，整治措施包括小流域治理、雨污分流、彻底疏掏排洪河等。

易涝原因　中小河道排洪低洼地水塘被填占

成都市防汛办负责人介绍，近几年来成都下了大力气整治城市易淹易涝区，包括雨污分流、管道改造等，城市防洪能力得以明显提高，但随着城市不断发展，新的问题也随之出现。首先是河道的防洪能力。成都市通过持续的防洪工程建设，三环路以内主要河道的防洪标准已达到 100 年一遇，府河、南河、沙河 3 条主要河道已达到 200 年一遇，其余小河道也达到 50 年一遇。但随着城市的扩大，原来的城郊结合部变成了市区，这些地方对局部区域洪涝的排泄起着重要的作用，但许多中小河道没有达到防洪标准，排水能力较低，影响了两岸区间降雨和上游来水的下泄。由于城市建城区面积的扩大和建筑物的增多，原本具有自然蓄水调峰错峰功能的洼地、渠道、坑塘等被人为填筑，一些河道被覆盖，市区内不透水面积大量增加，减少了雨水的调蓄分流功能，降低了自然渗水的功能，增加了城市排水设施及河流排洪负担，容易引起内涝。成都市防汛办负责人告诉记者，由于一些项目建设和基础设施建设不配套，往往项目建设快过基础设施建设，新建项目排水就成了问题，造成新的易淹易涝点。

应对措施　拉网排查疏掏防汛责任到人

为了应对不期而至的暴雨，成都市防汛办前日再次召集成都市水务局排水、水域和中心城区各区防汛办等部门负责人专门召开城市内涝工作会，要求在本月底前对城区所有下穿隧道、水箅子、雨污井盖再次进行拉网检查，疏掏、整治措施在主汛期到来之前基本完成。防汛办负责人表示，近几年城市防汛能力得到了提高，防洪排涝设施、建筑物都按照一定的防洪标准修建，只要在这个标准内的降水、洪水都能应付，而超过设计标准就要采取应急措施。市防汛办要求，各街道、社区，特别是易淹易涝区域要落实防汛责任人，畅通信息传送渠道，并将防汛物资如抽水泵、沙袋、泥土等准备到位，并组织专门的抢险队伍，遇到险情能组织得起来，并做好最坏的打算，制定组织转移路线和方案。

易淹区分区简况

武侯区23处：主要分布在人民南路三段东西两边的老住宅及黄堰河附近；成华区18处：主要分布在方家河附近及旧城区等；金牛区9处：二环路以内的低洼易淹区多为20世纪70年代前建成的老旧房；青羊区5处：主要分布在内环路以内和三环路以外等；高新区4处：主要分布在高新区二环路以内肖家河沿街、玉林中路、兴蓉巷等；锦江区2处：三环路以外红砂村片区等。

以城市雨洪管理规划做指引，以城市雨洪管理法规、规范做基础，以城市雨洪管理技术支撑体系做保障，构建城市雨洪管理系统，形成正常持续运行机制，才能实现城市雨洪管理的防洪减灾、利用雨洪、改善环境三大目标。

# 三 保障城市生态环境用水，促进城市水系生态修复

## （一）城市水系生态修复的意义

城市水系，是指自然形成和人工开挖的流经城市区域的河流、小溪、渠道、运河，以及市区的湖泊、池塘、湿地、水库等构成的城市水网系统。

成都中心城区（外环路以内）的主要干流河道有5条，分别为府河、清水河、江安河、东风渠和毗河，其余河流均为这5条河道的一级支流、二级支流和三级支流，共50~80条（成都市有关部门的统计数不一致），共同组成了成都中心城区的河网水系。世界上许多城市的形成和发展，都与江河水系有着密切的关

系，四川的许多城市也不例外。城市水系在城市发展历程中，为城市提供过供水水源、水生生物资源、水运交通、环境净化、气候调节、风景观光、文化娱乐、体育休闲等多种生态服务，以其自然、社会、经济价值推动了城市的发展。与大江大河不同，一般城市水系的河流较小，已成为城市空间的有机组成部分，与城市居民物质文化生活的联系十分密切。但与大江大河相比，城市水系受人类社会经济活动的负面影响更为严重，导致目前城市水系大多生态功能退化，有的甚至几乎完全丧失生态功能。随着现代城市的发展，城市水系的经济功能下降，但其生态功能却日益上升，而且越来越重要。城市水系的生态修复，对城市生态环境的改善、市民生活质量的提高、城市文明内涵的保育都具有非常重要的意义，已成为现代城市发展到建设生态城市阶段的一项不容回避的重要任务，急需提到日程上来进行治理（见参考资料7-4）。

### >>> 参考资料 7-4

### 成都今年挂牌治理臭水河[①]

成都今年挂牌治理8条臭水河

《华西都市报》讯（记者　刘鹏）记者昨日从成都市环保局获悉，为切实改善中心城区水环境质量，今年成都将挂牌治理包括凤凰河、鸡头河等中心城区8条小流域，涉及10个区（市）、县，计划用最长1年的时间让其水质达到地表水Ⅳ~Ⅴ类，而逾期未完成治理的，将实行流域限批，包括禁止楼盘开发等，同时还将被经济处罚。

通过前期的摸底和研究，成都市环保局确定的8条小流域治理名单包括：凤凰河、陡沟河、苏坡支渠、高攀河、老锦水河、鸡头河、九道堰、秀水河等。成都市环保局相关负责人告诉记者，首批确定的挂牌整治的河流多处于城郊结合部，都有共性，比如河水呈现黑臭现象，水质都为劣Ⅴ类。

成都市环保局将首先进行污染源排查，对沿河的污染源进行治理，包括违法排污企业和非法小作坊等。在此基础上，完善配套流域周边的污水管网，让一些

---

[①] 《成都今年挂牌治理8条臭水河》，《华西都市报》2012年5月31日，第6版；谢璐：《投资3500万元　成都金牛区年内治理19条河道》，《华西都市报》2012年5月22日，第4版。

污染大户所排放的污水进入污水管网，集中收集处理。计划用最长 1 年的时间，让这些小流域水质达到地表水 IV ～ V 类的目标，最大限度地减少中心城区水环境污染。

为给挂牌整治小流域套上"紧箍咒"，成都市环保局将对逾期没有完成治理的小流域涉及区（市）先进行流域限批，即限制该流域范围内再新建涉水项目，包括房地产项目等。市环保局相关负责人解释说，这些新上项目会加重水体的污染，因此在流域水质没有实现新的改善前提下，涉水项目一律不予审批。

除了流域限批之外，没有达到治理目标的小流域所涉及的区（市）、县，还将被实施经济处罚，按成都市已实行的水质断面缴扣制度进行资金缴扣。

投资 3500 万元　成都金牛区年内治理 19 条河道

《华西都市报》讯（作者　谢璐；记者　王丹）昨日，《华西都市报》记者从金牛区建交局获悉，金牛区将实施"北改"水环境整治工程。2012 年，金牛区计划投资 3500 多万元，实施府河、驷马河、凤凰河、饮马河、西郊河、茅草堰等 19 条河道 117 个下河排污口整治。同时，完成凤凰河二沟污水处理厂设备维护及更新，完成国际商贸城规划渠系改造工程、茅草堰（华侨城段）规划渠系建设，消除该区域的防汛隐患及解决环境输水问题。"北改"期间，金牛区计划投入上亿元对全区水环境进行全面治理。

据悉，金牛区有流经省管干渠 4 条、区管中小河道 20 条，有调节水闸 13 座。河道污染严重，近几年，金牛区已投入资金 6000 万元进行整治。未来 5 年，金牛区"北改"水环境整治工程将对全区河道进行全面水环境整治。

（二）城市水系生态修复的目标

城市水系生态修复应达到四个目标。一是水量目标：要求城市水系一年四季常年有水，水流量能维持其基本的生态服务功能。二是水质目标：要求城市水系中流动的水是能达到水环境功能区水质标准的清洁水，适于水生生物和岸边动植物的生长。三是生态目标：城市水系的生态功能主要体现在生物多样性上，有一定的水深和水面宽度，适宜的流速和温度，水体和岸边的生境多样性能为多种水生生物或两栖动植物提供栖息条件。四是景观目标：城市水系景观优美，城市水文化遗产得到保护和展现，成为市民亲水戏水、休闲游憩的好场所①（见图7－3）。

**图7－3 成都活水公园生态河岸景观**

资料来源：陆强摄于2007年3月25日。

### （三）流域综合治理与城市水系生态修复

城市水系生态修复规划，是实施城市水系生态修复任务的先行工作。城市水系生态修复规划，不是前述城市供排水工程专项规划（"城市水专项规划"）的组成部分，而是城市水系所在流域的河流生态修复规划的组成部分。因为，河流生态修复规划的尺度应是流域。换言之，应该以流域为空间单位制定河流修复规划，而不是以区域或河段为单位。所谓流域，在水文学中指的是地面分水线包围的汇集降落在其中的雨水流至出口的区域。流域是水文学的最重要的地理单元。在流域内进行着水文循环的完整动态过程，包括植被截留、积雪融化、地表产流、河道汇流、地表水与地下水交换、蒸发等过程。我们关心的河流生态修复问题，应着眼于河流生态系统结构及功能的整体改善和恢复，应该在大的景观尺度上进行

① 郑连生：《"十二五"规划应科学安排环境用水》，《科学时报》2010年4月27日。

规划。实际上，动植物种群也常以流域或子流域分类划分，以流域作为尺度进行河流生态修复规划更能反映生态学规律。与此相反，如果针对区域或河段做河流生态修复规划，不仅忽视了河流上下游、左右岸之间的紧密关系，而且也忽视了以河流廊道为纽带、以流域为基质的生态景观的基本特征。我国目前在局部范围实施了某些生物治污技术，或在河岸、湖岸带种植植物等，这些措施在流域尺度内往往事倍功半，造成资金和人力资源的浪费。究其原因，一是项目区的空间尺度太小，二是单纯技术开发、缺乏综合措施。改进的方法是先从流域的大尺度的水资源的合理配置着手，继而制定流域范围内的污染控制总体方案，在此基础上制定流域尺度的河流湖泊生态总体修复规划，在规划的指导下开展项目区工程示范①。从图7-4就可以看出，如果自贡市制定并实施城市水系生态修复规划，必须在釜溪河流域生态修复规划的统一实施过程中，才可能逐步取得成效。

城市水系的生态修复，首要的是城市水系的污染治理问题。虽然城市污水处理和城市非点源污染的治理，本书前面有关章节已做过初步讨论，但是四川省一些城市的污水处理厂覆盖率和污水处理率都达到相当水平后，城市水系生态环境状况并没有得到明显改善（见参考资料7-5）。正如《国家科技重大专项：水体污染控制与治理实施方案》（以下简称"国家水专项"）所指出的，虽然不少地方政府实施了多条河流水环境整治，但由于实施的工程规模较小，没有开展综合整治，水质改善不明显。只有以河

**图7-4　四川省沱江支流釜溪河流域**

资料来源：自贡市防灾减灾综合信息网。

①　董哲仁：《试论河流生态修复规划的原则》，《中国水利》2006年第13期。

流为载体，统筹流域内各行政区的水污染治理，做到上下游、左右岸协调，才能实现河流水环境质量的整体改善，促使流域整体水生态环境向良性循环方向发展[1]。"国家水专项"选择了松花江、辽河、海河、淮河等四个流域作为研究示范区，形成在不同发展阶段条件下我国不同地域河流污染防治和综合治理的技术体系，为我国河流水污染控制与管理提供技术支撑。我们建议，四川省有关部门应在充分消化运用"国家水专项"已取得成果的基础上，结合四川省实际，加大四川省河流污染防治和综合治理技术体系的研发投入，统筹四川的"水专项"子课题和其他有关水污染防治的科研课题，将相关课题优化组合形成"课题链"，进一步选择如釜溪河等若干污染严重的河流作为研究示范区，才可能从根本上逐步实现四川省河流水环境质量的整体改善，促使流域整体水生态环境向良性循环方向发展。

>>> 参考资料 7-5

## 2011 年自贡地表水水质监测结果[2]

自贡市环境监测站 2011 年地表水水质监测结果（摘要）

釜溪河水系监测结果表明，釜溪河水系 8 个断面均未达到国家规定水域标准。

1. 威远河入境廖家堰断面　2011 年水质未达到国家规定Ⅲ类水质标准，实测类别为劣Ⅴ类。今年监测项目二十八项，有十项超标，项目超标率达到 35.7%。主要污染物为化学需氧量、生化需氧量、高锰酸盐指数、氨氮、溶解氧、氟化物、石油类、总磷。与 2010 年比较，污染物浓度值和种类基本持平，属劣Ⅴ类，重度污染。

2. 威远河麻柳湾断面　2011 年监测项目十二项，监测日期分别为 3 月、8 月、11 月，有七项超标。其中氨氮、化学需氧量、高锰酸盐指数、生化需氧量、溶解氧，项目超标率达到 41.7%。属劣Ⅴ类，重度污染。

---

①　国家水体污染控制与治理科技重大专项领导小组：《国家科技重大专项：水体污染控制与治理实施方案》（公开版），2008 年 12 月。

②　摘自自贡市环境保护局《自贡市 2011 年地表水水质年报》，2011 年 3 月。

### 威远河主要污染物达标情况（达标率）

单位:%

| 断面名称 | 溶解氧 | CODmn | BOD | 氨氮 | 石油类 | CODcr | 总磷 | 总氮 | 氟化物 | 粪大肠菌 |
|---|---|---|---|---|---|---|---|---|---|---|
| 廖家堰 | 8.3 | 16.7 | 0 | 0 | 66.7 | 0 | 0 | 0 | 8.3 | 0 |
| 麻柳湾 | 33.3 | 0 | 0 | 0 | 100 | 0 | — | — | — | — |

3. 旭水河雷公滩断面 全年监测十二项指标中，有六项指标存在不同程度的超标，项目超标率为50.0%。其中生化需氧量、化学需氧量、氨氮、溶解氧、高锰酸盐指数、石油类超标。实测水质属劣Ⅴ类。

4. 长土河断面 全年监测十二项指标中，有五项指标存在不同程度的超标，项目超标率为41.7%。其中，生化需氧量、化学需氧量、高锰酸盐指数、溶解氧、氨氮超标。

### 旭水河主要污染物达标情况（达标率）

单位:%

| 断面名称 | 溶解氧 | CODmn | BOD | 氨氮 | 石油类 | CODcr |
|---|---|---|---|---|---|---|
| 长土河 | 58.3 | 33.3 | 8.3 | 75.0 | 100 | 8.3 |
| 雷公滩 | 8.3 | 8.3 | 0 | 8.3 | 58.3 | 0 |

5. 釜溪河双河口断面 全年水质监测指标二十八项，有十项指标存在不同程度的超标。项目超标率达到35.7%。其中，总磷、氨氮、生化需氧量、溶解氧、氟化物、高锰酸盐指数、化学需氧量超标。全年水质污染指标与去年持平，水质为Ⅳ～劣Ⅴ类，属重度污染。

6. 碳研所断面 全年水质监测二十八项指标，有十项指标超标，项目超标率达到35.7%。水质实测类别属劣Ⅴ类。超标项目分别为氨氮、溶解氧、生化需氧量、高锰酸盐指数、总磷、阴离子洗涤剂、化学需氧量、氟化物。与2010年相比水质基本持平，属重度污染。

7. 邓关断面 全年水质监测指标二十八项，该断面有八项指标超标，项目超标率达到28.6%。超标项目分别为氟化物、总磷、化学需氧量、生化需氧量、溶解氧、氨氮。与2010年相比持平。

8. 入沱把口处断面 全年水质监测指标二十八项，该断面有五项指标超标，项目超标率达到17.8%。超标项目分别为氟化物、总磷、氨氮。与2010年相比持平。

#### 釜溪河主要污染物达标情况（达标率）

单位:%

| 断面名称 | 溶解氧 | CODmn | BOD | 氨氮 | 石油类 | CODcr | 总磷 | 总氮 | 氟化物 | 粪大肠菌 | 阴离子洗涤剂 |
|---|---|---|---|---|---|---|---|---|---|---|---|
| 双河口 | 83.3 | 83.3 | 16.7 | 16.7 | 100 | 58.3 | 8.3 | 0 | 33.3 | 0 | 100 |
| 碳研所 | 25.0 | 100 | 0 | 0 | 100 | 25.0 | 8.3 | 0 | 33.3 | 0 | 25 |
| 邓关 | 25.0 | 100 | 25.0 | 25.0 | 100 | 25.0 | 8.3 | 0 | 0 | 0 | 100 |
| 入沱把口处 | 100 | 100 | 100 | 88.9 | 100 | 100 | 66.7 | 0 | 88.9 | 0 | 100 |

流域生态修复规划和流域水污染综合治理的问题，不是本书的讨论范围。以上阐述只是说明，实施城市水系生态修复，必须以流域生态修复和流域水污染综合治理为前提。

#### （四）确保城市生态环境用水

保障城市生态环境需水是实现城市水系生态修复的必备条件。广义的城市生态环境需水包括河道内和河道外两部分。河道内生态需水是满足河流或湖泊等水体通航、排沙、水生动植物繁衍、景观等要求的最低需水量。对四川的多数城市水系而言，河道内通航、排沙的需水量是可另做考虑，但维持水量循环的河道生态基本流量、河流湖泊湿地等水体的水生生物或两栖动植物栖息繁衍的需水量、改善水质所需的稀释水量、景观需水量以及蒸发渗漏消耗量等，却是必不可少的。河道外生态需水，包括城市园林绿化、市容环卫、水土保持、地下水涵养等的需水量[1]。

>>> 参考资料 7-6

### 成都出台中心城区主要河道生态用水调配方案[2]

本报讯　记者昨日从市河道管理处获悉，我市正在制定《成都市中心城区主要河道生态用水调配方案》，该方案实施后，可实现城区大部分河道每周换一次

---

[1] 牛桂林、谢子书：《海河流域生态修复发展方向研究》，《水科学与工程技术》2007 年第 3 期。

[2] 《城区河道每周换一次水，我市将出台中心城区主要河道生态用水调配方案》，《成都日报》2009 年 3 月 23 日。

水。届时，宜居成都将更加碧波荡漾、水清地绿！

水源不足　无法保证河道换水

"我们城区河道的水，主要来自上游的都江堰和东风渠。但每年枯水季节，上游来水严重不足，城区河道就会因流水不足而出现发臭、浑浊等状况，也影响了城市水域景观。"据市河道管理处有关负责人介绍，每年枯水时期，我市都要从上游"买水"来冲洗河道，但遇到岁修或者枯水严重时，上游断水或水源比较缺乏时，购买的水量也无法保证城区河道换水。

为改变这种现状，市河道管理处结合现有河道水务设施条件，经过仔细调查和认真研究，制定了《成都市中心城区主要河道生态用水调配方案》。目前，该方案已经上报市水务局，经批准后将正式实施。

利用水务设施　河道间冲水换水

"这个方案主要是利用城区内现有水资源，通过利用现有的水务设施，实现河道之间的冲水换水。"据了解，该方案以绕城高速以内锦江府河段、南河段和金牛支渠等14条环境供水河道为基础，本着"先易后难、先主后次"的原则，对这14条环境供水河道及主要支流制定了调水换水计划和调水办法，从而达到合理分配环境供水水量，实现外环高速内主要河道和三环路内大部分河道每周能换一次水的目标。

该方案还对城区内29条供水河道的基本情况、供水线路以及存在的问题等进行了梳理，提出了供水所需要的协调制度、水闸检修、疏浚河道和建立监测系统等相关保障措施以及部分供水河道的工程整治建议，还对每一个供水节点的调配安排制定了计划表。

目前，生态环境需水量的研究在国际上受到广泛关注，对生态环境需水量的研究已达到比较先进的水平，计算方法很多且较为成熟，许多新的研究方法也得以应用①。生态环境需水量研究具有区域性特点，需要综合考虑生态环境的区域性差异，国内主要在西北地区和黄河、淮河、海河等流域的研究成果较多。北京等城市对利用再生水和雨洪作为城市生态环境用水也有较多的研究与实践。

----

① 《生态环境需水计算方法概述》，《中国建筑文摘》，2010年1月25日。

成都市已经实施对城市水系生态用水进行有计划的调配，但能否满足成都城市水系生态环境需水量尚不得而知（见参考资料7－6）。总体来看，四川省有关方面结合自身区域特点对流域和城市生态环境需水量的研究和应用成果较少。自贡市在做水资源论证时，预测在重大水源工程完工后，水资源状况将有所改观，到2030年总需水量比2010年翻一番，净增5.75亿m³；生态用水量比2010年翻三番，净增0.22亿m³，但生态用水比例也仅为2.18%（见表7－5）。这与有关研究提出的合理生态用水比例相距甚远。该研究计算得出，海河流域生态用水比例最小值为16%，最大值不应超过46%，合理生态用水比例阈值区间为16%～46%[1]。当然，由于区域特点不同，这个比例不能套用。成都有专家研究提出，成都市最低生态需水量应在65 m³/s以上，最佳生态用水量应在120 m³/s以上，并希望引起政府的高度重视，将生态环境用水量作为一项重要指标列入城市规划[2]。对不同地域生态环境需水特征进行分析研究，从生态机理与物理机制上探讨生态环境用水的规律，因地制宜地分析研究四川的若干流域和城市的生态环境需水量，应是四川省有关部门和研究机构不可推辞的任务，因为没有合理的生态环境用水量，城市水系的生态修复是不可能的。

表7－5 2010～2030年自贡需水量预测[3]

单位：亿 m³,%

| 年 份 | 农业灌溉 | 工业用水 | 城镇生活 | 农村生活 | 林牧渔畜 | 生态用水 | 总计 | 生态用水比例 |
|---|---|---|---|---|---|---|---|---|
| 2010 | 2.64 | 1.26 | 0.78 | 0.46 | 0.55 | 0.03 | 5.72 | 0.53 |
| 2015 | 3.74 | 2.30 | 0.93 | 0.42 | 0.87 | 0.15 | 8.41 | 1.78 |
| 2020 | 3.77 | 3.12 | 1.28 | 0.48 | 0.97 | 0.20 | 9.82 | 2.04 |
| 2030 | 3.79 | 3.79 | 2.02 | 0.51 | 1.11 | 0.25 | 11.47 | 2.18 |

资料来源：自贡市水利水电勘察设计研究院提供，2011年11月13日。

① 占车生、夏军、丰华丽、朱一中、刘苏峡：《河流生态系统合理生态用水比例的确定》，《中山大学学报》（自然科学版）第44卷第2期。
② 马玉：《成都市中心城区生态需水量计算及田园城市用水展望》，2010年6月23日。
③ 自贡市水利水电勘察设计研究院：《四川省自贡市城市总体规划水资源论证报告》，2011年11月13日。

（五）城市水系生态修复的基本原则

以"生态自我修复为主，人工适度干预为辅"是城市水系生态修复的基本原则。河流生态系统对待外来干扰的反应总是力图恢复到原来的状态，表现出一种自我修复的功能。城市水系生态修复工程要充分利用生态系统的自我修复功能。依靠生态系统的自设计、自组织功能，由自然界选择合适的物种，形成合理的结构，正如我国实施的"退耕还林、封山育林"措施一样，充分发挥自然界的自我修复功能，实践证明是十分有效的。利用自然界的自我修复能力进行生态修复，也是一种较为经济的方法。成功的河流修复经验表明，生态修复规划只是一种辅助性规划，人的任务不是改造自然，不是控制自然；相反，人的任务是帮助自然界自我修复。自设计理论的适用性取决于具体条件，包括水量、水质、土壤、地貌、水文特征等生态因子，也取决于生物的种类、密度、生物生产力、群落稳定性等多种因素。在利用自设计理论时，需要注意充分利用乡土种；引进外来物种时要持慎重态度，防止生物入侵。要区分两类被干扰的河流生态系统：一类是未超过本身恢复力的生态系统，它是可逆的。当去除人类活动造成的胁迫因子，比如采取污染控制、改善水文条件、改造河流的人工渠道化工程等措施以后，有可能靠自然演替实现自我修复的目标。另一类是被严重干扰的生态系统，它往往是不可逆的。在去除胁迫因子或称"卸荷"后，还需要辅助以人工措施创造生境条件，进而发挥自然修复功能，实现某种程度的修复。国内外已经开发的生态技术，诸如人工湿地、生物接触氧化、人工曝气、生物廊道、生物浮床、湖滨带和前置库等技术，都可以作为辅助措施采用[1]。对城市水系而言，前一类主要是新开发或尚未完全开发的新城区水系；后一类主要是旧城或开发时间较久的老城区水系。在国际上，无论是对自然河道还是对人工引水工程，要尽量营造河道的天然状态已成为共识。具体行动包括：拆除以前人工在河岸或河底建造的石块或混凝土衬砌，软化河床；尽量使河流自然蜿蜒弯曲；恢复历史上城市河、湖、湿地的连通性，通过河流廊道将各个缀块连接起来；让河床和两岸长出多种野生动植物，使水生生物与岸边的植物、两栖类动物、昆虫、鸟类等形成天然的生态环

---

[1] 董哲仁：《试论河流生态修复规划的原则》，《中国水利》2006 年第 13 期。

境，增加河水的自我净化功能。2011 年 11 月获得第四届世界建筑节（WAF）"世界景观奖"的"河北省迁安市三里河生态廊道"（见图 7-5、图 7-6），就是一个值得借鉴的城市水系生态修复工程案例[1]。近年来，北京市在城市水系综合治理中，河道三面光溜溜的由混凝土构筑的 10cm 厚的衬砌被拆除，就是整治工程的一项重要内容；将护岸改为斜坡后种植绿色植被，恢复河岸植物天然净化系统；使河道有起有伏、有隐有显、有坑有洼、有缓有急，恢复水生动植物天然净化系统，使水质得到净化[2]。四川的一些城市过去在城市河道整治中，也有不少对河床用石块或混凝土进行衬砌的做法，有的当时还被认为是城市河道整治的范例。我们应该借鉴国际上和河北省迁安市、北京市等地的做法，在进行城市水系生态修复过程中，在适当时机痛下决心逐步拆除那些河床的硬质衬砌，在人工辅助措施的适当帮助下，还给城市水系一个自我修复的机会。

**图 7-5　河北省迁安市三里河生态廊道市区中游景观**

资料来源：李瑛、杜庆君：《迁安三里河生态廊道继世博后滩公园后获"世界景观奖"》，中国园林网，2011 年 11 月 7 日。

---

① 李瑛、杜庆君：《迁安三里河生态廊道继世博后滩公园后获"世界景观奖"》，中国园林网，2011 年 11 月 7 日。

② 《北京：让河流自由"呼吸"》，《人民日报》2005 年 12 月 29 日，第 16 版。

**图 7 – 6　河北省迁安市三里河生态廊道下游生态驳岸景观**

资料来源：李瑛、杜庆君：《迁安三里河生态廊道继世博后滩公园后获"世界景观奖"》，中国园林网，2011年11月7日。

## （六）生态修复是一个渐进的过程

有必要特别提出的是，要明确河流生态修复规划的时间尺度，必须考虑河流生态系统的演进是一个渐进的过程，形成一个较为完善的新的生态系统需要足够的时间。因此，规划中制定的时间尺度应包括几种不同的类型，即河流生态修复的时间尺度、项目实施的时间尺度、项目监测时间尺度和项目区管理时间尺度[①]。这个时间尺度是不以领导任期或社会经济发展规划的时限为依据的。希望流域或城市水系生态修复规划的实施，能按照生态系统的规律，不以领导意图的变化而改变。另外，现在许多所谓的"环境设计"或"景观设计"，往往与生态系统的自我修复进程背道而驰。希望在城市水系生态修复实施过程中，尽量少一些画蛇添足的"创意"，而多一些实实在在能起到保护自然生态景观，或保护城市水文化遗产的环境艺术作品，给城市增添更多的生态美和人文美。

---

[①] 董哲仁：《试论河流生态修复规划的原则》，《中国水利》2006年第13期。

# 第八章 确立用水效率控制红线
## 强化工业和城镇节水管理

## 一 四川工业节水工作的回顾及工业用水效率分析

### (一) 工业用水和节水管理得到加强

"十一五"期间,四川省工业用水和节水管理得到加强。随着工业用水和节水政策的落实、工业结构的调整、生产工艺的改进、节水技术和设备的更新,以及工业企业对水资源可持续利用的日益重视,工业用水量增长总体趋缓。主要管理措施,一是加强了工业节水制度建设。"十一五"期间,四川省加大了推行用水总量控制和定额管理的力度,继续落实取水许可制度和有偿使用制度,实施建设项目水资源论证管理办法和入河排污口监督管理办法,逐步提高了水资源费征收标准,部分地区试点改革了水价定价模式和计收方式,计划用水工作得到加强,初步建立了一个自下而上的工业节水管理体系。二是调整优化产业结构,加大对高耗水行业和企业的监管力度。对火力发电、冶金、石油化工、造纸、食品加工等高耗水行业用水的工艺和设备进行技术改造,积极推广应用工业用水重复利用、冷却节水、矿井水利用等先进适用技术和设施,鼓励企业开展工业废水治理回用。对企业实施的重大节水技术改造项目给予指导和支持。三是发展循环经济和清洁生产,探索工业节水新模式。"十一五"期间,四川省建设了6个资源节约型、环境友好型循环经济试点城市、80个试点县(市、区)、100个试点工业园区,培育了200家符合循环经济发展要求的典型企业。四是推进创建"节水型企业"的活动,重点企业的节水改造成绩显著。"十一五"期间,四川省已累计创建了上百家节水型企业,全省涌现了一批企业效益不断提高、用水指标不断下降的好典型。五是广泛开展节水宣传与培训,企业节水意识普遍提高。四川省已初步完成重点用能企业的节能(节水)培训,通过各种节水宣传、教育，加强舆论监督，强化企业节水意识，初步形成较好的工业节水氛围。

经过"十一五"期间的努力，工业节水工作取得了较好的成绩。2010年四川省工业用水量为62.92亿 $m^3$，较2005年的56.79亿 $m^3$，增长10.79%，年均增长率仅为2.07%。工业用水量占全省用水总量的27.32%，比2005年增长0.57个百分点（见表8-1）。与此同时，2010年四川省万元工业增加值用水量为85 $m^3$/万元，降低率高达62.39%，远远高于"十一五"规划要求降低30%的目标；年均降低率为17.76%，也远远高于"十一五"规划提出的年均降低7.2%的目标（见表8-2）。

表8-1 2005～2010年四川省工业用水情况

| 项　　目 | 2005年 | 2006年 | 2007年 | 2008年 | 2009年 | 2010年 | 增长率（%） | 年均增长率（%） |
|---|---|---|---|---|---|---|---|---|
| 四川省用水总量（亿 $m^3$） | 212.30 | 215.12 | 213.98 | 207.63 | 223.46 | 230.27 | 8.46 | 1.64 |
| 工业用水量（亿 $m^3$） | 56.79 | 57.51 | 58.98 | 57.74 | 61.60 | 62.92 | 10.79 | 2.07 |
| 工业用水量占用水总量比例（%） | 26.75 | 26.73 | 27.56 | 27.81 | 27.57 | 27.32 | — | — |

资料来源：四川省经济和信息化委员会提供，2011年11月。原注：（1）全省用水总量、工业用水量数据来源于《四川省水资源公报》；（2）工业用水量，指工矿企业在生产过程中用于制造、加工、冷却（包括火电直流冷却）、空调、净化、洗涤等方面的用水，按新水取用量计，不包括企业内部的重复利用水量。

表8-2 2005～2010年四川省万元工业增加值用水量情况

| 项　　目 | | 万元工业增加值用水量（ $m^3$/万元） |
|---|---|---|
| 2005年 | | 226 |
| "十一五"期间实际值 | 2006年 | 187 |
| | 2007年 | 159 |
| | 2008年 | 135 |
| | 2009年 | 108 |
| | 2010年 | 85 |
| | 降低率（%） | 62.39 |
| | 年均降低率（%） | 17.76 |

| 项　　　目 | | 万元工业增加值用水量（m³/万元） |
|---|---|---|
| 目标值 | 2010 年 | 200 |
| | 降低率（%） | 30 |
| | 年均降低率（%） | 7.2 |

资料来源：四川省经济和信息化委员会提供，2011 年 11 月。原注：（1）2005 ~ 2008 年万元工业增加值用水量数据来源于国家发展改革委、水利部、国家统计局《2005 年各地区每万元工业增加值用水量指标通报》、《2006 年各地区每万元工业增加值用水量指标通报》、《2008 年各地区每万元工业增加值用水量指标通报》；（2）2009 年、2010 年万元工业增加值用水量数据根据《四川省统计年鉴》测算。测算方法：万元工业增加值用水量（m³/万元）= 工业用水量（m³）/工业增加值（万元）。

从工业用水重复利用情况来看，"十一五"期间，规模以上工业重复用水量总体呈增长趋势，2010 年为 50.02 亿 m³，5 年年均增长 2.11%。但规模以上工业用水重复利用率却呈降低趋势，2010 年为 55.95%，五年下降了 4.22 个百分点（见表 8 - 3）。

表 8 - 3　2006 ~ 2010 年四川省规模以上工业用水重复利用率情况

单位：亿 m³,%

| 项　　　目 | 规模以上工业用水量 | 规模以上工业重复用水量 | 规模以上工业用水重复利用率 |
|---|---|---|---|
| 2006 年 | 30.45 | 46.01 | 60.18 |
| 2007 年 | 23.49 | 43.54 | 64.96 |
| 2008 年 | 20.05 | 50.73 | 71.67 |
| 2009 年 | 29.34 | 45.28 | 60.68 |
| 2010 年 | 39.38 | 50.02 | 55.95 |
| 增长率 | 29.33 | 8.72 | - 4.22 |
| 年均增长率 | 6.64 | 2.11 | - 1.06 |

资料来源：四川省经济和信息化委员会提供，2011 年 11 月。原注：（1）规模以上工业用水量、规模以上工业重复用水量数据来源于四川省统计局；（2）工业用水重复利用率（%）= 工业重复用水量/（工业重复用水量 + 工业用水量）×100%。

从四川省各市、州工业用水量年均增长情况看。有 7 个市、州工业用水量年均增长率较大，在 5% 以上，其中 3 个市、州增长最快，年均增长率在 10% 以上。而阿坝州、德阳市、绵阳市、攀枝花市、成都市等 5 个市、州的工业用水量总体呈降低趋势，其中阿坝州工业用水量降幅较大，在 5% 以上。从四川省各市、州万元工业增加值用水量指标来看。有 9 个市的万元工业增加值用水量高于四川省平均水平，其中，4 个市的万元工业增加值用水量较高，在 $100 \, m^3$/万元以上；有 12 个市、州的万元工业增加值用水量低于四川省平均水平。

从六大高耗水行业的工业用水重复率来看（见表 8 - 4），石油化工行业的工业用水重复利用率最高，达到 80.93%；其次为冶金、火力发电，均在 75% 以上；医药、食品加工行业的工业用水重复利用率较低，仅在 11% ~ 18% 之间。

表 8 - 4　2010 年四川省规模以上高耗水行业工业用水情况

单位：亿 $m^3$，%

| 项　　目 | 用水量 | 占规模以上工业企业总用水量的比例 | 重复用水量 | 工业用水重复利用率 |
|---|---|---|---|---|
| 火力发电 | 6.20 | 15.74 | 18.95 | 75.35 |
| 石油化工 | 3.38 | 8.59 | 14.35 | 80.93 |
| 冶　　金 | 3.01 | 7.64 | 10.10 | 77.04 |
| 造　　纸 | 1.49 | 3.77 | 0.85 | 36.51 |
| 食品加工 | 2.77 | 7.03 | 0.36 | 11.57 |
| 医　　药 | 1.21 | 3.08 | 0.26 | 17.54 |

资料来源：四川省经济和信息化委员会提供，2011 年 11 月。原注：数据来源于四川省统计局。

（二）工业节水管理工作的问题

四川省"十一五"期间工业节水管理工作存在的主要问题之一，是工业节水机制仍不健全，政策法规不配套。四川省工业节水配套法规政策不完善，缺乏强有力的法律支撑，不能充分发挥水价杠杆作用，企业节水投入回报率低，企业节水缺乏经济动力，企业节水投融资渠道不畅，节水资金投入不足，制约了四川省工业节水工作的深入推进。同时，工业节水管理基础薄弱，管理体系不完善。目前，四川省节水管理仍处于分割状态，管理力度不够。由于发展循环经济成本高于粗放经营成本，企业在产业政策、产业结构、标准规范以及产业化示范和推广等涉及工业节水的重大问题上，缺乏研发和实施的动力。部分工业企业没有形成节水管理体系，工业用水定额执行不严，取用水计量不准确，不少企业的用水设备漏失严重，造成了水资源的浪费。此外，产业结构不合理，行业节水发展很不平衡。"十一五"期间，四川省开始进入工业化中期阶段，重化工特征仍很明显，总体上资源利用率低的问题没有得到有效解决。特别是造纸、食品、化工、冶金等优势资源产业依然是四川省工业的主体，其高消耗、高排放、高污染等特点决定了经济增长对资源环境的高度依赖。火力发电、冶金、石油化工、造纸、食品加工等高耗水行业用水的比重在"十一五"期间虽有所降低，但降低幅度不大，比重仍高达40%左右。部分高耗水企业规模结构、产品结构和原料结构不合理，生产集中度低，高消耗、粗加工、低附加值的现象仍存在。高耗水行业中的医药、食品加工行业的工业用水重复利用率低，在15%以下。工业节水管理工作地区开展落实不平衡也是一个问题。各市、州对节水工作重视程度不同，致使节水效果良莠不齐。各市、州中，有9个市的万元工业增加值用水量高于四川省平均水平，其中4个市的万元工业增加值用水量较高，在100m³/万元以上。另外，工业节水的科技研发力度也不够。工业节水的高新技术研发、工业节水的监管及实施手段落后，与当前高新技术蓬勃发展，以及水工业的高新技术迅速兴起的局面形成反差。污水资源化的研发和投资不足，工业废水处理能力、处理深度和回用量都不高，还有巨大潜力空间[1]。

（三）四川工业用水效率的分析

2010年，四川的万元工业增加值用水量下降到85m³/万元，万元工业增加值用水量已低于全国平均水平90m³/万元。"十一五"期间，四川的万元工业增加值用水量降低率高达62.39%，年均降低率高达17.76%，取得明显成效。但与先进省、市比较，仍有差距。2010年北京的工业万元增加值用水量为18m³/万元，辽宁为28m³/万元，山东为17m³/万元，浙江为47m³/万元，广东为65m³/万元[2]。说明四川省万元工业增加值用水量还有很大的下降空间。四川省规模以上工业企业工业用水重复利用率水平不高，2010年仅为55.95%，远未完成"十一五"应达到73%的约束性指标。目前国内北京、天津等城市的工业用水重复利用率已达到70%以上，而发达国家普遍达75%~85%的水平。以高耗水行业工业用水重复利用率为例，四川火力发电为75.35%，先进水平为97%；石油化工为80.93%，先进水平为95%~97%；冶金为77.04%，先进水平为91%~95%；造纸为

---

①　《"四川省'十二五'工业节水发展规划"初步意见的资料》，四川省经济和信息化委员会提供，2011年10月。

②　水利部编《中国水资源公报（2010）》。

36.51%，先进水平为 65% ~ 90%；食品加工为 11.57%，先进水平为 30% ~ 60%；医药为 17.54%，先进水平为 60%[①]。以上情况表明，四川省的工业用水效率在"十一五"期间虽有较大提高，但与国内外先进水平相比，工业用水效率总体较低，工业节水潜力仍然很大。

## 二 四川城镇节水工作的回顾及城镇用水效率分析

### （一）城镇节水管理工作的成效

"十一五"期间，四川在城镇节水管理方面做了大量的工作。一是利用"城市节水宣传周"等活动营造全民节水的社会氛围，推进城镇节水观念转变，逐步在城镇居民中形成了节水意识。在每年 5 月 15 日所在周的全国"城市节水宣传周"活动中，四川省发动群众参与，宣传节水先进典型，曝光用水浪费行为，倡导科学合理用水方式，提高了全社会的节水意识（见图 8 - 1）。二是认真贯彻国务院批准的《城市节约用水管理规定》和四川省政府批准的《四川省城市节约用水管理办法》等城市节水法规，以及住房和城乡建设部发布的《城市居民用水量标准》、《城市供水管网漏损控制和评定标准》、《节水型生活用水器具标准》等技术标准和规范，取得了一定成效。三是健全了城镇节水管理工作机构。为在组织上保证城市节约用水管理工作的开展，四川省建立了自下而上的城镇节水管理体系，为城镇节水管理工作的开展发挥了重要作用。四川省大多数地方都

图 8 - 1 华君武漫画："今天浪费水，将来洗干澡。"

---

① 节水型企业工业用水重复利用率行业先进水平摘自国家经济贸易委员会《节水型工业企业导则（征求意见稿）》附件一"工业用水重复利用率行业先进水平"，2002 年 1 月 11 日。

设立了城镇节水管理工作机构，城镇节水管理队伍得到加强。四是健全管理制度。不少城市建立了计划用水和定额用水管理制度、节水设施的"三同时"制度、节水器具认证制度、用水计量制度、超计划加价制度等。五是通过创建"节水型城市"、"节水型单位"活动推动了城镇节水管理工作。自 2001 年全国开展创建"节水型城市"活动以来，四川省已有成都市、绵阳市两座城市获得国家"节水型城市"称号，对四川省城镇节水工作起到了示范带头作用。

表 8 – 5　2001～2010 年四川省城镇人均用水量变化情况

| 项　　　　目 | 2001 年 | 2002 年 | 2003 年 | 2004 年 | 2005 年 | 2006 年 | 2007 年 | 2008 年 | 2009 年 | 2010 年 | 年均增长率（%） |
|---|---|---|---|---|---|---|---|---|---|---|---|
| 供水总量（亿 m³） | 19.71 | 19.91 | 20.43 | 21.05 | 21.48 | 16.92 | 20.74 | 21.49 | 22.34 | 23.61 | 2.0 |
| 用水人口（万人） | 1536 | 1565 | 1697 | 1744 | 1848 | 1668 | 1915 | 1997 | 2083 | 2218 | 4.2 |
| 人均日综合用水量（L/人·d） | 350.7 | 348.5 | 329.9 | 330.7 | 318.3 | 277.8 | 296.7 | 294.8 | 293.8 | 291.6 | −2.0 |
| 居民家庭用水量（亿 m³） | 8.61 | 8.73 | 9.39 | 9.72 | 10.70 | 8.16 | 9.64 | 9.74 | 10.35 | 10.86 | 2.6 |
| 人均日家庭用水量（L/人·d） | 153.5 | 152.8 | 151.6 | 152.6 | 158.6 | 134.0 | 138.0 | 133.7 | 136.1 | 134.1 | −1.5 |

资料来源：四川省住房和城乡建设厅提供，2011 年 11 月。

通过不懈努力，四川省城镇节水效果显著。从表 8 – 5 可以看出，城镇居民人均日生活用水量的变化。随着住房条件的改善，便器水箱、热水器、洗衣机等家庭用水器具的普及，城镇居民生活质量不断提高，用水需求也不断扩大，城镇人均日家庭用水量持续增长，2005 年达到峰值 158.6L/人·d。由于城镇节水管理工作的深入，节水型用水器具的普及和市民节水意识的提升，城镇人均日家庭用水量随之又出现回落，2010 年下降到 134.1L/人·d，5 年间降低了 15.45%。同时，还可以看出城镇供水总量和人均日综合用水量的变化。与 2001 年相比，2010 年四川省城镇用水人口增长了 44.40%，但城镇年供水总量增长仅为 19.79%。在四川省城镇供水总量增长的情况下，由于万元工业增加值用水量降低、工业用水重复利用量提高、普及推广节水工艺和器具等提高用水效率的措施，城镇人均日综合用水量从 2001 年的 350.7L/人·d 下降至 2010 年的 291.6L/人·d。10 年间下降了 16.85%（见图 8 - 2）。

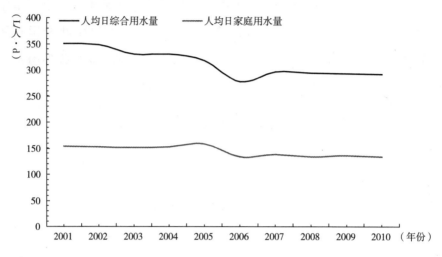

**图 8 - 2　2001 ~ 2010 年四川省城镇人均日用水量变化**

资料来源：四川省住房和城乡建设厅提供，2011 年 11 月。

### （二）城镇节水管理工作的问题

四川"十一五"期间城镇节水管理工作存在的主要问题之一，是城镇节水的政策法规不健全。四川省政府批准的《四川省城市节约用水管理办法》是 20 世纪 90 年代颁布实施的行政规章，已经明显落后于时代前进的步伐，不能适应当前城镇节水管理工作的需要，急需抓紧修订并升级为地方性法规。同时，城镇节水管理体制也不健全，管理工作较薄弱。四川省虽然大多数地方设立了城镇节水管理机构，但仍有部分地方没有城镇节水管理机构，致使城镇节水工作难以落实。少数地方的城镇节水机构设在供水企业，不能有效履行城镇节水行政管理机构应有的监管职能。节水器具管理也存在问题。节水器具与设备推广应用的管理漏洞较多，加之部分节水器具和设备的产品质量不稳定，供用水设备"跑、冒、滴、漏"现象严重。据了解，部分城镇用水器具的漏失率在 10% 以上，高的近达 30%，浪费水的现象普遍存在。按照建设部《城市节水用水管理规定》、《房屋便器水箱应用监督管理办法》以及建设部、国家经贸委、质量技监局、建材局《关于在住宅建设中淘汰落后产品的通知》规定，禁止生产、销售、安装和使用应淘汰的用水器（洁）具，必须安装符合国家标准的节水器（洁）具，而且对于新、改、扩建工程，必须配套建设节水设施，采用节水型工艺、设备和器具，并与主体工程同时设计、同时施工、同时验收使用。由于监管不力，仍有少数建设项目未与主体工程同时配套建设节水设施，有的仍采用应淘汰的用水器（洁）具或质量低劣的"节水"器具；还有一些用水器（洁）具生产企业违反规定仍在生产、销售应淘汰的用水器（洁）具或劣质产品，造成严重的水资源浪费，也给用户带来经济损失。部分城镇的服务业节水管理不到位，服务业总体用水浪费严重。据较早前的调查，四川省城镇沐浴和洗车等行业用水浪费的现象较为突出。四川省城镇沐浴业耗水量较大，一般为400L/人次左右，高的竟达1800L/人次左右，大大高于沐浴业180～300L/人次的用水定额。北京、天津、大连等城市的洗车业已大多采用再生水或无水洗车先进工艺，四川省的洗车业仍有不少是取用新水，而且有的用水量竟高达800L/辆次，大大高于洗车业180～320L/辆次的用水定额[①]。宾馆、饭店、餐饮、娱乐，以及浴足等营业场所也存在较为严重的用水浪费现象。四川省再生水和雨水利用落后，相当多的城镇园林绿化、清洗街道等公共用水使用新水的情况较为普遍。同时，四川省对城镇居民生活节水的宣传力度还不够深入人心，城镇居民节水意识不强，节水器具普及率不高，用水浪费以及用水器具"跑、冒、滴、漏"或常流水的现象还较普遍，与国内先进省、市相比存在较大差距[②]。

（三）四川城镇用水效率的分析

四川省城镇节水工作虽然取得了较大成绩，但总体上城镇节水潜力还很大。据中国城镇供水排水协会主编的《城市供水统计年鉴（2011）》统计，四川省2010年城市居民人均日生活用水量平均为190.65L/人·d，大大高于"节水型城市"有关居民人均日生活用水量（第五区）100～140L/人·d[③]和《四川省用水定额（修订稿）》100～160L/人·d[④]的标准；在四川省的城市中，高于"节水型城市"下限标

---

① 沐浴业定额摘自《四川省用水定额（试行）》；洗车业定额摘自《四川省用水定额（2010）》（修订稿）。

② 四川省建设厅：《四川省城市节水规划（2004～2020）》，2004年7月26日。

③ 节水型城市居民人均日生活用水量标准（第五区）摘自《节水型城市申报与考核办法》附件二"节水型城市考核标准"之（十八）要求达到的 GB/T50331—2002《城市居民生活用水量标准》的指标。

④ 城镇居民人均日生活用水量定额摘自《四川省用水定额（修订稿）》（2010）。

准 100L／人·d 的城市有 22 个，高于"节水型城市"上限标准 140L／人·d 的城市有 12 个，高于《四川省用水定额（修订稿）》上限标准 160L／人·d 的城市有 5 个，最高的 2 个城市竟达 225L／人·d 以上[①]，说明四川省多数城市的居民生活用水还有较大的节水潜力。2010 年四川省城市供水管网漏损率平均为 14.20%，比"十一五"规划的预期性指标 13.2%[②]高 1 个百分点；比"节水型城市"基本漏损率标准 12%[③]高 2.2 个百分点。有 25 个城市高于 12% 的标准，其中高于 20% 的有 14 个城市，高于 30% 的有 5 个城市，最高的一个城市竟达 40% 以上[④]。与此同时，四川省城镇污水再生利用和雨水收集利用的工作，刚刚开始起步，再生水和雨水的利用率极低。以上情况表明，四川省城镇用水效率总体不高，节水潜力很大，城镇节水工作还任重道远。

# 三　以提高用水效率为核心，加强工业和城镇节水管理

## （一）工业和城镇节水工作的严峻形势

要充分认识当前四川省工业和城镇节水工作的严峻形势。由于四川省地处长江上游，水资源总体上相对丰沛，导致长期以来部分地方决策层和管理层认识上存在误区，认为水是取之不尽、用之不竭的，只是水利工程建设滞后造成工程性缺水。"十一五"以来，四川省陆续实施了一批大中型水利"骨干工程"，到 2020 年将基本形成西水东调、北水南补的调水补水网络[⑤]。调查发现，由于一批调水工程近期即将竣工投入运行，从部分缺水城市的"十二五"规划或城市规划的水资源论证中似乎可以察觉到，地方上的一些决策者和管理者心

---

① 四川省城市居民人均日生活用水量数据摘自中国城镇供水排水协会编《城市供水统计年鉴（2011）》，第 50~53 页。

② 2010 年城镇管网漏失率预期性指标 13.2% 摘自《四川省"十一五"节水型社会建设规划》，第 56 页。

③ 节水型城市基本漏损率标准摘自《节水型城市申报与考核办法》附件二"节水型城市考核标准"之（十七）要求达到的 CJJ92—2002《城市供水管网漏损控制及评定标准》的指标。

④ 四川省城市供水管网漏损率数据摘自中国城镇供水排水协会编《城市供水统计年鉴（2011）》，第 108~111 页。

⑤ 《四川省人民政府关于加快水利发展的决定》（川府发〔2008〕1 号），2008 年 1 月 8 日。

中隐约滋生出"放开用水，大干快上"的苗头。四川有的城市制定的"十二五"规划，工业需水量 5 年要增长 182.54%，年均增长 12.79%。这种情况估计带有一定的普遍性，如不加以纠正，势必严重影响节水工作的成效。同时，由于目前考核工业和城镇用水效率的一些指标存在一定的不合理性，往往存在节水指标达标甚至超额完成，但用水量却大幅增长的矛盾现象。还有不顾各地工业结构、发展阶段、水资源条件、原有基础等因素的差异，万元工业增加值用水量指标层层照转下达，基本上都要求 5 年下降 30%，也存在明显的不合理性。从表 8 - 6 对四川省 2015 年和 2020 年工业用水量的推测中可以发现，在当前四川承接产业转移、工业高速增长的形势下，万元工业增加值用水量按规划指标 5 年下降 30% 的同时，假若不采取超强措施加大工业节水管理力度，工业用水量仍将成倍翻番增长，推算 2015 年可能是 2010 年的 1.43 ~ 1.71 倍，而 2020 年则将达到 2010 年的 2 ~ 3 倍。这预示着四川省工业节水前景异常严峻。如果对此没有清醒的头脑，将极大影响节水工作的开展。长期以来，四川省用水效率不高，工业和城镇节水管理力度相对较为薄弱。这种状况与当前四川省工业和城镇节水工作面临的上述新问题交织在一起，使四川省工业和城镇节水形势不容乐观，应引起四川省决策层和相关管理层的高度重视。

**表 8 - 6　2015 ~ 2020 年四川工业用水量推测**

（按"十二五"规划指标万元工业增加值用水量 5 年降低 30% 推算）

| 项　　目 | 推算假设条件 | 2010 年实际值 | 2015 年推测值 | 2020 年推测值 | 年均增长率（%） | 5 年增长率（%） | 10 年增长率（%） |
|---|---|---|---|---|---|---|---|
| 工业增加值（万亿元） | 年均增长率为 15% | 0.73 | 1.5 | 3.0 | 15 | 206 | 411 |
| | 年均增长率为 20% | | 1.8 | 4.5 | 20 | 247 | 616 |
| 万元工业增加值用水量（m³/万元） | "十二五"指标 5 年降低 30% | 85 | 60 | 42 | - 6.8 | - 30 | - 51 |
| 工业用水量（亿 m³） | 工业增加值年均增长率为 15% | 63 | 90 | 126 | 7.2 | 143 | 200 |
| | 工业增加值年均增长率为 20% | | 108 | 189 | 11.2 | 171 | 300 |

资料来源：2010 年实际值数据及万元工业增加值 5 年降低率，四川省经济和信息化委员会提供，2011 年 11 月。

### （二）健全地方节约用水政策法规体系

健全以提高用水效率为核心的地方性节约用水政策法规体系，是强化工业和城镇节水管理工作的基石。四川省工业和城镇节水管理工作的主要问题之一，是节水法规不完善、政策不配套、机制不健全，缺乏覆盖全省各行业的地方性节水法规。1992年1月13日四川省人民政府批准并于1997年12月19日修订的《四川省城市节约用水管理办法》已不能完全适应社会经济发展的需要，致使工业和城镇节水管理工作缺乏有力的法律支撑。2011年11月22日出台的《四川省人民政府关于全面推进节水型社会建设的意见》是一个重要文件，但落实还需有更为具体的实施细则和配套政策。因此，制定地方性法规《四川省节约用水条例》显得尤为迫切。与此同时，还应抓紧制定或修订有关节水管理的系列规章制度和配套政策，如"城镇再生水和雨水利用规定""建设项目节水管理办法""城镇供水价格管理办法""工业和服务业用水超额累进加价制度"，"污水处理收费及再生水价格政策"，省级"节水型城镇"、"节水型企业"、"节水型单位"、"节水型社区"的实施意见和考核标准，以及根据国家"绿色建筑评价标准"（见参考资料8-1），结合四川实际制定"四川省绿色建筑评价标准"等。此外，四川省工业和城镇节水管理体系不健全，管理基础薄弱，也是一个突出问题。节水管理体系不完善，导致地方和基层的执行力差，节水规划不能形成有效行动。特别是部分地方的工业和城镇节水管理缺位，计划用水和定额用水管理、节水设施"三同时"、节水器具认证、用水计量、超计划加价等制度不能完全落实。因此，建立健全工业和城镇节水管理体系也应在地方性法规中做出明确规定。

〉〉〉 **参考资料 8 - 1**

### 《绿色建筑评价标准》"节水与水资源利用评价标准"摘要①

住宅建筑

在方案、规划阶段制定水系统规划方案，统筹考虑传统与非传统水源的利用；设置完善的供水系统，水质达到国家或行业规定的标准，且水压稳定、可靠；设

---

① 摘自《绿色建筑评价标准》（GB 50378）。

置完善的排水系统，采用建筑自身优质杂排水、杂排水作为再生水源的，实施分质排水；用水分户、分用途设置计量仪表，并采取有效措施避免管网漏损；采用节水器具和设备，节水率不低于8%；合理规划地表与屋面雨水径流途径，降低地表径流，采用多种渗透措施增加雨水渗透量；绿化用水、景观用水等非饮用水采用非传统水源；绿化灌溉采取微灌、渗灌、低压管灌等节水高效灌溉方式；在缺水地区，优先利用附近集中再生水厂的再生水；附近没有集中再生水厂时，通过技术经济比较，合理选择其他再生水水源和处理技术；在降雨量大的缺水地区，通过技术经济比较，合理确定雨水处理及利用方案；使用非传统水源时，采取用水安全保障措施，且不对人体健康与周围环境产生不良影响；采用非传统水源时，非传统水源利用率不小于10%～30%。

公共建筑

根据建筑类型、气候条件、用水习惯等制定水系统规划方案，统筹考虑传统与非传统水源的利用，降低用水定额；设置完善的供水系统，水质达到国家或行业规定的标准，且水压稳定、可靠；管材、管道附件及设备等供水设施的选取和运行不应对供水造成二次污染，并应设置用水计量仪表和采取有效措施防止和检测管道渗漏；合理选用节水器具，节水率大于25%；在降雨量大的缺水地区，选择经济、适用的雨水处理及利用方案；在缺水地区，优先利用附近集中再生水厂的再生水；附近没有集中再生水厂时，通过技术经济比较，合理选择其他再生水水源和处理技术；采用微灌、渗灌、低压管灌等绿化灌溉方式，与传统方法相比节水率不低于10%；优先采用雨水和再生水进行灌溉；游泳池选用技术先进的循环水处理设备，采用节水和卫生的换水方式；景观用水采用非传统水源，且用水安全；沿海缺水地区直接利用海水冲厕，且用水安全；办公楼、商场类建筑中非传统水源利用率在60%以上。

（三）制定地方"用水效率控制红线"和用水效率控制制度

根据国家有关规定和要求，四川还应抓紧制定切合自身实际的"用水效率控制红线"和用水效率控制制度。早在1992年，中国工程院发表的《中国可持续发展水资源战略研究》中就提出，水资源可持续利用的核心是提高用水效率。有研究认为，"用水效率控制红线"是落实三条"红线"的核心。建立用水效率控制制度，确立"用水效率控制红线"，必须有一套能够全面反映一个地区综合用水效率的评价指标体系。如前文所述，目前考核用水效率的一些指标存在一定的不合理性。要实现用水效率的提高，必须首先对四川省各市、州、县的用水效率有一个全面、客观、科学的评价，这就必须开展用水效率的宏观战略研究，找出不同地区用水效率的内在影响因素，对影响因素进行定量研究，诊断低效用水的症结，提出有效的提高途径。在用水效率宏观战略研究的基础上，建立四川省综合用水效率评价指标体系，并制定用水效率的分级标准。用水效率分级标准在某种意义上就相当于"用水效率控制红线"[①]。一项对用水效率进行分级控制的研究提出，一级标准应是当地的现行用水效率控制线，新建项目必须达到，否则不予审批；已建项目达不到一级标准，应督促其限期整改，否则应附加征收水资源费。二级标准应为当地规划期的用水效率控制线，新建项目用水效率能保证达到二级标准的，应优先审批；对已建项目则要求在规划期内逐步达到二级标准。三级标准为国际先进水平的用水效率控制线，新建或已建项目的用水效率达到三级标准或以上的，应给予适当奖励[②]。这些意见，仅供四川省有关部门制定"用水效率控制红线"和用水效率控制制度时参考。

（四）组织开展"行业节水专项行动"

以创建"节水型企业（单位）"为抓手，组织开展"行业节水专项行动"，才能把节水规划落实到节水行动上。现在，四川省各级、各行业都正在或已经制定了各自的"十二五"节水规划或节水型社会建设规划。我们发现，这些规划给人的总体印象是大同小异，结合地区或行业特点及存在问题，并提出有针对性的具体措施和实际行动的规划不多。这种情况若得不到改变，节水管理工作很难取得突破性进展。我们在本书第二章中曾提到，江苏、浙江等省在"十一五"期间，实现了工业用水量零增长或负增长，除了产业结构优化升级是主要因素外，与其节水管理力度的加强也有必然因果关系。江苏省有关部门在"十一五"期间，联合实施"八大行业节水专项行动"的做法就是例证，值得四川省有关部门借鉴参

---

① 翟丽妮、周玉琴：《用水效率评价的研究现状与问题探讨》，《实行最严格水资源管理制度高层论坛论文集》，第 119～123 页。

② 赵恩龙、黄薇、霍军军：《基于分级控制的用水效率制度建设初探》，《长江科学院院报》第 28 卷第 12 期。

考。"八大行业节水专项行动"，是指对火电、化工、造纸、冶金、纺织、建材、食品、机械等八大高耗水行业，组织节水专项行动。重点是各行业"名列前茅"的用水大户和排污大户，以及各地主导产业的用水大户，按企业年用水量占本地年工业用水总量80%确定。

"八大行业节水专项行动"实施方案的主要内容，一是编制企业节水实施方案。开展水平衡测试，摸清用水现状，查问题挖潜力，提出切实的节水措施。二是健全企业用水管理制度。完善企业计量体系，做到用水计划、节水目标、节水措施、管水制度"四到位"。制定企业节水管理办法，建立内部用水考核体系，层层分解用水指标，定期考核，奖惩兑现。加强企业用水统计，建立企业用水台账，按时统计并进行用水合理性分析，定期报送用水报表。加强企业用水设施管理，实施取水口、排水口整治，完善企业供水排水管网图、用水设施分布图和计量网络图，定期对用水、排水情况进行巡查。三是加快企业节水技术改造。加大节水新技术、新工艺、新设备研发和推广应用，并对火电、化工、造纸、冶金、纺织、食品、建材、机械等行业，按调整产品、工艺和用水结构的目标，分别提出节水技改和淘汰落后用水工艺设备的具体要求，把节水技改作为"转方式、调结构"的根本措施，促进工艺优化和产品升级，实现技术节水和结构节水，建成一批"零排放"示范企业。四是创建"节水型企业"。组织参与行动企业开展"节水型企业"创建活动，力争参与行动的企业全部建成省级"节水型企业"。五是建设"节水型工业园区"。要求各地结合实际，加强开发区、工业园区循环用水，采用水网络集成技术，实施园区内企业厂际串联用水、污水资源化和非传统水源利用，使园区工业用水重复利用率最大化，废水排放量最小化，建成一批"节水型工业园区"。

"八大行业节水专项行动"实施方案的保障措施包括：强化建设项目节水设施"三同时"管理。加强节水科技支撑，组织科研院所开展节水技术攻关，重点是"零排放"技术、提高浓缩倍率技术、中水回用技术、污水资源化技术和水网络集成技术等。加快先进成熟节水技术、节水工艺和节水设备推广应用。制定并落实节水财政政策和税收优惠抵免政策，各级财政要安排资金采取补助、奖励等方式支持企业节水技改、节水器具推广和"节水型企业"的创建。鼓励企业使用节水型设备，建立节水型产品认证制度和市场准入机制。建立节水激励和约束机制，加大水资源费征收力度，推行差别水价，对限制类、淘汰类高耗水企业，实施惩罚性水价。制定并实施再生水、雨水利用的政策和价格标准。加大超计划超定额用水加价收费的力度，对"零排放"企业实行免征污水处理费等节水减排税收政策，通过价格杠杆调控企业采取节水措施。落实节水行动目标责任制，各地要明确专门机构和专门人员负责本地"八大行业节水专项行动"方案制定和组织实施工作，参与行动的企业要设立节水管理岗位。对未按时完成任务的企业，要通报批评，限期整改；情节严重的，要按《水法》等规定处理[①]。

"八大行业节水专项行动"的做法也运用在城镇节水方面，重点组织学校、机关、社区等单位创建"节水型单位"、"节水型学校"、"节水型社区"等活动[②]。实践证明，以创建"节水型企业"、"节水型单位"为抓手，有针对性的分期分批组织各行各业的企业、单位开展"节水专项行动"，把节水规划落实到节水行动上，工业和城镇节水管理工作才能不断取得突破性进展。创建"节水型企业"、"节水型单位"的活动在基层广泛开展，才能为深入开展创建国家"节水型城市"和省级"节水型城镇"的活动打下坚实的基础。

（五）大力推广节水技术，开发节水器具市场

节水技术和节水器具潜力巨大，目前四川省推广应用差距较大。在生活节水器具方面，应采取措施大力推广应用延时自闭节水型水龙头、冲洗水量小于6升的节水型便器、延时自闭型或配有限流装置的淋浴设施、延时自闭冲洗阀门等。加速淘汰的"耗水"型器具，包括建筑内铸铁螺旋升降式水龙头、铸铁螺旋式截止阀、冲洗水量大于9升的便器及水箱等。还应注重推广公共建筑节水措施，包括普及公共建筑空调的循环冷却技术；在锅炉蒸汽冷凝水回用技术方面，主要是采用密闭式凝结水回收系统、热泵式凝结水回收系统、压缩机回收废蒸汽系统、恒温压力回水器等，间接利用蒸汽的蒸汽冷凝水的回收率应达85%以上；游泳池应配备循环回用装置；没有配置水处理循环应用装置的公共建筑，应在限期内改造完成。同时，应大力推进市政环境节水活动，推广绿化节水技术，包括应用生

---

① 《江苏省实施八大行业节水行动方案》，国家发改委官方网站，2007年9月10日。

② 季红飞、潘杰、程瀛执笔《节水型社会在江苏》，江苏省水利厅官方网站，2011年11月24日。

物省水技术，种植耐旱性植物；绿化用水优先使用再生水，使用非再生水的，应采用喷灌、微灌、滴灌等节水灌溉技术。在景观用水方面，应推广建设循环水系统，实行循环用水，并积极使用城市污水处理厂再生水。在洗车节水方面，推广采用高压喷枪冲车、电脑控制洗车等节水作业技术，开发环保型无水洗车技术，大力发展免冲洗环保公厕设施和其他节水型公厕技术等[①]。

# 四　加快城镇水价改革步伐，促进节约用水和产业结构调整

## （一）完善水价形成机制和供水差别定价制度

《中共中央　国务院关于水利发展改革的决定》提出，要"加快城镇水价改革步伐，充分发挥水价的调节作用，兼顾效率和公平，大力促进节约用水和产业结构调整"，并要求"完善水价形成机制和供水差别定价制度，工业和服务业用水要逐步实行超额累进加价制度，拉开高耗水行业与其他行业的水价差价。合理调整城市居民生活用水价格，稳步推行阶梯式水价制度"。我们在本书的第五章和第六章，已分别对四川省的城镇供水价格和污水处理收费的现状做了分析，还提出需要制定污泥处置费和再生水价格标准等建议。现在，更为重要的是应加紧"完善水价形成机制和供水差别定价制度"的步伐。关于"工业和服务业用水要逐步实行超额累进加价制度，拉开高耗水行业与其他行业的水价差价"的问题，四川省人民政府于2005年12月30日发布的《关于深化水价改革加强节水工作的实施意见》已明确，要全面实行行业用水超定额累进加价制度，要求对超定额计划用水实行加价收费，超定额用水10%以内的，加价5%；超定额用水10%~30%的，加价10%；超定额用水30%以上的，加价20%。严重缺水地区可在此基础上实行高额累进加价制度。适当拉大高耗水行业与其他行业用水的差价，城市绿化、市政设施、消防等公用行业用水要尽快实行计量计价制度[②]。这些意见，

---

① 吴量亮：《节水器具市场潜力巨大　节约用水率可达62%》，中安在线，2011年10月31日。

② 四川省人民政府：《关于深化水价改革加强节水工作的实施意见》（川府函〔2005〕257号），2005年12月30日。

对促进各行业节约用水、调整产业结构和产品结构、推动技术进步、提高经济效益，都具有重要意义。当前的问题是，要在制定实施细则的基础上，积极抓紧落实。

### （二）水费支出与居民收入

我们将侧重讨论城市居民生活用水价格调整和推行阶梯式水价制度，以促进城镇节水的问题。据一项研究称，居民用自来水的需求收入弹性系数为0.50，即居民收入增加一倍，用水量将增长50%；自来水的需求价格弹性系数为-0.204，即水价上涨一倍，居民用水量会减少20.4%。该研究认为，随着居民收入增加，必然带动居民自来水消费量的增加。价格杠杆对抑制居民生活用水量有一定作用，但其作用是有限的[①]。因此，不能把提高城镇居民生活用水价格作为节水的主要或唯一手段，还需结合再生水等非传统水源利用、节水器具推广等措施，才能更有效达到城镇居民生活用水的节水目标。应该看到，近年来四川省经济高速发展，城镇居民收入增长较快，水价偏低的状况逐渐显现，造成供水企业亏损增加，不仅影响供水行业的发展，也不利于节水目标的实现，深化水价改革势在必行。一般国际上认为用水消费支出占到人均可支配收入3%是合理的，而我国的用水支出不及人均可支配收入的1%～2%。从表8-7可以看出，据不完全统计测算，2010年四川省和成都市的城镇人均水费支出占可支配收入的比重约为1%，而部分城镇在1%以下，最低的不足0.4%。有专家指出，合理提高水价，不仅是确保供水行业持续运营资金的重要手段，也是确保供水水质和服务质量的基础[②]。水价偏低，必将影响供水水质和服务质量的提高，从根本上讲对居民用水是不利的。

表8-7　2010年四川省及部分城市人均水费支出占可支配收入比重

| 项　　目 | 人均生活用水量 | | 居民生活用水收费标准（元/m³） | | | 人均年水费支出（元） | 人均年可支配收入（元） | 水费占收入比重（%） |
|---|---|---|---|---|---|---|---|---|
| | L/人·日 | m³/人·年 | 供水价格 | 污水处理费 | 合计 | | | |
| 成都市 | 226.3 | 82.6 | 1.70 | 0.80 | 2.50 | 206.50 | 19920 | 1.04 |
| 眉山市 | 122.0 | 44.5 | 2.10 | 0.50 | 2.60 | 115.70 | 14644 | 0.79 |

---

① 冯业栋、李传昭：《居民生活用水消费情况抽样调查分析》，《重庆大学学报》第27卷第4期。

② 傅涛：《水价二十讲》，中国建筑工业出版社，2011，第27页。

| 项 目 | 人均生活用水量 | | 居民生活用水收费标准（元/m³） | | | 人均年水费支出（元） | 人均年可支配收入（元） | 水费占收入比重（%） |
| --- | --- | --- | --- | --- | --- | --- | --- | --- |
| | L/人·日 | m³/人·年 | 供水价格 | 污水处理费 | 合计 | | | |
| 广 安 市 | 128.0 | 46.7 | 1.95 | 0.40 | 2.35 | 109.80 | 14754 | 0.74 |
| 巴 中 市 | 67.0 | 24.5 | 1.80 | 0.55 | 2.35 | 57.60 | 12413 | 0.46 |
| 德 阳 市 | 97.0 | 35.4 | 1.45 | 0.70 | 2.15 | 76.11 | 16202 | 0.47 |
| 乐 山 市 | 127.0 | 46.4 | 1.75 | 0.60 | 2.35 | 109.04 | 15237 | 0.72 |
| 泸 州 市 | 116.0 | 42.3 | 1.83 | 0.40 | 2.23 | 94.33 | 15505 | 0.61 |
| 宜 宾 市 | 148.0 | 54.0 | 1.60 | 0.40 | 2.00 | 108.00 | 15261 | 0.71 |
| 攀枝花市 | 154.0 | 56.2 | 1.70 | 0.55 | 2.25 | 126.45 | 16882 | 0.75 |
| 遂 宁 市 | 72.0 | 26.2 | 1.38 | 0.55 | 1.93 | 50.57 | 13778 | 0.37 |
| 四 川 省 | 190.7 | 69.0 | 1.74 | 0.51 | 2.25 | 155.25 | 15461 | 1.00 |

资料来源：四川省部分城市人均生活用水量、部分城市居民生活用水的供水价格和污水处理费，分别采用《城市供水统计年鉴（2011）》、《城镇排水统计年鉴（2011）》（中国城镇供水排水协会编）的数据；城镇居民人均可支配收入采用《四川省统计年鉴（2011）》的数据。注：由于统计口径不一致的因素，实际的人均年水费支出占人均年可支配收入的比重，可能比此表测算的比重值偏低。

有专家认为，提高水价的目标，应覆盖高水平服务的全运营服务成本。国际上按承受率测算，世界银行认为应不超过 5%；国际上一般通行的是 2% ~ 3%；中国在 2% 以下的水价支付比率是合理的。如果超过 3%，政府应对贫困人群采取一定的补贴机制[1]。据世界银行的一项研究介绍，经合组织（OECD）国家在努力让水价体现水服务的经济和环境全成本的同时，还注意解决敏感人群水费可承受能力问题。解决可承受能力问题的社会措施可以分为两大类：①收入补贴措施；②与水费相关联的措施。共同的方法是基于"基本生活需求的收费结构"，它为通过资格审查的低收入家庭在特定水量（如每个家庭每月 10m³）范围内提供低收费标准[2]。表 8-8 是 2010 年四川省按收入等级分城镇居民人均水费支出占可支配收入比重的测算情况。从表 8-8 中可以看出，按现行城市平均水费测算，四川省有 20% 的城镇居民低收入户，人均水费支出占可支配收

---

① 傅涛、沙建新：《水务资本论》，学林出版社，2011，第 86~87、97~98 页。

② 谢世清、Yoonhee Kim、顾立欣、David Ehrhardt、樊明远：《展望中国城市水业》，中国建筑工业出版社，2007，第 88 页。

入的比重约为 2.23%。解决好这部分城镇居民低收入户的水费补贴问题，是深化水价改革的关键之一。

表 8−8　2010 年四川省按收入等级分城镇居民人均水费支出占可支配收入比重

| 项　　目 | 低收入户 | 较低收入户 | 中间收入户 | 较高收入户 | 高收入户 |
|---|---|---|---|---|---|
| 人均年水费支出（元） | 155.25 | | | | |
| 人均年可支配收入（元） | 6967 | 11253 | 14918 | 19730 | 31077 |
| 水费占收入比重（%） | 2.23 | 1.38 | 1.04 | 0.79 | 0.50 |

资料来源：人均水费支出分别采用《城市供水统计年鉴（2011）》、《城镇排水统计年鉴（2011）》（中国城镇供水排水协会编）的四川省部分城市人均生活用水量、部分城市居民生活用水的供水价格和污水处理费等数据测算（见表 7−8）；按收入等级分，城镇居民人均可支配收入采用《四川省统计年鉴（2011）》的数据。注：由于统计口径不一致的因素，实际的人均年水费支出占人均年可支配收入的比重，可能比此表测算的比重值偏低。

## （三）改进阶梯式计量水价制度

1998 年原国家计委和建设部联合颁布了《城市供水价格管理办法》，以遵循"补偿成本、合理收益、节约用水、公平负担"为原则，要求城市居民生活用水先实行阶梯式计量水价。2005 年四川省人民政府发布《关于深化水价改革加强节水工作的实施意见》也强调，要加快推进城镇居民生活用水阶梯式计量水价制度。凡已实行"一户一表"计量制的地区，都应实行阶梯式计量水价办法。各地要合理核定各级用水量基数，在确保基本生活用水的前提下，适当拉大水量级间价差。未实行"一户一表"计量制的地区，要加快改造步伐，费用计入供水价格，供水企业实施抄表到户。新建住宅必须实行"一户一表"制，推行阶梯式计量水价。但据了解，多年来，实行阶梯式计量水价的情况不理想。究其原因，主要是文件对提出的"合理核定各级用水量基数和水量级间价差"和"实行'一户一表'计量制的改造费用"等问题只有指导性原则，没有出台具体可操作的政策。由于这些问题没有得到很好的解决，致使城市居民生活用水实行阶梯式计量水价制度不能很好地落实。

我们先讨论"合理核定各级用水量基数和水量级间价差"的问题，主要是讨论第一级水量的属性和核定第一级水量基数的问题。《城市供水价格管理办法》提出，阶梯式计量水价可分为三级，级差为 1∶1.5∶2。居民生活用水阶梯式水价的第一级水量基数，根据确保居民基本生活用水的原则制定；第二级水量基数，根据改善和提高居民生活质量的原则制定；第三级水量基数，根据按市场价格满足特殊需要的原则制定。具体比价关系和各级水量基数由所在城市结合本地实际情况确定。有研究认为，第一级水量应视为"生存"水量，用于保障居民最基本的生活所需。用水量小于生存水量的居民可以享受经国家财政补贴，价格水平低于单一计量水价的水价，甚至可以全部免费[①]。我们认为，《城市供水价格管理办法》定义第一级水量的属性为"居民基本生活用水"是准确的。我们或者可将第一级水量称之为"温饱需水量"，这是必须确保的居民基本生活用水量。明确了第一级水量属"温饱需水量"，就自然引申出两个推论，一是第一级水量基数，一般来说应低于目前当地城镇家庭平均用水量才较合理；二是在第一级水量基数范围内，低收入户可享受国家补贴政策，对低保户可实行免费政策。四川省有城市在实行阶梯水价前，调查城市居民每户每月平均用水量为 9.4$m^3$，但经有关领导部门讨论研究决定，第一级水量每户每月为 25$m^3$。这个第一级水量比广州（22$m^3$/户·月）、深圳（22$m^3$/户·月）、南京（20$m^3$/户·月）、海口（6$m^3$/人·月）等南方丰水地区的城市还高[②]。结果时至如今，没有一户居民用水量超过第一级水量基数。我们认为，第一级水量基数不能过高，因为这样不仅不能节约用水，反而有鼓励高收入户浪费水资源之嫌；同时第一级水量基数也不能过低，因为必须确保低收入户的基本生活用水（见参考资料 8-2）。因此，四川省在未来制定《城市供水价格管理实施办法》时，不能只有原则，而应在调查研究的基础上，结合本省实际明确水量基数的范围。如陕西省就明确规定，居民生活用水第一级水量基数为月消费水量 10$m^3$/户，第二级水量基数为月消费水量 15$m^3$/户，超过部分为第三级水量[③]。四川省已有城市在实行阶梯水价时，在第一级水量基数内对低保户实行免费政策。但财政没有补贴，由供水企业负担。这样的做法，由于没有法规依据，不具合法性和持续性。因此，四川省在制定《城市供水价格管理实施办法》时，还应明确在第一级水量基数范围内，对低收入户实行补贴和对

①　张德震、陈西庆：《我国城市居民生活用水价格制定的思考》，《华东师范大学学报》（自然科学版）2003 年第 2 期。

②　转摘自郭力方《阶梯水价加速推行　水务公司受益　水价上调有限》，《中国证券报》2012年 6 月 28 日。

③　《陕西省城市供水价格管理暂行办法》，2005 年 5 月 18 日。

低保户实行免费的政策做出规定。解决了第一级水量基数的属性和对低收入户补贴及对低保户免费的政策，才能为深化水价改革打下基础。

>>> **参考资料 8-2**

## 四川绵阳市中心城区自来水价格制定情况简介[①]

绵阳市中心城区自来水价格一览

| 供水类别 | | | 两年分步到位价格（元/m³） | | | | | |
|---|---|---|---|---|---|---|---|---|
| | | | 2010 年 | | | 2011 年 | | |
| | | | 自来水 | 污水处理 | 终端价格 | 自来水 | 污水处理 | 终端价格 |
| 居民生活用水 | 第一级 | 25m³/户·月 及其以下 | 1.75 | 0.65 | 2.40 | 1.95 | 0.65 | 2.60 |
| | 第二级 | 25~35m³/户·月 （含 35m³） | 2.63 | 0.65 | 3.28 | 2.93 | 0.65 | 3.58 |
| | 第三级 | 35m³/户·月 以上 | 3.50 | 0.65 | 4.15 | 3.90 | 0.65 | 4.55 |
| 非居民生活用水 | 工业用水 | | 2.00 | 1.00 | 3.20 | 2.35 | 1.00 | 3.35 |
| | 行政事业用水 | | 2.20 | 1.00 | 3.25 | 2.35 | 1.00 | 3.35 |
| | 经营服务业用水 | | 2.35 | 1.00 | 3.35 | 2.35 | 1.00 | 3.35 |
| 特种行业用水 | 其他特种行业用水 | | 4.30 | 1.90 | 6.20 | 4.80 | 1.90 | 6.70 |
| | 洗车场用水 | | 5.70 | 2.10 | 7.80 | 6.70 | 2.10 | 8.80 |

城市供水价格类别及基本范围划分

根据国家发改委、住房城乡建设部《关于做好城市供水价格管理工作有关问题的通知》（发改价格〔2009〕1789 号），四川省人大城乡建设环境资源保护委员会、四川省建设厅、四川省物价局《关于〈四川省城市供水管理条例〉第 32 条供水价格分类的基本范围释义的补充通知》（川人城环资〔2007〕6 号），国家发改委、教育部《关于学校水电气价格有关问题的通知》（发改价格〔2007〕2463 号）规定；

1. 居民生活用水，指城市范围内所有家庭日常生活用水，流动人员居家生活

---

[①] 绵阳市水务集团公司提供，2011 年 11 月。

用水，人民解放军、武警部队、公安干警办公用水，学校教学和学生生活用水，城市市政、消防、环卫、园林、绿化等公共设施用水。

2. 非居民生活用水，（1）行政事业用水，指党政机关、社会团体，由政府财政补贴的教科文卫及社会公益单位和组织，外国驻川非经营组织办事机构用水。（2）工业用水，指从事工业性产品生产或运用物理、化学、生物等技术进行加工和维持功能性活动所需用水。包括冶金、化工、造纸、制革、纺织、印染、医药、电子和其他制造业用水，种植业、养殖业的农产品加工用水。（3）经营服务业用水，指流通过程中从事商品交换、流转和提供商业、金融等有偿服务的企业或组织用水。居民用水、工业用水、特种行业用水界定范围以外的用水。

3. 特种行业用水，指各种提供住宿收费经营的单位；经营面积100m²以上的餐饮业；茶楼、夜总会、健身房、高尔夫球场、休闲会所、桑拿、浴（足）室、美容、美发、酿酒、饮料、饮水制造（含纯净水）、烟草加工、洗车等用水。

我们再讨论一下"实行'一户一表'计量制的改造费用"的问题。有专家认为，实行阶梯式计量水价的一大障碍，是实行阶梯水价必须抄表到户，需要一户一表和水表改造（更换为智能水表）的资金投入，还要求供水企业提高管理和服务水平，需要提高成本（如提高控制漏损能力的成本、收费及服务的成本等）。水表改造所需资金由供水企业或自来水用户承担都有困难，也不现实。抄表到户和阶梯水价和全社会节约用水密切相关，是属公众收益和社会收益，应由政府主导投资①。广西壮族自治区对此做出了规定，对原有住房，各方应积极创造条件推进城镇用户水表"一户一表"改造工作，逐步完成用户水表总表改造，为阶梯式计量水价改革创造条件。改造费用通过理顺城镇供水价格、供水企业自筹、用户出资来进行筹措，筹措比例原则上为1:1:1。新建住宅必须装表到户。新建住宅的供水设施安装费用由建设单位承担。计量水表以后（不含水表）至住宅内部供水管道和用水设备的安装，应坚持建设单位自愿委托的原则。在工程竣工并经供水企业验收合格后，由供水企业实行计量到户、抄表到户、收费到户、

---

① 傅涛、沙建新：《水务资本论》，学林出版社，2011，第86~87、97~98页。

服务到户[①]。广西虽对"一户一表"水表改造费用的筹措渠道做了原则规定，但公共财政也未给予投资补助。我们认为，公共财政应当给予一定投资补助作为引导，"一户一表"水表改造才能开展得更为顺利。

公共财政对低收入户和低保户在"温饱需水量"基数内的水费给予适当的减免，以及对"一户一表"水表改造给予一定投资补助，是实现基本公共供水服务均等化和体现公共供水服务公益性的重要措施。"欲将取之，必先予之"，只有如此才能更有利于深化水价改革，有利于节约用水和水资源保护。而且，以往不少城市的公共财政实际上也曾"暗补"过供水行业；如今，将公共财政对低收入户及低保户的水费给予适当的减免，和对"一户一表"水表改造给予的一定补助，直接"明补"给用户，必将得到人民群众的拥护。

城镇供水属公共服务性质，需要被服务者充分参与，因此国家规定供水水价调整必须经过听证会程序。目前，消费者对水价听证会反应不佳，水价听证会的象征意义大于实际意义。其原因在于，作为消费者的外行在几天或一天之内对审计报表、成本监审要全部了解是不现实的，而且容易引发消费者的抵触情绪（见图8-3）。没有公开化的机制做基础，听证会就不会有实质性的作用。因此，只有服务公开化和成本透明化，建立供水企业的绩效管理体系，让平均成本成为定价基础，才能破解当前水价听证会存在的问题。有专家认为，公共服务机构应建立类似上市公司一样的信息公开制度，供水公司必须定期向消费者公开发布企业的经营状况和相关数据等信息[②]。公共服务机构定期公开披露经营管理等信息数据，是消费者以听证方式对公共服务机构行使监督权利的重要基础，也是深化水价改革的必备前提条件。四川省有关部门应在先行试点的基础上，再有序地逐步推广施行。

（四）富裕的用水需求和严格的节水管理

在前述明确了第一级水量为"温饱需水量"的属性后，我们还需再深入讨论一下第二级和第三级水量基数的属性问题。第二级水量基数按《城市供水价格管理办法》的定义，应"根据改善和提高居民生活质量的原则"制定，这是正确的。

① 《广西壮族自治区城镇供水价格管理办法》，2011年9月16日。

② 傅涛、沙建新：《水务资本论》，学林出版社，2011，第86~87、97~98页。

**图 8 - 3　漫画："同意涨价的请举手！"**

资料来源：作者朱慧卿，《半岛都市报》2009 年 8 月 2 日。

我们认为，也可以把第二级水量基数的属性定为"小康需水量"。第三级水量基数按《城市供水价格管理办法》的定义，应"根据按市场价格满足特殊需要的原则"制定，这不完全准确。我们认为，把第三级水量基数的属性定为"富裕需水量"似乎更为确切。之所以如此定义第二级和第三级水量基数的属性，这是因为这样定义，才能与中国特色社会主义建设进程和发展目标的提法相一致，并为"在确保基本生活用水的前提下，适当拉大水量级间价差"（四川省人民政府《关于深化水价改革加强节水工作的实施意见》语），即在第二级和第三级水量基数范围内，一级级逐步扩大市场化定价机制的作用提供依据。我们不必回避在从小康到富裕的过程中，随着生活质量逐步提高，人们必然会由于追求生活用水的舒适性而逐渐增加生活用水量。人均达到"富裕需水量"，将是中国的社会经济发展到发达水平，实现共同富裕后的必然结果。为什么西方发达国家的人们可以因富裕而舒舒服服地沐浴、畅畅快快地游泳，而中国人即使富裕了也只能紧紧巴巴地用水？为城乡居民提供优质供水服务，满足居民日益增长的生活用水需求，是供水行业的奋斗目标。但是，这必须有前置条件。其一，第三级需水量基数即"富裕需水量"应有上限，超过了上限就属第四级需水量基数，即"奢侈需水量"。对"奢侈需水量"必须课以高额水资源税，并直接交归国库；其二，必须有节水高技术的推广应用、非传统水资源的广泛使用，以及严格执行的节水管理制度为前提。富裕的用水需求和严格的节水管理并不矛盾。在高水平节水的情景下，一样可以实现高水平的生活质量和富裕而舒适的生活用水。

# 第九章　整合优化城镇水务资源诸要素 促进水务发展方式转变

## 一　加大城镇水务科技投入，转变城镇水务发展方式

### （一）　四川城镇水务科技进步的回顾

"十一五"时期，四川省加强了城镇水务科技进步的工作力度。积极争取国家重大科研项目——"水专项"的支持，四川参与和承担的国家"水专项"课题，如"西南村镇库泊地表饮用水安全保障适用技术研究与示范"、"自来水厂应急净化处理技术及工艺体系研究与示范"等已基本完成。实施了"四川省水污染物排放标准（修订）"、"四川省主要河流水环境功能区划研究"、"四川省水环境容量及总量优化分配研究"等项目。开展了"社会主义新农村集中居住区新型生活污水处理设备及示范工程"、"农户一体化卫生饮用水净化机"等项目。同时，结合城乡环境综合整治，组织开展了"地埋式、高效率、低运行费生活污水处理工艺"、"废乳液（HW09）无害化处置和资源化利用工程"、"洗涤废水智能一体化处理回用设备"等项目。西南村镇库泊地表饮用水安全保障适用技术研究与示范，为解决农村分散式饮水安全提供了较好的技术方法。高效、低成本、易管理且适合农村生活污水处理的工艺项目的研究，为改善农村环境发挥了一定的示范作用。"超磁分离水体净化技术"获得 2010 年度国家环境保护科学技术二等奖；"生物流化床与生物滤池复合式污水处理反应器"等技术被评为国家重点环境保护实用技术，被评为国家环境保护示范工程[①]。

城镇水务科技企业的大发展，是城镇水务科技进步的亮点。其中，一批中小型水业高新技术民营企业的快速崛起，中国西南市政设计研究院、四川省环境保

---

[①]　四川省环境保护厅：《四川省环境保护"十二五"科技发展专项规划》，2011 年 7 月。

护科学研究院等一批国有大中型水业高新技术企业的持续发展，城市大中型水务企业开始成为水业科技研发的主体，是"十一五"期间四川城镇水务科技进步的三大突出标志。

以成都市自来水有限公司为例，该公司技术中心近几年主要研发项目有七项，这些成果均已应用于企业的生产和经营管理：一是自主开发建设管网地理信息系统，使管网信息集成到统一的电子平台上，方便管网运行维护管理和建设；二是与西安建筑科技大学联合完成"高浊度水处理技术研究"，为应对"5·12"震后高发风险——泥石流做好技术准备，并为原水高浊度时确保自来水水质构建了技术防线；三是与北京塞特雷特、上海三高等公司建立无线电台、GPRS、光缆等多种通信方式生产数据采集系统，提高数据采集的安全可靠性并扩大生产数据采集面；四是与上海三高公司合作，开发呼叫中心（Call Center）系统，使热线电话服务更加规范化、话务分析和业务分析功能提升，为热线服务水平的持续提高创造了条件；五是完成管网水力模型软件平台转换和升级，使管网模型更加接近实际管网，并完成了新建水厂投产后的调度方案模拟分析，该项目获得第三届全国职工优秀技术创新成果优秀奖；六是与中国市政工程西南设计研究院、成都市规划院合作完成了《成都市供水体系规划》，为成都市供水发展谋划了方向和蓝图；七是参加国家"十一五"水专项"自来水厂应急净化处理技术及工艺体系研究与示范"课题研究，为突发有机、重金属等污染的应急处理方法选择进行技术研究，并以此课题为依托，完善了公司的应急处理工艺系统。成都市自来水有限公司目前还在开展膜处理技术研究，为拓展水处理技术储备及水厂技术改造进行探索[①]。

成都市自来水有限公司近年来科技研发取得突出成果，得益于企业高度重视人才培养和引进。据调查，公司在岗职工人数为1536人，其中具有各类技术职称的人才为422人，占到全公司职工人数的27.5%（见表9-1）。"十五"和"十一五"期间，四川省城镇供水排水协会大力开展城镇水务企业科技人才和技工的培训工作，为全省城镇水务企业，尤其是为中、小型水务企业技术进步和管理水平提升起到了重要的促进作用。

---

① 《成都市自来水有限公司科技情况介绍材料》，2011年11月。

表 9 - 1　成都市自来水有限公司科技人才情况

单位：人

| 类　别 | 职　称 | 人　数 | 合　计 |
|---|---|---|---|
| 技术类 | 助理工程师 | 160 | 311 |
| | 工程师 | 118 | |
| | 高级工程师 | 33 | |
| 经济类 | 助理经济师 | 31 | 59 |
| | 经济师 | 27 | |
| | 高级经济师 | 1 | |
| 会计类 | 助理会计师 | 24 | 48 |
| | 会计师 | 21 | |
| | 高级会计师 | 3 | |
| 统计类 | 助理统计师 | 1 | 4 |
| | 统计师 | 2 | |
| | 高级统计师 | 1 | |

资料来源：成都自来水有限公司提供，2011 年 11 月。

　　四川省"十一五"期间城镇水务科技工作还存在不少问题。一是四川治水科技研发投入严重不足。据了解，"十一五"期间启动的国家"水专项"，总经费概算达 300 多亿元（见参考资料 9 - 1）；环境保护部制定的"十二五"环保科技规划中，不包括地方配套、企业投入和国际合作资金，预计在环境保护科技领域投入经费约 220 亿元，达到"十一五"投资预算 60 亿元的 3 倍多，其中水污染防治领域占比最高，估值达 50 亿元[1]。再看四川治水研发投入情况，"十一五"期间四川省环保科研专项资金（我们有理由认为，其中应包含水污染防治科研资金）累计投入只有 750 万元，而"十二五"环境保护科技发展专项规划的水污染防治领域估算投资也仅 2000 万元。二是由于四川没有类似国家"水专项"的龙头项目统领，致使四川治水科技研发项目分散、主次不分、重点不突出、示范作用不显著。三是一些科研单位、大专院校习惯于"论文治水"，科研成果推广应用差，与实际工程和治水项目结合不密切[2]。四是缺乏调动企业、科研院校、社会团体

[1]　转引自《十二五：水污染处理投资额最高》，中国建筑水网，2011 年 8 月 9 日。

[2]　仇保兴：《在治水实践中优化科技创新》，《中国建设报》2010 年 9 月 3 日。

合作研发和推广应用新产品、新技术的政策和机制，新产品、新技术产业化程度低。五是企业作为科技研发的主导作用不突出，特别是中小型城镇水务企业人才匮乏和技术落后的情况严重。从表9-2可以间接看出，四川中小型水务企业高层次科技人才缺乏的现象十分突出。

>>> **参考资料 9-1**

### 国家"水专项"简介①

《水体污染控制与治理科技重大专项》（以下简称"水专项"）是为实现中国经济社会又好又快发展，调整经济结构，转变经济发展方式，缓解我国能源、资源和环境的瓶颈制约，根据《国家中长期科学和技术发展规划纲要（2006~2020年)》设立的十六个重大科技专项之一，旨在为中国水体污染控制与治理、为水体污染物排放总量减少的约束性指标的实现提供科技支撑。

根据《国家中长期科学和技术发展规划纲要（2006~2020年)》要求，按照"自主创新、重点跨越、支撑发展、引领未来"的环境科技指导方针，"水专项"从理论创新、体制创新、机制创新、集成创新出发，立足中国水污染控制和治理关键科技问题的解决与突破，遵循集中力量解决主要矛盾的原则，选择典型流域开展水污染控制与水环境保护的综合示范。针对解决制约我国社会经济发展的重大水污染科技瓶颈问题，重点突破工业污染源控制与治理、农业面源污染控制与治理、城市污水处理与资源化、水体水质净化与生态修复、饮用水安全保障以及水环境监控预警与管理等水污染控制与治理等关键技术和共性技术。将通过湖泊富营养化控制与治理技术综合示范、河流水污染控制综合整治技术示范、城市水污染控制与水环境综合整治技术示范、饮用水安全保障技术综合示范、流域水环境监控预警技术与综合管理示范、水环境管理与政策研究及示范，实现示范区域水环境质量改善和饮用水安全的目标，有效提高我国流域水污染防治和管理技术水平。

水专项精心设计，循序渐进，将分三个阶段进行组织实施，第一阶段目

---

① 摘自《水专项简介》，2008年8月30日。

标主要是突破水体"控源减排"关键技术，第二阶段目标主要是突破水体"减负修复"关键技术，第三阶段目标主要是突破流域水环境"综合调控"成套关键技术。水专项是新中国成立以来投资最大的水污染治理科技项目，总经费概算300多亿元。"水专项"通过国务院常务会议审议后，已进入全面实施阶段。

表9-2　2010~2012年四川大学给排水专业硕士研究生就业去向调查

单位:%

| 年　份 | 城市比重 | 县比重 | 四川比重 |
|---|---|---|---|
| 2010 | 80 | 20 | 100 |
| 2011 | 100 | 0 | 83.33 |
| 2012 | 75 | 25 | 75 |

资料来源：四川大学建筑与环境学院给排水专业硕士研究生卢春晖同学提供，2011年12月。

由于上述原因，四川治水科技成果应用效果总体不明显，水生态环境脆弱、生态系统退化、水土流失面积大、点源污染突出、面源污染加剧、水源水和供水水质安全保障等问题未得到根本好转。岷江、沱江、嘉陵江部分河段超过三类水域水质标准，以工业废弃物、城市垃圾为代表的固体废物已严重威胁着地表水和地下水。治水科技成果应用效果总体不明显的问题，必须引起决策层和管理层的高度重视。

（二）设立四川"水专项"科研课题

根据《四川省"十二五"环境保护科技发展专项规划》，四川"十二五"规划在水污染防治方面的科技发展总体目标是，积极研究四川省区域—流域性重大环境问题的形成机理和机制，选择典型重点小流域开展环境综合整治研究及示范，初步建立全流域的环境综合整治和社会主义新农村建设相结合与共同发展的模式，大力开展重点领域和重点行业优控污染物筛查、环境暴露和风险评价技术研究，提出应对危害人体健康的突发环境事件快速评估方法和缓减措施，为维护生态安全、保障人体健康提供科技支撑。继续配合国家实施"水体污染控制与治理"科技重大专项，积极组织开展"十二五"水专项项目，初步落实的国家"水专项"子课题有"邛崃市南河流域规范化粪污处置—粪污沼气发酵一体化示范工程"、"四川省眉山市东坡区思蒙河小流域面源污染控制工程"、"三峡库区上游入库通量监控及监控预警平台示范"、"三峡库区上游水资源利用状况调查识别"等 4 个子课题。重点突破流域"减负修复"关键技术、区域饮用水安全保障技术、水质监控预警"业务化"运行技术；自主研发水污染治理技术、成套工艺与装备，引导和培育战略型环保新兴产业；基本建立流域水污染治理技术和水环境管理技术体系，支撑示范流域水质明显改善和保障饮用水安全，继续建设好长江上游生态屏障作用。在流域水污染治理技术方面，重点研发流域水污染治理成套关键技术，提高化工、轻工等重点行业的源头控制与清洁生产技术并集成示范；发展城市污水收集系统、高效除磷脱氮工艺的稳定运行、高效低耗的再生水回用技术、规模化城市污泥处理处置关键技术；研究流域面源污染控制、农业生态循环与减排关键技术和水体生态修复关键技术，基本构建适用、实用、高效、经济的新一代流域水污染治理的技术体系。在流域水环境管理技术研究方面，研究岷江、沱江和嘉陵江"三江"流域水生态功能三级分区与水质目标管理技术；构建流域水环境质量基准、标准体系；研究重点小流域环境综合整治措施，流域水污染防治最佳适用技术，流域环境经济技术政策。形成一批流域水环境监控、评估和预警的共性技术、关键技术和集成技术；制定相关技术标准、规范与政策，基本构建新一代流域水环境管理技术体系。在成套工艺、技术与装备研发及平台建设方面，重点研发高效低耗化学需氧量和氨氮减排、有毒有害污染物控制、再生水回用、面源污染控制、水生态修复、污染源监控、水生态质量监控、风险控制等成套工艺、技术与装备，提高关键材料、设备国产化率，降低成本。引导和培育新型环保产学研联盟。建立流域水污染防治技术的研发平台，全面提升四川省水环境关键设备装备产业化水平和对社会经济发展的支撑能力。在示范工程建设与质量改善方面，重点在岷江、沱江、嘉陵江和环境敏感区等开展流域—子流域水环境改善与生态修复示范研究，示范流域水环境质量提高一个等级或消除劣 V 类。示范流域水环境监控预警实现"业务化"运行，80% 以上的控制单元实现水质目标管理，系统稳定运行可靠度达 80% 以上。在区域—流域生态保护研究方面，研究区域—流域生态质量调查与评估方法，研究区域—流域生态系统健康诊断、生态承载力界定、服务功能评估、生态资产核算及其生态安全性评价技术，研究重大生态工程综合效益评价技术与方法。研究区域/流域生态系统分区调控技术，研究制定四川省各类生态功能区保护标准和调控指标体系，研究各类生态功能区经济社会协调发展机制与生态风险评估预警技术，研究建立生态系统碳汇功能区识别与管理技术；研究建立四川省重要生态保护地监管技术，研究基于生态资产流转的区域生态补偿标准及技术方法。在环境保护重点实验室建设方面，建设水污染防治（包括饮用水水源地保护，河流水和地下水环境模拟与污染控制，农村面源污染控制等方向）；水污染防治技术与设备（河流、湖泊水污染生态修复方向）；固体废物污染防治与资源化技术与设备（包括工业固体废物处理与资源化、污泥处理处置与资源化方向）；重金属污染物防治技术与设备（包括铅、铬、汞、砷污染防治，铬渣处理与资源化方向）。在城乡污染控制方面，改进城市污水（污水处理及回用）、城市生活垃圾（垃圾回收处置与资源化、垃圾焚烧与资源化、垃圾填埋等）；村镇生活污水、农村面源（畜禽养殖业、农药、化肥）污染等的污染控制技术与设备等[①]。

上述情况表明，《四川省环境保护"十二五"科技发展专项规划》在水污染防治领域是一个雄心勃勃的宏伟规划。但前面已经谈到，《四川"十二五"环境保护科技发展专项规划》中，水污染防治领域研发估算投资仅 2000 万元，与此宏伟规划的任务似乎不相匹配；同时，由于四川没有类似国家"水专项"的龙头项目统领各个治水研发项目，致使项目分散、主次不分、重点不突出、整体性差、示范作用不显著，造成四川治水科技成果应用效果总体不明显。为此，我们在第六章第三部分中曾建议，四川省有关部门应在充分消化运用"国家水专项"已取得成果的基础上，结合四川省实际，加大四川省河流污染防治和综合治理技术体系的研发投入，统筹四川的"水专项"子课题和其他有关水污染防治的科研课题，将相关课题优化组合形成"课题链"，进一步选择若干污染严重的河流作为研究示范区，才可能从根本上逐步实现四川省河流水环境质量的整体改善，促使流域整体水生态环境向良性循环方向发展。实际上，这就是参照国家"水专项"的模式，设立与其类似的四川"水专项"课题。这种模式的优点，一是能更充分利用国家"水专项"的研发成果，结合四川实际取得更显著的成效；二是省级有关部门可针对四川"水专项"课题，集中加大科

---

① 四川省环境保护厅：《四川省环境保护"十二五"科技发展专项规划》，2011 年 7 月。

技研发投资力度，同时还可调动政府各部门、社会各方面资源（包括人力、物力、财力），形成合力解决一批四川水污染防治领域的难题；三是在四川"水专项"总课题统领下，可组织、协调、统筹各子课题，解决项目分散、主次不分、重点不突出、整体性差的问题；四是以四川若干污染严重的河流、湖泊为示范，使研发项目能直接与流域治理紧密结合，取得实效。这个建议，仅供有关决策和管理机构参考。

（三）完善企业主导的城镇水务科技研发体制

在城镇水务领域，还要加快建立企业主导产业技术研发创新的体制机制。企业作为生产经营的市场主体，直接参与市场竞争，对产业和产品技术发展创新最为敏感。只有企业主导技术研发和创新，才能加快技术创新成果转化应用。建立起企业为主体、产学研相结合的技术创新体系，才能有效解决科技与经济两张皮问题。应鼓励城镇水务企业以产学研结合的形式，合作研发关键共性技术，共同出资、共担风险、共享成果。鼓励水务企业与科研机构、高校联合共建实验室和技术研发平台，以多种形式合作开展技术研发创新。以应用为目标的治水科技项目，应建立由水务企业牵头实施的机制。中小型水业科技型企业是水务行业最具创新活力的企业群体，是技术创新的生力军，应在科技政策和经济政策上给予更大支持，发挥其在水务技术创新中的独特作用。

下面以绵阳水务集团科技发展情况为例，来说明健全企业主导的城镇水务科技研发体系的必要性。"十一五"期间，绵阳水务集团技术中心与重庆大学联合创建"水科学与工程技术研发基地"，并与浙江大学、哈尔滨工业大学、西南科技大学、中国城市规划设计研究院、西南市政设计研究院、住建部城市供水水质监测中心、新加坡美能材料科技有限公司等合作，开展给水、污水处理、输配水及水质保障等新技术的研发，取得一系列成果。该技术中心的"十二五"发展方向与目标，是通过产学研结合的技术研发模式，逐步形成以给水处理、污水处理、垃圾处理、水质监测等技术的研发、中试及工程化为重点领域的技术中心，打造机制灵活、创新高效、合作开发的研发平台。他们拟结合国家"水专项"绵阳课题的研究成果，掌握具有自主知识产权的核心水处理技术，对外开展技术服务。其主要研发课题，是针对涪江流域实际情况，从原水、制水、输配水整个流程研究探讨突发事件预警、应急处理手段、安全输配水等技术，建立涪江流域体系原水水质数据实时共享，突发原水污染实时预警平台模型；建立水厂应对多发突发污染的应急处理措施；建立具有实用价值的输配水系统计算机模型、管网水质稳定性评价指标体系和评价方法、开发管网水质稳定性控制技术、管网外源污染控制技术以及管网水质预警技术，从而建立和完善饮用水安全输配保障体系。通过这些平台和模型的建立，全面掌握整个涪江流域的水源水质情况以及主要污染物及其浓度、水量等参数，并预测在某段时间、某个地点发生突发污染后，实时发出预警，计算污染物分布、扩散及其浓度等对流域各水厂的影响，使流域的有关水厂都能抢夺先机采取必要应急手段，应对水源污染突发事件。

此外，技术中心为落实集团公司战略发展规划，还制定了实现企业产业技术升级的目标，包括：完善技术中心组织机构，健全创新机制；密切关注市场需求变化和技术发展趋势，走产学研合作的研发路线，积极与国内外高校院所及著名企业合作；加强研发队伍建设，培养企业高技术人才；开展技术创新，争取 2~3 项具有自主知识产权的科研成果等。近期拟开展项目有：城市管网稳定性研究；超滤膜技术在给水和污水处理中的应用；污泥的减量化和无害化处理处置研究；管网水质动态监测及管网水力水质模型；管网 SCADA 调度系统的完善；二次供水水质保障研究；水质检测新项目方法研究等。近两年，企业内部已立项的研发课题有：城市管网水质稳定性研究；水源水质预警系统建设及应用；涪江微污染原水应急处理技术研究；管道抗震技术研究与应用；供水调度 SCADA 系统升级改造；水质检测新项目方法研究；便携式余氯、二氧化氯仪替代化学试剂；GPS 在GIS 系统中的使用；公司下属水厂自控系统的改造和管网信息管理系统的开发等[①]。

从上述绵阳水务集团技术中心的情况可以看出，企业主导的城镇水务科技研发体制，对企业产业技术升级的重要性。其中企业对市场需求变化、技术发展趋势高度敏感，以及研发项目与企业生产实际深度吻合的特点清晰可见，有关部门应进一步在科技政策、经济政策、资金投入等方面给予支持，充分发挥水务企业

---

[①] 《四川绵阳水务集团技术中心情况介绍材料》，2011 年 11 月 17 日。

在治水科技创新中的主导作用。

（四）加快城镇水务新技术推广应用和产业化步伐

国家"水专项"的实施，以及大批水污染治理科技研发成果的应用，不仅使一些流域水环境得到改善，还带动了一批水务和环保产业的快速崛起。新兴水处理产业的兴起，如以膜技术、材料和装备突破为牵引，辅以污泥脱水等资源化利用关键技术的突破，形成污水、污泥资源化产业；围绕中低浓度蓝藻高效收集等技术，形成湖泊蓝藻打捞及处置一体化产业等。随着新兴水处理技术的产业化，国内一批自主创新企业迅速成长为具有全国或国际影响的水业科技企业，北京"碧水源"和吉林"大成"就是突出的案例。"碧水源"的污水资源化、安全饮水、湿地工程，建成的污水资源化工程总处理能力达 2 亿 m³/年，位居世界前列。其 MBR 工艺、技术、产品已打入国际市场，销往澳大利亚、英国、东欧等国家和地区[①]。

近年来，城镇水务领域涌现出一批潜力巨大的新技术。住房和城乡建设部提出推广应用的主要有：分散式的生态水处理系统技术；低影响开发技术；源分离排水技术；生物质能与营养物回收新技术，从污泥中获得资源和能源；城镇节水新技术；雨洪控制以及雨水利用技术；海水淡化技术；饮用水深度处理技术；污水深度脱氮除磷技术；环境友好型高效净水材料；冷冻相变法高效废水处理技术；离子化增水技术等。住房和城乡建设部还进一步明确，要实现这些新技术的应用，必须先要实现五个方面的超越：一要超越现行标准规范的限制，标准规范要不断翻新和修订。二要超越福特式大规模、集中式处理的旧模式，这是一个工业文明时代的观念，不是生态文明时代的观念。三要超越传统成熟工艺路线的锁定。要突破传统工艺对思想的束缚造成的思想固化。四要超越过去的成功经验。五要超越国内的技术创新。科学技术没有国界，应该广泛应用全世界的创新技术，结成最广泛的科技创新同盟，以应对人类历史上最严重的水危机，解决日益紧迫的水安全问题[②]。四川水务科技企业和水专业科技工作者，要进一步解放思想，开拓进取，加快自主创新的步伐，加快新技术的推广应用和产业化的步伐，才能赢得

---

① 《水专项破解水资源难题　催生新兴产业》，《高新技术产业导报》2010 年 6 月 10 日。
② 仇保兴：《城镇水务潜力巨大的若干新技术》，水世界 - 中国城镇水网，2011 年 9 月 27 日。

发展的先机。

（五）改革城镇水务科技研发投资体制

如前文所述，在国家"十二五"环保科技规划的投资额度中，水污染防治领域占比最高，估值达 50 亿元。但是，目前水务产业和环保产业科技创新难的问题仍然十分突出，主要原因是现行科研机制的计划经济色彩浓厚，有些部门采取谁报课题承担研究就给谁资金，并不关注成果能不能实际应用和产业化。这就导致许多课题组将精力放在争取项目上，造成科研投资效益不佳。当前，在水务和环保产业的企业数量众多，市场竞争活跃，市场机制如果得到充分发挥，必将取得事半功倍的效果。水务和环保产业作为战略新兴产业，更应该利用市场机制，让有限的国家资金花得更有效率和价值。在国外的科研体系中，多采取备案制。即科研主体只需备案课题，自行融资进行研究，只有具备转化效果，才能得到相关部门的奖励补贴。这一思路值得国内水务和环保科研的机制建设工作借鉴。有专家认为，应尽快设立城镇环境基础设施运营专项基金，改直接投资为对环境基础设施进行"末端补贴"。这一投资模式可以有效提高环境基础设施运行效率，避免政府投资产生的"挤出效应"，而应对拉动社会资本投入产生"杠杆效应"，大大提高政府资金的使用效率。政府资金应该向末端转移，已经成为不少业内人士的共识。特别是在鼓励创新方面，补贴奖励用户可能效果更加明显。谁创新或购买了创新的环境技术、产品和服务，谁就能享受到补贴或者优惠。用户的积极性必将带动起企业的主动性。四川省对创新技术和产品加大扶持，在具体方式上应更多地利用市场手段[1]。

## 二　深化改革，强化监管，推进城镇水务市场化进程

（一）四川城镇水务投资情况的回顾

2001～2010 年，是四川省城镇水务产业投资大幅增长的 10 年。表 9-3 列出了"十五"与"十一五"两个五年规划期间，四川城镇供水工程、排水和污水处理工程、再生水利用工程完成投资的情况。

---

[1] 《"十二五"展望 2011 最环保产业》，中国建筑水网，2011 年 2 月 16 日。

表 9 - 3　2001～2010 年四川城镇供排水及污水处理工程完成投资情况

单位：亿元，%

| 工程类别 | | "十五"期间 | | | | | "十一五"期间 | | | | | 增长率 | |
|---|---|---|---|---|---|---|---|---|---|---|---|---|---|
| | | 2001 年 | 2002 年 | 2003 年 | 2004 年 | 2005 年 | 2006 年 | 2007 年 | 2008 年 | 2009 年 | 2010 年 | 年增长率 | 总增长率 |
| 供水工程 | 城市 | 8.27 | 10.46 | 5.10 | 6.03 | 4.99 | 3.46 | 4.80 | 4.46 | 8.80 | 8.91 | 0.8 | 7.7 |
| | 县城 | 1.66 | 2.64 | 2.52 | 2.44 | 1.37 | 1.95 | 3.09 | 1.78 | 2.78 | 4.84 | 12.6 | 192 |
| | 合计 | 9.93 | 13.10 | 7.62 | 8.47 | 6.36 | 5.41 | 7.89 | 6.24 | 11.58 | 13.75 | 3.7 | 39 |
| 排水工程 | 城市 | 8.67 | 10.98 | 26.86 | 26.00 | 13.83 | 8.40 | 22.09 | 11.81 | 18.38 | 12.16 | 3.8 | 40 |
| | 县城 | 0.58 | 0.85 | 1.20 | 3.47 | 3.02 | 2.48 | 5.24 | 8.68 | 11.50 | 11.01 | 38.7 | 1798 |
| | 合计 | 9.25 | 11.83 | 28.06 | 29.47 | 16.85 | 10.88 | 27.33 | 20.49 | 29.88 | 23.17 | 10.7 | 151 |
| 其中污水处理 | 城市 | 2.36 | 5.96 | 8.69 | 10.91 | 3.61 | 1.65 | 7.63 | 6.37 | 7.95 | 5.20 | 9.2 | 120 |
| | 县城 | 0.09 | 0.11 | 0.25 | 0.75 | 1.08 | 0.77 | 3.61 | 5.22 | 7.16 | 7.94 | 64.5 | 8722 |
| | 合计 | 2.45 | 6.07 | 8.94 | 11.66 | 4.69 | 2.42 | 11.24 | 11.59 | 15.11 | 13.14 | 20.5 | 436 |
| 年度合计 | 城市 | 16.94 | 21.44 | 31.96 | 32.03 | 18.82 | 11.86 | 26.89 | 16.27 | 27.18 | 21.07 | 2.5 | 24.4 |
| | 县城 | 2.24 | 3.49 | 3.72 | 5.91 | 4.39 | 4.43 | 8.33 | 10.46 | 14.28 | 15.85 | 24.3 | 608 |
| | 总计 | 19.18 | 24.93 | 35.68 | 37.94 | 23.21 | 16.29 | 35.22 | 26.73 | 41.46 | 36.92 | 7.6 | 92.5 |
| 五年合计 | 城市 | 121.19 | | | | | 103.27 | | | | | -14.79 | |
| | 县城 | 19.75 | | | | | 53.35 | | | | | 170.13 | |
| | 总计 | 140.94 | | | | | 156.62 | | | | | 11.13 | |

资料来源：四川省住房和城乡建设厅提供，2011 年 11 月。原注：排水工程投资中包含污水处理及再生水利用工程投资。

从表 9 - 3 中可以看出，2001～2010 年四川城镇供水、排水及污水处理工程完成的投资，具有如下几个特点：一是城镇供水工程投资总体增长放缓，其中城市增幅趋稳，而县城供水工程的投资则增速较快；二是城镇排水工程投资总体增长迅速，尤其是污水处理工程投资大幅增长，其中特别是县城排水及污水处理工程的投资从无到有，呈现出井喷式增长的强劲态势；三是四川城镇供水、排水及污水处理工程的投资在总体增长的同时，城市"十一五"期间比"十五"期间的投资呈下降趋势，而县城却大幅增长；四是县城在城市和县城的总投资中所占的比重，从"十一五"初的 11.68%，增加到"十二五"末的 42.96%，有了明显的提高（见图 9 - 1）。这说明城市和县城的供水、排水及污水处理的公共服务能力正在朝着均等化方向发展，这是四川城镇化发展的一个良好趋势。

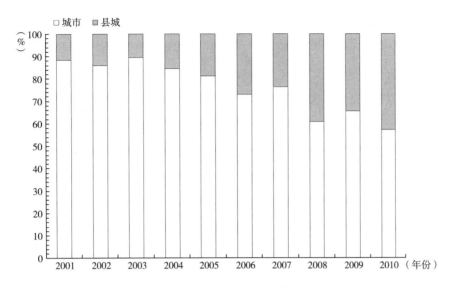

图 9 - 1　2001～2010 年四川城市和县城供排水工程投资比重变化

资料来源：四川省住房和城乡建设厅提供，2011 年 11 月。原注：排水工程投资中包含污水处理及再生水利用工程投资。

（二）四川"十二五"城镇水务投资需求的预测

关于"十二五"期间四川供排水工程投资需求的情况，我们从几项有关"十二五"城镇供排水的规划可以做一个大致的估计。据住房和城乡建设部、国家发展和改革委员会于 2012 年 5 月发布的《全国城镇供水设施改造与建设"十二五"规划及 2020 年远景目标》[①]，"十二五"规划项目总投资为 4100 亿元，其中四川省"十二五"期间的供水设施改造与建设任务，包括水厂改造规模为 169 万 $m^3/$d，管网更新改造长度为 969km，新建水厂规模为 342 万 $m^3/$d，新建管网长度为 4334km，估计"十二五"期间城镇供水工程总投资约需 120 亿元[②]。再据《"十二五"全国城镇污水处理及再生利用设施建设规划》[③]，"十二五"期间，全国城镇污水处理及再生利用设施建设规划投资近 4300 亿元，其中四川省的投资额由于资料缺乏无法估算，但国务院 2012 年 4 月 16 日批复环境保护部、发展和改革委员

---

① 《全国城镇供水设施改造与建设"十二五"规划及 2020 年远景目标》，2012 年 5 月。

② 由于资料缺乏，此投资估计值系根据四川省建设厅《"四川省 2009～2012 年城市供水水质保障和设施改造规划"初步意见的资料》的概算数据所做的粗略换算。

③ 《关于印发〈"十二五"全国城镇污水处理及再生利用设施建设规划〉的通知》（国办发〔2012〕24 号），2012 年 4 月 19 日。

会、财政部、水利部《重点流域水污染防治规划（2011～2015）》[①] 规划项目总投资为 3460.43 亿元，其中"三峡库区及其上游流域"水污染防治项目总投资为458.07 亿元。项目涉及四川省 21 个地（市、州）共 181 个县（市、区），其中工业污染防治治理型项目合计 51 项，投资为 22.66 亿元；城镇污水处理及配套设施项目 81 项，投资为 57.41 亿元；饮用水水源地污染防治项目 20 项，投资为 11.17亿元；畜禽养殖污染防治项目 29 项，投资为 1.39 亿元；区域水环境综合整治项目 33 项，投资为 26.49 亿元；城镇生活垃圾处理处置项目 29 项，投资为 18.96 亿元，四川省总计投资为 138.08 亿元。另据"四川省城镇污水处理及再生利用设施建设'十二五'规划"初步意见的资料[②]，四川"十二五"期间需续建城镇污水处理规模为 135 万 $m^3/d$，升级改造污水处理规模为 69.7 万 $m^3/d$，配套完善城镇污水管网 5546.9km；新增城镇污水处理能力为 320.6 万 $m^3/d$，新建城镇污水管网14735.1km；续建污泥处理规模为脱水污泥 400 吨/d，新建污泥处理处置设施规模为脱水污泥 1285 吨/d；污水再生利用处理规模为 83.0 万 $m^3/d$，其中新增 50.0 万 $m^3/d$（含配套管网），预计"十二五"期间城镇污水处理工程总投资约需 375 亿元。综上所述，四川"十二五"规划城镇供水及污水处理投资总需求为 258 亿～495 亿元，是"十一五"期间四川城镇供水、排水及污水处理实际完成投资156.62 亿元的 1.65～3.16 倍[③]。需要说明的是，上述四川省"十二五"规划的投资需求尚不包括城市防洪排涝、雨洪管理和雨水利用、城市地下水资源保护、城市水系生态保护与修复、工业和民用节水改造、城镇水务科技研发，以及城乡一体化供水服务体系建设等其他城镇水务项目所需投资，这些投资需求由于资料缺乏无法估算。总而言之，四川省和全国各地一样，在"十二五"期间或更长的一段时期内，城镇水务方面的投资需求十分巨大。

城镇水务投资需求的旺盛，是城镇化发展到加速期的必然反映，我们必须对

---

① 国务院批复环境保护部、发展和改革委员会、财政部、水利部《重点流域水污染防治规划（2011～2015）》，2012 年 4 月 16 日。

② 《"四川省城镇污水处理及再生利用设施建设'十二五'规划"初步意见的资料》，2010 年11 月。

③ 这几组投资数据的口径并不一致，之所以做一个如此的比较，只是说明"十二五"期间投资需求量的巨大。

此有足够的认识，并采取实际措施充分应对，否则势必严重影响城镇化质量。我们在前面各章谈到的四川城镇水务方面存在的种种问题，诸如地下管网设施落后、供水服务质量欠佳、城市水系生态环境恶化、雨洪控制和雨水利用能力不足、水资源浪费现象严重等，无不从城镇水务方面反映出四川城镇化快速发展中城镇化质量较差的问题。因此，加大城镇水务投资力度，不仅是当前和一段时期内经济发展扩大内需的要求，更是长期城镇化发展的内在必然要求。

（三）完善政策措施，扩大城镇水务投融资渠道

面对城镇水务投资需求旺盛的实际情况，《全国城镇供水设施改造与建设"十二五"规划及 2020 年远景目标》要求多渠道筹措城镇供水设施改造和建设资金。一是加大地方财政性资金投入，地方政府要将城市建设维护资金、土地出让收益用于城市建设支出的部分优先用于供水设施改造和建设。二是完善水价形成机制，强化价格监审，合理调整水价，增强企业筹资能力。地方人民政府应对水价不到位进行补贴，对政策性减免水费进行补偿。三是落实《国务院关于鼓励和引导民间投资健康发展的若干意见》精神，吸引民间资本投资建设供水设施。四是继续安排中央补助投资，重点向中西部及财政困难地区倾斜。五是地方人民政府组织实施居民住宅二次供水设施改造①。《"十二五"全国城镇污水处理及再生利用设施建设规划》则要求，城镇生活污水处理设施建设的资金投入，以地方为主。地方各级人民政府要切实加大投入力度，确保完成规划确定的各项建设任务。同时，要大力促进产业化发展，因地制宜，努力创造条件，完善相关政策措施，积极吸收各类社会资本，促进投资主体与融资渠道的多元化。鼓励利用银行贷款、外国政府或金融组织优惠贷款和赠款。国家将根据规划任务和建设重点，继续加大资金扶持力度，对各类设施建设予以引导和适当支持②。

我们认为，扩大城镇水务投融资渠道，核心是要进一步解放思想、深化改革，不能仅靠政府财政投入，应充分发挥市场机制，形成多元化的投入格局。这不仅

---

① 住房和城乡建设部、国家发展和改革委员会：《全国城镇供水设施改造与建设"十二五"规划及 2020 年远景目标》，2012 年 5 月。

② 《关于印发〈"十二五"全国城镇污水处理及再生利用设施建设规划〉的通知》（国办发〔2012〕24 号），2012 年 4 月 19 日。

有利于城镇水务投融资渠道的扩宽，还有利于在城镇水务领域进一步引入市场竞争机制，全面提高城镇水务领域的投资效率。

（四）四川城镇水务投资体制改革的回顾

从 20 世纪 90 年代开始，四川省在城镇水务投资体制改革方面跨出过较大的步伐，有成功经验，也有一些不成功的教训。利用国外政府或金融组织优惠贷款的城镇水务项目，一般比较成功。不仅利用了外资，更重要的是引进了国外先进设备、新技术和管理经验，这对提高四川城镇水务整体水平是有利的。比较典型的案例是成都、绵阳等城市利用国外政府优惠贷款的供水项目或污水处理项目，以及世界银行贷款的四川城建环保一期项目（包括成都、泸州、德阳、乐山、自贡等城市的供水、排水及污水处理等项目）。在直接利用外资方面，有成都自来水六厂 B 厂工程。成都市政府将其作为 BOT 投资方式试点项目，大胆探索，在实施招标机制、引入了更有效率的企业等方面应当说是比较成功的。当时共有 5 家公司进入招标备选对象，经过竞争择优，法国通用水务集团和日本丸红株式会社组成的投标联合体成为项目中标人，并于 1998 年 7 月由成都市人民政府与该联合体草签了项目特许经营权协议及其附件。这使成都市从当时的建设资金困境中摆脱出来，不仅建设了项目，而且基本有效地进行了运营。这在全国是率先"吃螃蟹"的项目之一。但由于当时特许经营、监管制度的缺失或不完善，项目中标人为了固定回报率，采取各种方式向政府索取政策和优惠[1]。2002 年 9 月国务院办公厅发出《关于妥善处理现有保证外方投资固定回报项目有关问题的通知》，设定固定回报的水务项目也在清算之列。固定资本回报率的方式给政府带来了巨大的经营风险，难以为继，导致成都自来水六厂 B 厂 BOT 项目并不成功。

供水方面失败的案例，主要是从 20 世纪 90 年代末开始的一段时期，在地方国有企业退出竞争性行业的潮流中，四川大批中小城市和小城镇的自来水厂以各种不规范的方式，卖给了完全不具备特许经营资质的个体和私营企业。如绵阳市吴家镇自来水厂（800t/d）是用 1980 年国际金融组织的无息贷款建成的，1998 年

---

① 周耀东、余晖：《政府承诺缺失下的城市水务特许经营——成都、沈阳、上海等城市水务市场化案例研究》，《管理世界》2005 年第 8 期。

一位个体户想收购镇属的食品站，想靠屠宰盈利，镇政府则把自来水厂当作赔钱包袱搭配卖给了他。又如调查了解到，某县城的自来水厂（2000t/d），由于县政府欠一家沙石企业的沙石款无财力偿还，就用县自来水厂抵债卖给了这家沙石企业。这些个体或私营企业，由于完全不具备自来水企业基本经营资质和能力，或因不能盈利而不负责任，致使供水水质安全隐患十分严重，群众意见很大，严重影响社会稳定。最后城市政府不得不以回购或托管等方式，交给国有水务公司管理①。类似情况在四川较为普遍。

还有污水处理方面失败的案例。在调查中我们了解到，四川某地级市一座10万t/d污水处理项目，是用外国政府优惠贷款建设的，主要设备是国外进口的先进设备，2002年投入运营。污水处理达标后，市政府为了筹资建设其他项目，转让给一家不具备污水处理资质和能力的民营企业。原总投资为1.56亿元，买家首付3500万元，其余分期付款。之后，买家逐年用污水处理费抵扣分期款项，群众反映不知用什么钱处理污水。转让前污泥量很多，企业正研究污泥处理处置方案。出让后，群众反映污泥量变得很少，因此怀疑有偷排现象。据了解，这类偷排现象存在的原因，是政府部门的监管力量很弱；或者更为严重的是，可能有通过行贿手段使得监管形同虚设的情况。2008年该买家又把这个污水处理厂转让出售，据说是大赚了一笔钱脱手了。

（五）发挥市场机制，形成城镇水务多元化投资格局

由于上述城镇水务投资在利用外资和国内民间资本方面，曾经由于特许经营、监管制度不完善，以及缺乏经验而导致失败的教训，一段时期以来一些社会舆论对公用事业改革提出了质疑，包括对外资水务企业在中国扩张，是否对中国供水安全产生影响表示了担忧。对此，2009年9月全国工商联的环境商会在媒体介绍会上回应说，在华外资企业所有签约项目的供水总能力不到全国供水总能力的10%，而且中国供水价格制定权归政府所有，任何企业不具定价权，外资不影响中国供水安全，相反外资进入中国水务市场带来了积极影响。并认为，中国公用事业都是由地方政府直接投资并进行垄断经营，政企不分，效率低下。要想走出"投资靠政府、运行靠补贴、亏损靠涨价"的怪圈，必须深化公用事业市场化改

---

① 《绵阳市水务资源现状及存在的主要问题》，2011年11月17日。

革。目前国际上许多国家的公用行业尤其是水务行业都采用市场化机制，比较典型的有英国模式、法国模式等。英国是水务行业市场化改革的先行者，采用的是完全民营化管理模式；法国城市水务行业是在保留产权公有性质的前提下，通过委托经营合同引入私营公司参与水务设施的建设和经营①。不管什么模式，关键在于必须有完备的特许经营法规和严格的监管制度。党的十六届三中全会提出了对公用行业实行开放政策，允许包括外资、民间资本进入公用行业，放宽市场准入，引入竞争机制。建设部于2002年、2004年和2005年分别发布的《关于加快市政公用行业市场化进程的意见》、《市政公用事业特许经营管理办法》和《关于加强市政公用事业监管的意见》，以及住房和城乡建设部于2012年发布的《关于进一步鼓励和引导民间资本进入市政公用事业领域的实施意见》等规范性文件，先后对市政公用行业引入市场机制提出指导性意见，并根据改革中出现的问题逐步进行调整完善。有专家认为，市政公用行业改革是一个复杂的系统改革，仅仅靠部门的文件难以实现有效保障，需要尽快完善特许经营和监管制度的立法。

充分发挥市场机制，形成城镇水务产业多元化的投入格局，不能仅仅停留在过去比较简单的利用外资或民间资本的形式上，还应进一步解放思想、扩宽思路。比如，鼓励金融机构创新有关城镇水务产业的金融产品，增加信贷资金；综合运用财政和货币政策，建立政府财政与金融、社会资金的组合使用模式，有效引导各类股权与创业投资机构、大型企业集团等投资城镇水务产业；鼓励符合条件的地方政府融资平台公司通过直接、间接融资方式，拓宽城镇水务产业投融资渠道，吸引社会资金参与城镇水务项目建设；探索发展城镇水务设备、设施的融资租赁业务；探索现有城镇水务基础设施的资产证券化等多种社会融资方式，促进具备一定收益能力的经营性项目形成市场化融资机制等②。其中，整合城镇水务资源，实现城镇水务基础设施资产证券化，做优做强若干大型城镇水务企业集团，形成四川城镇水务行业的新格局尤为重要。

---

① 《外资不影响中国供水安全　尚未形成垄断》，搜狐网，2009年6月23日。

② 国务院批复环境保护部、发展和改革委员会、财政部、水利部《重点流域水污染防治规划（2011～2015）》，2012年4月16日。

（六）整合城镇水务资源，做优做强大型水务企业

我们在第四章对整合城乡供水资源，推进城乡一体化公共供水服务体系建设做了阐述。实际上，需要整合的不仅是供水资源，城镇水务资源整体上都需要积极推进整合。只有大力推进城镇水务资源整合，促进城乡水务一体化和跨区域水务投资的进程，才能做优做强四川一批大型水务企业，并有效提高水资源利用效率。目前，四川城乡供排水企业普遍存在"小、散、弱"以及条块分割、投资主体复杂的状况。为推进城乡水务一体化和跨区域水务投资的进程，四川省有关部门和有条件的城市，应在城乡供水一体化、供排水一体化，以及跨区域水务投资等方面的整合进行大胆尝试和探索。

近几年来，国内不少城市先后开展了城镇水务资源整合的行动，其中深圳、中山以及重庆等城市的水务资源整合的经验，可以作为案例借鉴。深圳水务资源整合经历了四大跨越：第一步供排水一体化，将全市排水资产业务全部整体划入深圳自来水集团，使深圳水务集团的资产规模迅速壮大，业务从城市供水拓展至污水处理；第二步产权主体多元化，引入了世界知名的水务产业运营商法国威立雅水务公司作为战略合作伙伴；第三步实现跨区域水务投资，使深圳水务集团转变为全国性水务综合运营公司；第四步整合深圳本地水务市场，对小规模供水企业进行整合。通过上述水务资源整合，不仅彻底改变了过去供排水主体各自独立导致的城市供水资源分散、管网互不连通、供水水质标准不高、供水保障能力较低、服务水平和水价高低不一的局面，极大地降低了管网漏失率，提高了集约化供水保障能力和服务水平，实现了全市供水资源的统一调配，污水处理设施的统一运营管理，而且使深圳水务集团迅速做优做强，规模实力、技术水平、投融资能力大幅提升，满足了特区经济快速发展的供排水需求，为深圳大特区一体化的顺利推进提供了有力保障[1]。

10年来，成都市通过成立"成都市兴蓉集团有限公司"，对城镇水务进行了初步整合，取得了突出成效。成都市兴蓉集团有限公司成立于2002年12月，是成都市国有大型水务、环保投资集团，目前主要负责中心城区自来水供应、污水处理和环保产业的投融资及建设管理。现下辖三家全资子公司（成都汇锦水业发

---

① 转引自《绵阳市水务资源现状及存在的主要问题》，2011年11月17日。

展有限公司、成都市兴蓉再生能源有限公司、成都市兴蓉危险废物处理有限公司），并控股一家上市公司——成都市兴蓉投资股份有限公司（以下简称"兴蓉投资"，股票代码为000598）。"兴蓉投资"（见参考资料9-2）下属两家全资公司，分别为成都市自来水有限责任公司、成都市排水有限责任公司。截至2011年底，兴蓉集团总资产达220亿元，在职员工2800余人。集团具有丰富的水务、环保行业运行管理经验，供排水总量达400万吨/日，居西部地区首位。公司充分对接国内资本市场，技术及管理优势突出，核心竞争力强。公司业务领域由成都拓展到兰州、银川、西安、深圳等西北、东部地区，并与日立、GE等世界500强企业建立了战略合作关系。2011年公司被评为全国十大最具影响力的水务企业之一①。

### >>> 参考资料 9-2

## 成都市兴蓉投资股份有限公司简介②

成都市兴蓉投资股份有限公司

成都市兴蓉投资股份有限公司（简称"兴蓉投资"，股票代码为000598）是A股上市公司"蓝星清洗股份有限公司"于2010年5月实施重大资产重组，成都市兴蓉集团有限公司以持有的成都市排水有限责任公司100%股权置入，"蓝星清洗股份有限公司"变更为"成都市兴蓉投资股份有限公司"，并转型为以污水处理为主的环保类上市公司。2011年3月，成都市兴蓉投资股份有限公司完成非公开发行股票募集资金，收购控股股东成都市兴蓉集团有限公司持有的成都市自来水有限责任公司100%股权，公司实现了供排水业务一体化经营，公司主营业务由提供污水处理服务转变为自来水供应业务与污水处理业务并重的格局。成都市兴蓉投资股份有限公司下属两家全资子公司，分别为成都市排水有限责任公司和成都市自来水有限责任公司。

成都市排水有限责任公司

成都市排水有限责任公司资产总额为26亿元，公司拥有污水处理厂9座，污

---

① 成都市兴蓉集团有限公司的情况摘自其官方网站。
② 成都市兴蓉投资股份有限公司的情况摘自其官方网站以及《成都市排水有限公司情况介绍材料》和《成都市自来水有限公司情况介绍材料》，2011年11月。

水处理能力达 150 万 t/d，居西部地区第二。另有在建的污水处理厂 2 座，处理能力为 25 万 t/d。2010 年公司确立"立足成都，面向全国"的发展战略，2010 年 4 月获兰州市七里河安宁污水处理厂 30 年运营权（20 万 t/d，TOT 模式）；2011 年 6 月获银川市第六污水处理厂 30 年运营权（20 万 t/d，BOT 模式）；2011 年 9 月获西安市第二污水处理厂二期工程（20 万 t/d，BOT 模式），实现西北水务市场战略布局。

成都市自来水有限责任公司

成都市自来水有限责任公司资产总额为 41 亿元，公司拥有自来水厂 3 座，供水能力为 178 万 T/d，主要承担成都市中心城区、成都高新技术开发区、犀浦、郫县、天回等周边区、县自来水供应服务，惠及 400 多万人口，服务面积 350 平方公里，供水规模居西部地区首位，在国内城市供水企业中名列第七。公司技术中心具有较强科技研发能力，取得一批重要科技成果（详见本章第一部分），同时又是从事市政公用行业设计甲级资质的独立法人机构，先后完成海南省清澜开发区、四川省龙泉开发区，以及武胜、射洪、邛崃、旺苍、芦山、蒲江、广安、新都等二十多个市、县的给水工程设计或城市供水规划项目。

我们在考察四川绵阳市水务集团公司时，该公司表示拟借鉴国内一些城市的做法，准备向绵阳市政府建议，按照"政府主导、兼顾公平"的原则，综合运用行政及经济手段，对绵阳市水务资源实施整合。下面将他们的建议做一个简介：一是采取无偿划转、兼并收购、授权经营、控股合资、委托经营等多种方式，整合绵阳城乡供水资源，实施统一运营管理，同时对规划区尚未集中供水的区域和规划区新增供水区域授予绵阳水务集团特许经营权，从而促进绵阳市城乡供水一体化发展；二是对污水处理及排水设施采用"政府特许、政府采购、企业经营"的商业模式，即争取绵阳市政府将城市规划区内已建成的城市地下污水管网、雨水管网及提升泵站所形成的沉淀性资产，以统一授权经营方式交由绵阳水务集团管理，负责日常维修、改造、更新等运营管理工作，并赋予绵阳水务集团承担城市新增雨水、污水管网和泵站等设施的投资、建设和运营管理工作，从而实现城区供排水设施及资产的一体化管理。绵阳水务集团认为，通过水务资源整合，一是彻底改变绵阳市供水行业条块分割、各自为政的经营格局，规范水务市场，优化供水格局，发挥规模经营优势，进一步改善城乡供水水质，提高服务水平，提升城市供水安全保障能力和抗御各种自然灾害以及突发性水源污染事件的应急处置能力，进而促进城乡一体化发展和社会和谐稳定；二是迅速壮大绵阳水务集团资产规模和资本实力，增强融资能力，使其有能力独立承担起绵阳市供排水基础设施建设的重任，政府不再投资，从而将有效解决市政基础设施建设所面临的政府财力不足的问题，减轻政府的财政压力，确保未来绵阳市城市供排水基础设施建设获得可靠的资金保障；三是实现绵阳市水务资源统筹规划和统一利用管理，完善政府监管，为城市经济社会可持续发展提供有力支撑，使绵阳市水务产业形成企业快速发展、政府监管有力、老百姓满意的多赢局面[1]。绵阳水务集团公司关于整合城镇水务资源的建议，可供四川省有关部门及有条件的城市政府及其相关管理机构参考。

总之，四川省有关部门和有条件的城市应加紧制定相关政策措施，加大工作力度，努力推进城镇水务资源的整合，使四川有条件的大型城镇水务企业能够迅速做优做强，尽快形成四川城镇水务产业的新格局。

（七）制定特许经营法规，完善监管制度

2002 年 12 月，建设部在《关于加快市政公用行业市场化进程的意见》的规范性文件中，提出"建立市政公用行业特许经营制度"的任务，并于 2004 年 3 月制定了《市政公用事业特许经营管理办法》。该办法指出，"市政公用事业特许经营，是指政府按照有关法律、法规规定，通过市场竞争机制选择市政公用事业投资者或者经营者，明确其在一定期限和范围内经营某项市政公用事业产品或者提供某项服务的制度"。并明确市政公用行业实行特许经营的范围，包括"城市供水、供气、供热、公共交通、污水处理、垃圾处理等行业"。同时，该办法要求，"实施特许经营的项目由省、自治区、直辖市通过法定形式和程序确定"。四川省人大常委会在 2009 年修订《四川省城市排水管理条例》和 2011 年修订《四川省城市供水条例》时，分别明确"城市污水处理特许经营权应当通过协议、招标等公开方式取得"和"城市供水应当由国有资产控股经营，实行政府特许经营制度"，并要求"城市供水特许经营实施办法由省人民政府制定"。虽然四川省政府

---

① 《绵阳市水务资源现状及存在的主要问题》，2011 年 11 月 17 日。

在 2003 年 6 月发出的《关于加快市政公用行业改革和发展的意见》和 2006 年 12 月发出的《关于进一步深化市政公用行业改革的意见》中，都提出了"推行特许经营制度"的一系列具体要求，但直到如今，只有成都市政府于 2003 年 12 月出台了《成都市特许经营权管理规定》（2009 年 11 月修订为《成都市人民政府特许经营权管理办法》），对特许经营制度进行了较为完善的规范。从全省范围看，四川省有关市政公用行业特许经营管理法规或规章一直未出台。由于缺乏市政公用行业特许经营管理法规或规章的规范和监管，一段时期四川省在推行特许经营制度的实践中，出现了一些市、县存在未按招投标程序选择经营者、未按规定建立项目法人、所签特许经营协议未按照建设部提供的示范文本内容明确权利和义务等突出问题①。前面我们在"四川城镇水务投资体制改革的回顾"小节中所举的一些推行特许经营制度不规范而造成不成功或失败的案例充分说明了问题的严重性。为此，2009 年 8 月四川省建设厅发出了《关于进一步规范市政公用行业特许经营管理的通知》，要求各地建设行政主管部门对特许经营的市政公用行业项目进行自查，并对自查的问题及时纠正和整改。对整改不力，对社会公众利益和公共安全造成严重影响的，要依照相关法律、法规和规章规定，追究当事人的责任。同时，四川省建设厅还组织对各地的自查情况进行抽查，并将抽查结果进行通报。很明显，作为省级建设行政主管部门，由于各地市政公用行业管理体制复杂（如有的城镇供水和污水处理由水利部门管理，有的城市公交由交通部门管理，有的城市园林由林业部门管理等），而且市、县政府并不受省级建设行政主管部门的约束，加之没有行政执法依据和手段，因此其监管力度十分有限。2005～2009 年，国内深圳、新疆、杭州、青海等地制定了《市政公用事业特许经营条例》，由于明确了特许经营原则、特许经营授予、经营者权利与义务、监管部门职责、法律责任以及违法处罚等条款，使市政公用事业特许经营做到了有法可依。2008 年 1 月，四川省"两会"期间，省人大代表谢俊等 12 人提出了《关于制定〈四川省特许经营管理条例〉的建议的议案》。从加快四川城镇化和市政公用事业改革与发展的需要来看，抓紧制定《四川省市政公用事业特许经营管理条例》，非常必要。

---

① 四川省建设厅：《关于进一步规范市政公用行业特许经营管理的通知》，2009 年 8 月 18 日。

市政公用事业是提供公共产品和公共服务，具有自然垄断性的行业。为维护公众利益，保证市政公用事业安全运行，必须对市政公用事业实施严格的监管。强化对市政公用事业的监管，是推进市政公用事业市场化的主要内容之一。健全的监管体系是推进市政公用事业市场化的重要保障，对市政公用事业的监管必须贯穿于市政公用事业市场化改革的全过程。市政公用事业特许经营法规的重要内容之一，就是建立监管制度。根据2005年建设部发布的《关于加强市政公用事业监管的意见》，目前政府对市政公用行业的监管，主要有特许经营法规的履行、市场准入、产品和服务质量督察、安全防范、成本监控等几项内容。但是，要构建一个健全市政公用事业的监管体系，是一项较复杂的系统工程。有专家指出，国外发达国家有关特许经营监管的理论基础，是政府监管必须依法保持中立。监管的最终目标，是最大限度降低公众消费成本，促进社会公共利益最大化地平稳、持续实现；要实现这个目标，必须建立在特许经营企业能够获取一定利润，能维持持续稳定经营的基础之上。因此，政府的监管只有依法保持中立，才能公正地依法进行调控、协调，平衡各方的利益，特别是消费者的利益和企业的利润。同时，发达国家非常重视监管立法，依法规范监管机构设立、职权、监管程序；依法规范对政府监管的社会监督组织的设立、动议、监督方式和渠道；依法规范纠纷的解决机构和程序等。而目前在我国，无论是建设部有关特许经营的部门规章，还是一些地方性特许经营法规，都缺乏政府监管的中立性理论依据；缺乏法定监管机构、职权、事权和监管机构与被监管企业纠纷的解决程序和相应裁决机构；缺乏对政府监管的社会监督等内容。由于特许经营和监管的法律体系不完善，容易使政府对公众利益和企业利益的平衡关系处理不当，最终可能导致市政公用事业运转不良，甚至造成政府、社会、企业三方不满[①]。建议四川省在制定市政公用事业特许经营管理法规时，能够注意汲取国内外特许经营和监管立法的经验和教训，使《四川省市政公用事业特许经营管理条例》更为完善，更能有效推进市政公用事业——包括城镇水务行业——的市场化改革进程。

---

① 方景祥、韩鹏：《略论我国公用事业特许经营权授予后政府监管问题》，安徽省政府法制办公室官方网站，2009年6月25日。

## 三　重视城镇水务战略研究，完善城镇水务政策法规体系

### （一）城镇水务战略研究的必要性

最近 10 多年来，国家非常重视水资源战略研究，取得了一批重大成果，对全国水利改革发展战略决策，起到了重要咨询作用。其中，钱正英院士带领专家，围绕全国和区域性水资源开展了一系列的研究：1999～2001 年完成"中国可持续发展水资源战略研究"，提出水资源可持续利用总体战略和 8 项重要政策建议；2001～2003 年完成"西北地区水资源配置、生态环境建设和可持续发展战略研究"，提出西北地区生态建设、水资源合理配置和高效利用的 10 项对策；2004～2006 年开展"东北地区有关水土资源配置、生态与环境保护和可持续发展的若干战略问题研究"，抓住东北地区水资源配置、生态与环境保护、可持续发展的主题，从水污染防治、湿地保护与荒漠化治理、提高农业综合生产能力等 7 个方面进行分析研究，提出系列重要战略思想及对策；2006～2008 年开展"江苏沿海地区综合开发战略研究"，提出地区综合开发总体思路，从滩涂资源合理开发利用等 7 个方面提出了具体建议；2007～2009 年开展"新疆可持续发展中有关水资源的战略研究"，围绕新疆水资源开发利用的前景和问题，得出了一系列重要结论，提出了 10 项重要建议；2000～2011 年又开展了"浙江沿海及海岛综合开发战略研究"。最近，由四川省老科技工作者协会组织，著名经济学家林凌教授提出并主持，四川一批水利、环境、水电等知名老专家组成的团队开展了"四川省软科学研究项目：四川水利改革发展研究"课题，形成《四川水利改革与发展》的成果，对四川省水资源战略的决策，必将起到重要的咨询作用。

在开展水资源战略研究的同时，有必要开展城镇水务战略的专项研究。城镇水务战略研究，是水资源战略研究的组成部分，但又有其特殊性。其特殊性主要在于，一是城镇水务产业发展与工业化、城镇化发展进程更为密切相关，需要从工业化和城镇化的视角对城镇水务发展作分析研究；二是城镇水务中的水工业产业既有一般工业的共性，但与一般工业相比又有不同特性，比如具有作为城镇基础设施提供公共产品的公益性，以及在一定的局域内（县域、市域或省内次区域内）具有自然垄断性等；三是城镇水务产业作为局域公共产品，与供电、供气、

信息、交通等广域（作为跨区域的、全国的，甚至国际的，或全球的基础设施）的公共产品相比有不同的特点，具有明显的地域性；四是由于城镇水务的上述特性，不仅需要宏观层面（如全国、流域或省际等）和中观层面（如省域、经济区或城市群等）的城镇水务战略研究，还需要微观层面（如市域、县域、开发区等）的城镇水务战略研究，因为每个地方都有自己的水资源禀赋、地质、气候、生活方式、用水习惯、文化背景、社会构成、经济结构、发展思路等不同条件；五是城镇水务发展，不仅要靠工程项目建设和物力、财力、技术等要素的支撑，而且还是一项社会系统工程。下面我们着重讨论这个问题。

（二）治水是社会系统工程

我们在调查中发现，四川不少地方的城镇水务发展规划，实质上只是一份建设工程项目清单报告。这是因为在传统上有认识误区，以为城镇水务的发展，只要上了项目，有了硬件、设备和先进技术，就可以大功告成，其实结果往往事与愿违。当前，不少地方政府对治理水环境和保障饮用水安全都高度重视，正在投入数额庞大的资金和规划大量的项目。但治水不仅是土木工程，更重要的还是社会系统工程，除了海水淡化等个别领域外，城镇水务各领域的项目，一般都会涉及社会方方面面的诸多因素，都是相当复杂的系统工程。城镇水务的发展，往往不是单靠工程项目完工，就可以立竿见影地取得明显成效。比如，城市水系的生态修复、流域水污染治理、城镇节水工作、区域水资源开发等就是如此。城市水系的生态退化，不是上了足够多的污水处理工程项目，水生态环境就一定能得以修复。据了解，四川有的城市，其污水处理厂的覆盖率、污水处理率都达到较高的水平，甚至达 100%，但城市水生态环境仍无明显改观。20 世纪 90 年代以来，著名的三大河湖治理工程，便是突出例子。滇池治理工程，10 多年各级部门共投入 47.62 亿元治理，但水质未获根本好转；太湖治理工程，历时 15 年，投入近百亿元，一期工程成果寥寥；淮河治理工程，历时 12 年，各方投入 600 亿元，但淮河污染仍有加重趋势[①]。究其主要原因，有其深刻的社会背景。要解决这些问题，涉及不同人群、不同部门、不同领域、不同地域，即各种不同利益主体组成的社会系统的深层次的复杂关系，因此仅仅靠工程硬件和先进技术不行，还需要对社

---

① 李国华：《19 部委会战中国水战略》，《中国经营报》2007 年 7 月 23 日。

会系统的各个因子及其相互关系进行深入细致的剖析和研究。在研究成果的基础上，形成政策、法规、制度、协议或协商机制，即各个不同利益主体共同遵守的规范，做到不同利益主体能"妥协包容、权益分享、协同行动、合作共赢"，问题才可能得到有效解决。举一个看似简单的城市"老大难"问题做例子。固体废弃物（垃圾）污染是城镇水环境污染的重要因子，垃圾既是城市水环境点源污染（如城镇生活垃圾填埋场、工矿业废弃物堆渣场的渗滤液等）的重要源头，也是面源污染的主要因素。解决垃圾污染问题，许多城市不惜巨资兴建垃圾处理厂，但由于没有真正下功夫解决垃圾分类问题（只在街头设了些垃圾分类果皮箱摆样子），因此四川城市垃圾处理的总体效果不理想。解决垃圾处理的关键，不仅是建设垃圾处理厂，更重要的是从源头进行垃圾分类。这是一项涉及每个人、每个家庭、每个社区、每个单位的复杂社会系统工程。需要结合城市实际，进行垃圾分类的社会系统工程课题研究，在做深入社会调查研究基础上形成一系列配套的政策、法规、制度和行动计划。经过试点，并在试点的基础上改进完善，再在更大范围推广运作。不能简单地认为只要做好宣传教育、行政执法就可以取得成效。这样一项社会系统工程也需要投资，既有硬件投资（如家庭垃圾分类器具、社区垃圾分类收集设施、城市垃圾分类运输车辆、城市垃圾分类处理设备等），也有软件投资（宣传教育、行政执法等）。垃圾分类，这是每个现代城市发展到建设生态城市阶段，一件不可回避、非做不可、迟早得做、不如早做的大事。工业和城镇节水管理工作也是如此，它涉及每个人、每个家庭、每个单位、每个商店、每个工厂等。没有经过认真调查研究，形成系列政策法规规范，并转化为行动措施和严格的监管执行，只停留在一般化的工作和宣传上，所有"强化"或"超强"的节水措施都是一纸空文，往往收效甚微。因此，城镇水务战略研究，必须突破只在技术和经济层面下功夫的局限，必须深入到不同人群、不同部门、不同领域、不同地域，即各种不同利益主体做调查分析，才可能为决策层提出有价值的咨询意见。

（三）建立跨界协商合作的水务管理机制

江河水的流动不以行政管理区划为界限。江河流域的这种自然属性与行政区划的社会属性互不兼容，是治水的最大障碍之一。当前，治水项目存在严重的行政性障碍是城镇水务产业发展的一个严重问题。许多地方的水资源开发利用、城镇供排水设施建设和利用、流域水污染治理、城市水系生态修复等工程，都有地方重视、投资大、项目多、进展快的特点，但总体效率低、投资效益差、水环境改善不大、成效不明显的问题突出。最主要的原因，是在地方行政管理分割的体制下，缺乏健全的跨界协商合作机制。许多城镇水务项目都是各地各自为政，很少有共建共享的工程。也许是由于中国的传统组织制度文化中，辖属纵向领导与被领导是主导模式，而跨界横向协商合作模式则相对较为式微的缘故。直到现在，如果没有上级或上级的上级"发话"或协调，即使有跨界的区域或流域合作的"意向"，也很难达成有执行力的协议。即使有跨界横向协商合作协议，其执行力也远不如辖属纵向的上级指示或"领导意图"那样有明显的效果。据四川省人大常委会城环资委、四川省环保厅 2011 年 7 月对四川德阳、自贡、成都等城市饮用水水源保护的调查，跨界饮用水水源保护是一个薄弱环节。德阳市市区 2/3 饮用水取自都江堰水利工程，从都江堰流至德阳市取水点有 65km 的跨界渠道，沿途的生产生活废物抛撒下渠，致使水质受到污染，总大肠菌群等污染物超标。自贡市 70% 的饮用水水源来自内江市威远县长葫水库，长葫水库近年来均存在水质超标现象，作为用水地的自贡市无法对其进行监管，水源水质难以得到保障。该调查认为，"跨界污染"实际上是由管理上的条块分割造成的。本来应是流域管理，但实际上是省与省、市与市、县与县分割，各自只管流经自己境内的河段，所以跨界污染其实是管理体制上的问题①。因此，在开展水资源战略研究和城镇水务战略研究时，既不能只局限在技术和经济层面，也不能仅仅停留在行政区域内水资源管理层面上，而应把探索超越行政管理分割体制，建立跨界协商合作机制作为治水的关键做深入分析研究，才可能找到真正解决问题的钥匙（见参考资料 9-3）。

›››  **参考资料 9-3**

### 建立跨界联席会议制度　综合治理釜溪河流域水污染②

对于釜溪河—威远河流域的群众来说，这将是一个值得期待的好消息。经省政府批准，自 2012 年开始，自贡、内江两市将连续 3 年对釜溪河、威远河的水污

---

①　李秀中：《岷江水资源过度开发　导致四川 16 个城市缺水》，人民网，2011 年 8 月 17 日。

②　记者周清树：《釜溪河—威远河流域投 22 亿"铁腕治污"》，《华西都市报》2012 年 11 月 23 日，第 6 版。

染进行综合治理。记者在昨日召开的釜溪河—威远河流域水污染综合治理工作会议上获悉，两市目前已分别就两河流域综合治理情况制定了实施方案，将组织落实 231 个项目，投入 22.23 亿元，"还自贡、内江威远人民一河清水"。

治污 3 年将实施 231 个项目

记者在自贡、内江两市"水污染综合治理实施方案"中看到，两市将以 2010 年为釜溪河流域（自贡）、威远河流域（威远）水污染综合治理基准年，从 2012 年起，用 3 年时间实施污染治理，重点控制化学需氧量和氨氮。

自贡市的阶段性目标为：到 2014 年，实现釜溪河水质达到农业用水及一般景观用水要求。2015 年实现釜溪河水环境功能区水质达到或优于Ⅳ类标准，从而达到"3 年内消灭劣Ⅴ类水体，5 年内达到水环境功能区水质标准"的要求。

内江市的阶段性目标为：到 2015 年，威远河流域主要污染物化学需氧量和氨氮分别削减 50% 和 60% 以上；出境断面廖家堰的主要水质指标化学需氧量、氨氮达到或优于Ⅳ类水域标准。

为达到上述目标，自贡市确定了城镇生活污染治理、工业污染综合治理、生态补水、环境监管能力建设等 6 大治理和建设任务；规划了 189 个重点治理项目。内江市确定了工业、生活、农村污染综合整治等 4 个方面任务，3 年内计划实施 42 个重点项目。

推进　设联席会议办公室

釜溪河和威远河分别是自贡和内江威远县的母亲河，担负着两地生活、农业、工业、城市景观用水的功能。釜溪河流经自贡 6 县（区）58 个建制乡镇，威远河是自贡市和威远县的主要饮用水水源地，流域经内江市 1 县 16 个建制乡镇。

副省长陈文华在会上提到，由于历史原因并随着工业化和城镇化进程，釜溪河和威远河产生了一系列生态环境问题，污染日益严重，两河水质长期处于劣Ⅴ类，釜溪河—威远河流域已到了"有河无水、有水皆污"的地步。

为推进釜溪河—威远河流域的水污染综合治理，省政府决定建立综合治理工作联席会议制度。17 位组成人员中，既有副省长陈文华，也有省环保厅、省发改委等省直机关负责人以及自贡、内江市政府主要负责人。联席会议办公室设在省环保厅，省环保厅副厅长杨雪鸿兼任办公室主任。联席会议制度主要研究决定两河流域水污染综合治理重大事项，统筹协调具体工作，加强对综合治理工作的监督管理。

决心　投 22 亿元"铁腕治污"

会议上，两河流域的专项污染治理补助资金也得到了分解落实。自贡釜溪河流域的水污染治理计划投资 15.34 亿元，申请上级补助资金 6.56 亿元；内江威远河流域的水污染治理计划投资 6.89 亿元，申请上级补助资金 3.68 亿元。

省环保厅副厅长杨雪鸿透露，在省财政厅、环保厅联合协调下，目前已经落实了省政府"从 2012 年起，分三年每年安排釜溪河、威远河流域 2500 万元专项污染治理补助资金" 2012 年度的资金安排。

对于两河流域的水污染治理，省政府可谓下定决心，副省长陈文华用了"铁腕治污"一词。陈文华认为，这是一项功在当代、利在千秋的工程，要求坚决打赢釜溪河—威远河流域水污染综合治理总体战，还自贡人民、内江威远人民一河清水。

有研究指出，应建立一种在共同利益的基础上，由地方政府间协商、协同和合作，形成一种跨行政区的权威强制力，通过地方政府间的合力，来确保和引导社会多层次利益主体共同参与治水的机制。在跨界协商合作机制形成过程中，制度模式应通过人为设计，采用渐进式变迁，先易后难地递次建立沟通、协调、交易、法制等方式，最终实现权威性和强制性。起初，应建立起不同利益主体之间的信息沟通机制。在实现沟通机制的基础上，进而建立地方政府之间，以及公众、市场与政府之间的协调机制。协调机制的有效性必须建立在交易原则和法制原则的基础上，才会取得实效①。

交易原则，包括"谁污染、谁付费"和"生态补偿"等具体形式。以"生态补偿"为例，水源下游的"用水者"，应向尚未被污染的上游水源的"供水者"对植被和生物多样性的保护和恢复给予生态补偿，以形成市场化运作的水资源有偿使用模式。以美国纽约市北部卡茨基尔流域为例。纽约市为达到美国清洁水法要求的水源，满足联邦水环境质量标准，流域建设水净化处理厂，投资费用约 50 亿美元，每年运转费用是 2.5 亿美元。但纽约市实施了流域生态补偿项目代替建设水净化处理厂。该项目的内容是，处于下游的纽约市出资帮助上游的农场主进

---

① 胡若隐：《探索参与共治的流域水污染治理新模式》，《中国环境报》2011 年 12 月 28 日。

行农场污染的治理，并帮助其改善生产管理和经营。通过五年的项目实施，目标流域中93％的农场主自愿加入该项目。该流域生态环境服务付费项目所花费的费用，只有使用水净化处理厂这一替代方案的1/8。项目实施后，纽约市自来水价格的上涨不超过4％的通货膨胀率[1]。交易原则使不同主体的利益均能得到合理的实现，这是合作共赢的基础。法制原则，在跨界协商合作机制中，合作协议应有相关法律明确规定的约束力，建立完善的法律监督体系，具备有效的事前事后监督和良好的争端解决机制。

**（四）健全跨部门沟通协调的水务管理机制**

我国与世界上其他国家相似，水资源管理涉及多个政府部门。以四川省城镇水务管理为例，主要行政管理部门有水利厅（水资源综合管理）、住房和城乡建设厅（城镇水务管理）、发展和改革委员会（水务基础设施投资的拨款和国债低息贷款管理）、经济和信息化委员会（工业用水和节水管理）、环境保护厅（环境水质监测与污染控制管理）、卫生厅（饮用水水质标准监测管理）等。此外，城乡水务管理还涉及农业、畜牧业、林业、水产（渔业）、交通（水运）、旅游、国土（地质）、科技、气象、质监、物价、安全、电力（水电）等多个部门。有人认为，这种"九龙治水"的体制必须彻底改革，改为"一龙治水"，才能彻底解决目前水资源管理中的种种弊端。我们不排除在行政机构改革中，对水资源管理体制还需进一步优化改进。当前，国内和四川省有的城市将住房和城乡建设系统的部分城镇水务管理职能划归城市水利部门，成立城市水务局，实行城乡水务统一管理，就是一种有益探索。但是，无论怎么改革，"一龙治水"，即只有一个部门对水资源进行全面管理，不仅是不可能的，而且也是不可行的。因此，健全跨部门沟通协调机制十分重要。国外有学者研究认为，自上而下的官僚作风阻碍沟通——不同部门仅仅与自己管理部门纵向沟通，而不与其他可能相关的部门横向沟通——很难应对严峻的水资源可持续问题[2]。而这正是国内，包括四川省水资源管理，也是城镇水务管理的严重问题（见图9-2）。明显的例子，如环保部门

---

①　刘慧：《中国400个城市水资源缺乏》，《中国经济时报》2007年11月2日。

②　《部门各自为政加剧中国水危机》原载美国《科学》周刊，路透社2012年8月9日转载，此处转摘自《参考消息》2012年8月11日第8版。

2005 年发布的《关于严格执行〈城镇污水处理厂污染物排放标准〉的通知》的要求，以及卫生部门 2006 年颁布的《生活饮用水卫生标准》（GB5749—2006），由于发改、财税、金融、水利、建设等部门制定的相应政策措施不能全面同步配套，因此，时至如今，上述两项"标准"执行情况仍不理想。不少中小城市，尤其是县城和小城镇的执行情况与两项"标准"的差距更大。世界银行的一项研究认为，上述两项"标准"在"可承受性"、"可执行性"和"效率"等方面均存在问题。该研究建议，应在国家和省级设立由相关政府部门和相关利益群体代表组成的协调机构，使行业部门之间得以进行沟通和政策协调①。部门之间不协调还造成诸多问题，国内有专家指出，环保部门制定的污水排放标准从运行的成本和实际效益来说，完全统一实行一级 A 标准或者一级 B 标准，将会带来整体投资大幅上升以及达标运行困难等问题。他认为，全国所有的污水处理厂按照一个标准来运行，将付出非常高的代价，不同地区的项目应根据环境容量实行有差异的排放标准②。四川应尽快健全水资源管理的跨部门沟通协调机制，以提高水资源管理，包括城镇水务管理的效率。

**图 9-2 漫画："水应该往哪儿流？"**

资料来源：现在教育在线网，2010 年 11 月 30 日。

---

① 谢世清、Yoonhee Kim、顾立欣、David Ehrhardt、樊明远：《展望中国城市水业》，中国建筑工业出版社，2007，第 45~59 页。

② 陈湘静：《陈吉宁直指治水弯路 治污怎能不算成本效益？》，《中国环境报》2011 年 8 月 9日。

## （五）完善城镇水务政策法规体系

四川现有城镇水务的主要法规规章有：《四川省饮用水水源保护条例》、《四川省城市供水管理条例》、《四川省城市排水管理条例》、《四川省城市节约用水管理办法》等。这些法规规章已初步构成四川省城镇水务法规规章体系的基本框架，但离形成较为完善的城镇水务管理政策法规体系还有相当大的差距。归结起来主要问题有：一是有的规章发布时间较早，已不适应形势发展的要求，需要修订；二是体系不完善，部分城镇水务领域尚缺乏有效的法规规章规范；三是有的法规规章，需要制定实施细则或政策措施，才能更好地贯彻落实。上述问题，我们在本书有关章节中已做过讨论。现在要进一步开展城镇水务战略研究的目的，就是在国家有关政策法律允许的前提下，健全和完善适用于四川经济社会特点的财政、税收、价格、投资、处罚、补偿和信息公开等的城镇水务管理政策法规体系，包括城市水资源战略决策、城市水环境管理制度、城镇水务投融资政策、城市水务价格与税费政策、跨界水务的协商合作制度、跨部门水务行政管理沟通协调制度、水污染赔偿和生态补偿制度、城镇水务的公众参与和信息公开制度、面源污染防治法规、城镇水务基础设施建设与产业发展政策、饮用水安全保障管理制度、工业和城镇节水管理办法，以及包括城镇水务在内的市政公用行业特许经营法规及监管制度等，实现城市水环境管理的体制创新、制度创新和政策创新，改进和完善水污染控制管理机制，增强市场经济手段在城镇水务产业发展中的作用，明确政府、企业与公众在城市水环境保护中的责任，提高水污染控制的投入效率，强化监督管理和政策执行能力，提高经济政策的实施效果和执行效率，为实现四川省城镇水质改善和水污染防治目标提供长效管理体制和政策机制。

# 第十章 从四川城镇水务的视角看城镇化质量问题

## 一 十八大关于中国特色城镇化道路的论述

**（一）认真学习十八大关于城镇化的论述**

胡锦涛同志在中国共产党第十八次全国代表大会上的报告中，对中国特色新型城镇化道路做了全面、系统的论述，需要我们认真学习、深刻领会。根据个人学习体会，对十八大报告中有关城镇化的部分论点，做一个概括的复述。

一是提出城镇化质量明显提高的目标。报告在提到"2020年实现全面建成小康社会宏伟目标"时，提出"工业化基本实现，信息化水平大幅提升，城镇化质量明显提高，农业现代化和社会主义新农村建设成效显著，区域协调发展机制基本形成"等目标，明确把"城镇化质量明显提高"作为全面建成小康社会的目标之一。报告还提出了一系列全面建成小康社会的具体目标。这些目标也是"城镇化质量明显提高"的具体体现。

二是强调走新型"四化同步"的道路。报告在"加快完善社会主义市场经济体制和加快转变经济发展方式"中，强调"坚持走中国特色新型工业化、信息化、城镇化、农业现代化道路，推动信息化和工业化深度融合、工业化和城镇化良性互动、城镇化和农业现代化相互协调，促进工业化、信息化、城镇化、农业现代化同步发展"。

三是明确农业转移人口市民化的任务。报告提出"推进经济结构战略性调整，是加快转变经济发展方式的主攻方向。必须以改善需求结构、优化产业结构、促进区域协调发展、推进城镇化为重点，着力解决制约经济持续健康发展的重大结构性问题"。强调"科学规划城市群规模和布局，增强中小城市和小城镇产业发展、公共服务、吸纳就业、人口集聚功能。加快改革户籍制度，有序推进农业转移人口市民化，努力实现城镇基本公共服务常住人口全覆盖"。并要求"完善基本公共服务均等化的财政体系"，以"推进城镇化，推进农业转移人口市民化，实现城镇基本公共服务常住人口全覆盖"。

四是要求加快完善城乡发展一体化的体制机制。报告强调"解决好农业农村农民问题是全党工作重中之重，城乡发展一体化是解决'三农'问题的根本途径"。报告在论述"坚持和完善农村基本经营制度、构建新型农业经营体系、改革征地制度、提高农民在土地增值收益中的分配比例"后，要求"加快完善城乡发展一体化体制机制，着力在城乡规划、基础设施、公共服务等方面推进一体化，促进城乡要素平等交换和公共资源均衡配置，形成以工促农、以城带乡、工农互惠、城乡一体的新型工农、城乡关系"。

（二）注意防止城镇化被"异化"

十八大闭幕以来，城镇化成了热门话题。据报道，由国家发改委牵头，财政部、国土资源部、住建部等十多个部委参与编制的《全国城镇化发展规划（2011~2020年）》已编制完成，即将对外发布。此次规划涉及全国20多个城市群、180多个地级以上城市和1万多个城镇的建设，将拉动40万亿元投资。据此，一些地方政府已在制定对策，纷纷摩拳擦掌。2012年底多个省、区都出台了城镇化发展规划方案，高调发布城镇化目标。有记者担心，城镇化被炒得太热了，如此持续下去，城镇化可能被"异化"——被扭曲成大搞投资建设的概念题材，这种大规模城市建设的势头，可能重复过去的老路[1]。还有媒体称，城镇化给低迷的楼市注入了一针强心剂，房企普遍看好城镇化给房地产业带来的新机遇，再度掀起拿地热潮。有专家担忧，有些地方借城镇化大量圈地，大搞房地产，扭曲城镇化新政，将引发新一轮地产扩张，其后果将又面临房价快速上涨。将城镇化理解为城市扩张化、大占耕地盖高楼的"房地产化"，后患无穷[2]。其实，城镇化不仅是城镇化率的提高，推进城镇化不能仅靠大规模投资，也不能搞成城市"形象工程"建设，更不能"异化"成为"房地产化"。根据以往教训有理由担心，一些

---

[1] 《城镇化的"宣传热"不可过度》，四川日报网，2013年1月8日。

[2] 《城镇化刺激房企掀拿地热潮　专家忧等同房地产化》，《人民日报》（海外版）2013年1月11日。

地方完全可能把城镇化"异化"成新一轮"形象工程"建设和"大量圈地搞房地产",与十八大有关城镇化的科学论述背道而驰。因此,认真学习、深刻领会,正确贯彻执行十八大有关城镇化的科学论述非常重要。

十八大报告有关城镇化论述,是在我国城镇化发展的实践经验基础上总结的中国特色新型城镇化道路的重要理论成果,需要认真学习,深入领会。因主题和篇幅所限,现仅从四川城镇水务的视角,谈谈对城镇化质量问题的认识。

## 二 城镇水务是城镇化质量的重要标志

### (一) 国外对城市发展质量研究的概述

有关城镇化质量问题,近年来国内学界研究较多。国外虽少有"城镇化质量"的提法,但有关城市发展质量的研究也较多。在此选几项研究成果,做一个概述。

1960年日本城市学家稻永幸男等选取了规模、区位、经济活动、就业和人口增长等5项指标来评价城市发展质量[①]。2001年,联合国人居中心编制了城市发展指数,该指标体系主要由生产能力、基础设施、废物处理、健康及教育5大类12个指标构成[②]。美国得克萨斯A&M大学学者Shafer等则从生态视角出发,建立了社会人居生活质量的模型,如图10-1所示,城市被描述为由社会、经济、环境三个相互作用的子系统构成的集合体。其中"宜居"被看作社会子

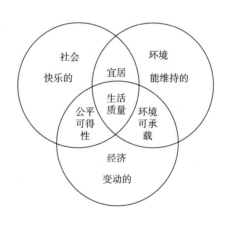

**图10-1 基于人类生态视角的社会人居生活质量模型**

资料来源:张贡生:《城市化质量研究:文献梳理及其拓展》,《广西财经学院学报》第25卷第5期。

---

① 杨立助:《城市化与城市发展战略》,广东高等教育出版社,1999。
② 陈强、鲍悦华:《城市发展质量评价:视角与指标体系》,《同济大学学报》(社会科学版)2006年第6期。

系统与环境子系统的交集，"环境可承载"被视为环境子系统与经济子系统的交集，"公平可得性"则被认为是经济子系统与社会子系统形成的交集，"生活质量"则被视为以上三者的交集①。

麦肯锡②在 2011 年发布的《城市可持续性发展指数：衡量中国城市的新工具》报告中，提出从 5 个方面来衡量城市可持续发展水平，虽与城镇化质量有所差别，但内涵基本一致。这 5 个方面分别为：①基本需求，包括可获得安全的水资源、足够的居住空间，以及良好、充足的医疗和教育资源；②资源充足性，包括高效利用水和能源以及有效的垃圾回收系统，城市重工业所占比重不断下降；③环境健康，包括减少有害污染物的数量并提高垃圾管理效率；④建筑环境，包括通过绿地、公共交通以及密集的高效能建筑提高可达性，提高社区的宜居性；⑤对可持续性的承诺，也即在应对可持续性挑战中调动人员和财务资源，显示出政府对履行承诺、实施国家及地方政策和标准的决心。

（二）国内对城镇化质量研究的概述

近年来，随着我国城镇化进程加快、农民工市民化问题凸显、城乡差距扩大、资源能源约束趋紧、环境污染加剧等，许多国内学者开始关注城镇化质量问题。城镇化质量内涵和外延是什么？这些都有待研究的深化和实践的发展。在此，仅选取两项近期研究的成果做简要概述。

一项研究认为，城镇化质量的内涵应包括城乡统筹协调发展、城镇综合承载能力提高、城镇化推进效率改善、城镇化推进机制完善等 4 个方面。该项研究提出了由一级指标（5 项）、二级指标（26 项）、三级指标（71 项）构成的城镇化发展质量评价指标体系（见表 10－1），其特点是指标所涉及的数据均可从统计年鉴、城建统计公报、总体规划及政府部门掌握的相关资料中获得，以方便不同地区之间做比较研究③。

---

① Shafer, C. 5., Koo Lee, Turner, S., A tale of three green – way trails: user pereeptions related to quality of life. Landscape Urban Planning. 2000, (49): 163 – 178. 转引自张贡生《城市化质量研究：文献梳理及其拓展》，《广西财经学院学报》第 25 卷第 5 期。

② "麦肯锡"是一家全球性管理咨询公司，1926 年芝加哥大学杰姆斯·麦肯锡（James Mckinsey）教授创立。

③ 陈明：《中国城镇化发展质量研究评述》，《规划师》2012 年第 7 期。

表 10 – 1  城镇化发展质量评价指标体系

| 一级指标 | 二级指标 | 三级指标 |
|---|---|---|
| 城乡统筹 | 收入分配 | 城镇居民人均可支配收入、农村居民人均纯收入；城乡居民财产性收入 |
| | 公共服务 | 城镇教师数与在校生数之比、农村教师数与在校生数之比；城市生均义务教育经费、农村生均义务教育经费；城镇万人拥有医生数、农村万人医生和卫生员数；城镇万人拥有图书数、农村万人拥有图书数；城镇万人拥有养老床位数、农村万人拥有养老床位数 |
| | 基础设施 | **城镇自来水普及率、农村安全饮用水率**；城镇人均基础设施投入和农村人均基础设施投入 |
| 综合承载 | 住房保障 | 住房保障率；保障性住房建设完成率；社区配套设施建设；棚户区和城中村改造 |
| | 市政设施 | **公共供水覆盖率；供水水质**；燃气普及率；**污水处理率**；垃圾无害化处理率；**排水设施覆盖率**；互联网普及率 |
| | 防灾设施 | 人均避难场所面积；**公共消防设施完好率；防洪排涝标准** |
| | 应急设施 | 应急系统建设 |
| | 交通出行 | 平均通勤时间；公共交通出行分担率；步行和自行车出行分担率 |
| | 公共服务 | 小学布局合理性；人均公共体育设施用地；万人社区卫生服务站数；万人医院床位数；万人公共图书馆图书数；人均公益文化娱乐设施用地 |
| 推进效率 | 经济结构 | 第三产业增加值占 GDP 比重 |
| | 就业状况 | 就业人数；生产增加值；登记失业率 |
| | 节约能源 | 单位 GDP 能耗；节能建筑比例；采暖供热计量收费比例；可再生能源使用比例 |
| | 节约用水 | **单位 GDP 取水量；再生水利用率；工业用水重复利用率；节水规划** |
| | 节约土地 | 城市人口密度 |
| 生态环境 | 生态保护 | 生态环境保护；城市生物多样性 |
| | 绿化状况 | 绿化覆盖率；绿地率；人均绿地面积；绿地服务半径；林荫路覆盖率 |
| | 环境质量 | 空气质量；**地表水环境质量**；噪声平均值 |
| 社会和谐 | 收入差距 | 基尼系数 |
| | 社会保障 | 社会保险基金征缴率；城市最低生活保障 |
| | 老龄事业 | 优待老年人政策；百名老人拥有社会福利床位数 |
| | 残疾事业 | 残疾人服务保障体系；无障碍设施 |
| | 外来务工 | 外来务工人员保障政策 |
| | 公众参与 | 公众参与规划建设和管理 |
| | 城市特色 | 历史文化遗产保护；城市风貌特色 |
| | 城市管理 | 城市管理；**市政基础设施安全运行** |
| | 社会安全 | 道路事故死亡率；刑事案件发案率 |

注：加粗的指标是与城镇水务直接相关的指标。

资料来源：陈明：《中国城镇化发展质量研究评述》，《规划师》2012 年第 7 期。

另一项研究认为，城市化质量是经济城市化质量、社会城市化质量和空间城市化质量的有机统一。这项研究为对城市化质量、速度与城市化水平互动关系进行分析，从经济、社会、空间三方面提出了 3 类 12 项具体指标，对城市化发展质量做综合测度（见表 10 - 2），并对中国城市化发展质量及其空间分异特征做了总体评价①。该项研究得出一些与一般似是而非的概念有所不同的结论。比如，城市化发展质量与城市规模不存在对应关系，并不是城市规模越大，城市化发展质量越好；又比如，人口城市化水平不能反映城市化发展质量的高低，人口城市化水平与城市化发展质量并没有必然的联系。人口城市化水平高，不能说明城市化发展质量就高。

表 10 - 2　城市化发展质量（UDQ）动态判断标准值及权重
（动态判断标准值略）

| 权　　重 | 准则层权重（准则层Ⅰ） | 指标层（准则层Ⅱ） |
| --- | --- | --- |
| 经济城市化发展质量（EUDQ）0.40 | 经济效率指数（EEI）0.30 | 经济效率 |
| | 经济结构指数（ESI）0.28 | 第三产业占 GDP 比重；高技术产品占制造业比重 |
| | 经济发展代价指数（ECI）0.28 | 万元 GDP 能耗；**万元 GDP 水耗；万元工业 GDP 废水产生量**；万元工业 GDP 废气产生量；亿元工业 GDP 固体废弃物产生量 |
| | 经济增长动力指数（EFI）0.14 | 科技进步贡献率 |
| 社会城市化发展质量（SUDQ）0.35 | 人类发展指数（HDI）0.35 | 期望寿命；成人识字率；人均 GDP |
| | 社会保障指数（SSI）0.30 | 失业率；社会保障占 GDP 比重；社会保障普及率 |
| | 基础设施发展指数（IDI）0.18 | **用水普及率**；人均住房面积；人均道路面积；千人拥有医生数；百人基础教育拥有教师数 |
| | 城乡一体化指数（URII）0.17 | 城乡收入差距 |
| 空间城市化保障质量（SUSQ）0.25 | 水资源保障指数（WRSI）0.25 | **水资源保障能力** |
| | 建设用地保障指数（LCSI）0.25 | 建设用地保障能力 |
| | 能源保障指数（PSI）0.25 | 能源保障能力 |
| | 生态环境保障指数（EESI）0.25 | 空气质量指数；建成区绿化覆盖率；**废水处理率**；垃圾处理率；工业固体废弃物综合利用率 |

注：加粗的指标是与城镇水务直接相关的指标。

资料来源：方创琳、王德利著《中国城市化发展质量综合测度与提升路径》，《地理研究》第 30 卷第 11 期。

---

① 方创琳、王德利：《中国城市化发展质量综合测度与提升路径》，《地理研究》第 30 卷第 11 期。

（三）四川与江苏等省区市城镇化质量的比较

略去上项研究的计算分析过程，选取其部分研究成果，对 2008 年四川与 4 个直辖市（京、沪、津、渝）、西南 4 个省和自治区（桂、云、贵、藏）、东部沿海城市化水平较高的 4 个省（苏、浙、粤、辽）的城市化发展质量做比较，可大致了解四川的城市化发展质量在全国所处的位置（见表 10 - 3）。从表 10 - 3 可以看出，四川与江苏等 12 个省区市比较，城市化水平较低，仅比西南地区云、贵、藏略高；在西南地区，四川城市化发展质量指数高于渝、贵，却低于云、桂、藏。从京、津、沪之间比较看，上海城市化水平比北京高出 4.6 个百分点，两个城市的城市化水平都已达终期阶段，但上海的城市化发展质量指数却低于北京 0.04 个百分点，未走出中下发展质量阶段，而北京已进入中上发展质量阶段；天津城市化水平低于上海 11.4 个百分点，但城镇化发展质量指数却比上海高出 0.9 个百分点，处于中上发展质量阶段。东部沿海较发达的苏、浙、粤、辽 4 省，城市化水平虽都接近或刚达到后期阶段，但城市化发展质量都还处在中下发展质量阶段，城市化发展质量指数甚至均低于云南省。当然，这是一家之言，仅做参考，不过确有一定的启示意义。

表 10 - 3　2008 年四川与江苏等省（自治区、直辖市）城市化发展质量比较

| 代码 | 四川 | 北京 | 上海 | 天津 | 重庆 | 广西 | 云南 | 贵州 | 西藏 | 江苏 | 浙江 | 广东 | 辽宁 |
|---|---|---|---|---|---|---|---|---|---|---|---|---|---|
| V | 37.4 | 84.0 | 88.6 | 77.2 | 50.0 | 38.2 | 33.0 | 29.1 | 22.6 | 54.0 | 57.6 | 60.3 | 60.1 |
| Q | 0.51 | 0.64 | 0.60 | 0.69 | 0.50 | 0.53 | 0.60 | 0.50 | 0.52 | 0.54 | 0.56 | 0.58 | 0.57 |
| C | v−q− | v+ +q+ | v+ +q− | v+q+ | v−q− | v−q− | v−q− | v− −q− | v−q− | v−q− | v−q− | v+q− | v+q− |

资料来源：方创琳、王德利：《中国城市化发展质量的综合测度与提升路径》，《地理研究》第 30 卷第 11 期。

原注：V 为基于联合国法的修正城市化水平；Q 为城市化发展质量；C 为城市化发展阶段；v − −、v −、v +、v + + 分别代表城市化发展的初期阶段、中期阶段、后期阶段、终期阶段（v≤30%；30% <v≤60%；60% <v≤80%；80% <v）；q − −、q −、q +、q + + 分别代表城市化发展的低质量阶段、中下发展质量阶段、中上发展质量阶段、高质量阶段（q≤0.3；0.3 <q≤0.6；0.6 <q≤0.8；0.8 <Q）。

（四）从城镇水务的视角观察四川城镇化质量

最近，李克强同志在一次讲话中说，新建的农村社区有没有上下水？这是目前农村和城市一个很大的区别。千万不要小看上下水，当年美国罗斯福实施新政，很重要的一条就是盖房子，而房子好不好，很重要的一条就是有没有抽水马桶。后来有的经济学家就拿抽水马桶来衡量一个家庭是不是中等收入家庭。这可能不完全

准确，但也是一个有效的衡量标准①。这段话被媒体称为"城镇化'上下水'理论"。给排水系统对居民生活质量和健康水平的提高，具有非常重要的意义——这对给排水专业人士而言是常识。这次国家领导人强调"城镇化'上下水'"的重要性，应该比专业人士讲更能提醒各级政府和全社会重视"上下水"问题，同时也使城镇水务对城镇化质量的标志性意义更加凸显。

从前面介绍的有关城镇化质量的研究中可以发现，国内外学者所提出的指标体系中，有关城镇水务的指标都不可或缺。从列举的两项国内学者提出的城镇化质量指标体系可以看到，在每类"一级指标"中，都无一例外的有城镇水务领域的具体指标（三级指标），且所占权重相当大（见表 10-1、表 10-2，表中对与城镇水务直接相关的指标做了加粗处理）。可见，李克强所说这是"一个有效的衡量标准"不无道理，城镇水务的确是城镇化质量的重要标志之一。

表 10-4 是对本书各章 2010 年四川城镇水务发展的各项指标所做的一个小结。当然，不能仅从城镇水务指标对城镇化质量做出准确判断。但是，通过观察城镇水务指标，并将这些指标与本书各章所谈及的国内外先进水平或发展趋势相比较，可以对四川城镇化质量有一个大体的感性认识。

表 10-4　2010 年四川省城镇水务各项指标一览

| 项目 | 指标名称 | 指标值 | 补充说明 |
|------|----------|--------|----------|
| 公共供水 | 自来水普及率 | 城乡自来水普及率约为 68%，其中城市为 92%，县城为 89.6%　农村自来水受益率为 53.3% | 有的城镇自来水普及率仅为 50%～70%　建制镇自来水厂覆盖率为 94.59%，乡镇自来水厂覆盖率为 68.55% |
| | 供水压力 | 城市低压区面积为 12.04% | 个别城市低压区面积为 75%～80% |
| | 水源水质 | 省控城市集中式水源水质监测月报 65 个断面：全年达标率为 72.3%，部分时段达标 18.5%，全年不达标 9.2% | 大多数县城不能完成常规监测，例行监测率为 1.75%；乡镇监测基本处于空白；农村分散式水源基本未开展监测 |
| | 供水水质 | 国家对全国 80% 的城市水厂抽检，出厂水质达标率为 83%；入户水质达标率不详 | 个别大水厂具备全指标检测能力；少数水厂无日常或常规检测能力 |
| | 卫生设备 | 城镇 12.81% 无成套家庭卫生设备 | 其中 2.38% 无卫生设备，6.46% 有厕所无浴室，3.97% 使用公用厕所浴室 |

① 《协调推进城镇化是实现现代化的重大战略选择》，李克强 2012 年 9 月 7 日在中央组织部、国家行政学院和国家发展改革委联合举办的省部级领导干部推进城镇化建设研讨班学员座谈会上的讲话，原载《行政管理改革》2012 年第 11 期，转自人民网，2012 年 10 月 26 日。

| 项目 | 指标名称 | 指标值 | 补充说明 |
|---|---|---|---|
| 污水处理 | 污水处理率 | 城镇污水处理率为64.5%，其中城市为76%，县城为34.6% | 建制镇污水处理厂覆盖率为10%，乡镇污水处理厂覆盖率为0.8% |
| | 污泥处理处置 | 绝大部分运往垃圾场填埋，基本未进行无害化处理处置 | 成都在建400吨/d污泥焚烧厂 |
| 防洪排涝 | 防洪设施 | 大部分重要城市重要河段达10~50年一遇防洪标准 | 许多城镇基本上每年都遭到较严重的洪涝灾害 |
| | 排涝设施 | 排涝设施投资占城市基础设施投资不足3%，呈下降趋势，设施失修严重 | |
| | 雨洪管理 | 基本未建立城市雨洪管理机制 | |
| 水环境 | 城市河段水质 | 不达标率为19.84% | 121个省控断面中有24个不达标（其中Ⅲ类实测Ⅳ类7个，Ⅲ类实测Ⅴ类3个，Ⅲ类实测劣Ⅴ类10个，Ⅳ类实测Ⅴ类1个，Ⅳ类实测劣Ⅴ类3个） |
| | 地下水水质 | 成都平原三片区按控制面积计超标率：岷江（成都）为27.0%，沱江（成都）为41.9%，沱江（德阳）为78.3% | 综合水质Ⅲ类，三片区实测均为Ⅵ类 |
| | 生态环境用水 | 生态环境用水比例为0.91% | 成都生态环境用水比例为3.79% |
| 节约用水 | 工业节水 | 万元工业增加值用水量为85m³/万元 | "十一五"年均降低率为7.2% |
| | | 工业用水重复利用率为55.95%，其中火力发电为75.35%，石油化工为80.93%，冶金为77.04%，造纸为36.51%，食品为11.57%，医药为17.54% | "十一五"年均增长率为-1.06% |
| | 城市生活节水 | 城市人均日生活用水量为190.65L/人·d | 最高的城市达225L/人·d |
| | 管网漏损率 | 14.20% | 高于20%的14个城市，高于30%的5个城市，最高40.68% |
| | 再生水利用 | 污水再生利用率为6.9% | — |
| | 雨水利用 | 雨水利用极少 | |

资料来源：见本书有关章节。

# 三 在城镇化进程中推进城镇水务信息化

## （一）信息化是新型城镇化的主要特征

十八大提出"走工业化、信息化、城镇化、农业现代化同步发展的道路"。在对"四化"同步发展的研究中，学术界对"信息化与工业化"、"工业化与城镇化"的研究较多,限于篇幅本书不再赘述。关于"城镇化与农业现代化",稍后将在"城乡发展一体化"小节中有所涉及。在此,简要谈谈"信息化与城镇化"同步发展的问题,以便引入在城镇化进程中推进城镇水务信息化的话题。

关于"新型城镇化",仇保兴在《新型城镇化:从概念到行动》中有全面论述[1]。新型城镇化是以人为本,以新型工业化为动力,以统筹兼顾为原则,推动城市现代化、城市集群化、城市生态化、农村城镇化,全面提升城镇化质量和水平,走科学发展、集约高效、功能完善、环境友好、社会和谐、个性鲜明、城乡一体、大中小城市和小城镇协调发展的城镇化建设路子[2]。但我还认为,信息化是新型城镇化的主要特征。

信息化在我国现代化中可以起到全局引领作用。充分发挥信息化在城镇化进程的作用,对提升和整合城镇功能,改善城镇产业结构和就业结构,提高城镇居民素质,具有重要意义。实现信息化的城市,可再现城市各种资源分布状态,促进城市不同部门、不同层次之间的信息共享、交流和运用,减少城市资源浪费和功能重叠,有利于加强城市发展的宏观管理。信息化已成为提升城市现代化水平的重要手段,是推动城市发展的新动力,信息化程度已成为一个城市先进与否的重要标志之一[3]。

城镇化与信息化的互动关系是一个值得深入探讨的课题。有研究认为,城镇化是信息化的主要载体和依托,信息化是城镇化的提升机和倍增器。在信息化时代,产业布局出现了分散与集聚共存的新趋势。从分散化趋势来看,大批劳动密集型和资本密集型制造业从城市中心区向外扩散,许多经济活动和人口向城市郊区或小城镇迁移。这是后工业化时代城镇化将发生逆转的主要根据。信息化时代的集聚也不同于工业化时代。信息化时代的集聚,是由于海量信息需要彼此频繁交流和联系,使得以知识创新为基础的企业管理、控制、协调等职能逐渐向城市中心区集聚。产业集聚的动力也从共享基础设施、节约运输成本等静态集聚效益,转向有利于技术和知识创新与传播等动态集聚经济效益上

---

① 仇保兴:《新型城镇化:从概念到行动》,《行政管理改革》2012 年第 11 期。

② 引自百度百科"新型城镇化"词条,词条创建者宋白雪。

③ 郭理桥:《加快城镇化发展的信息化工作思路初探》,《城市发展研究》2010 年第 1 期。

来。同时，由于高技术产业发展生态是产业集群，产业集群中的企业能够获得更高的经济收益①。有学者认为，信息化成为城市化的主要动力，推动城市化出现极化和分散化并存的新特征，中心分布有分散化和有限均匀化的现象，城市的经济中心地位下降，而城市体系的极化作用却加剧②。在高技术及其产业的支撑下，逆城市化、郊区化、小城镇都可能是知识经济时代城镇化的另一种空间形式③。信息化引起产业布局的分散与集聚共存的新趋势，是信息化时代城镇化的主要特点，因此是更高级的城镇化。消灭城乡差别，实现城乡一体化的理想，只有在知识经济时代才有可能真正成为现实。知识经济和高技术及其产业的发展有可能给城镇化带来完全崭新的概念。我们要密切关注并高度重视以信息化为代表的高技术对城镇化进程的影响④。研究信息化给城镇化带来的新趋势，对城镇体系、城市规划、城市管理、生态城市建设、小城镇发展、城乡一体化等城市科学理论与实践的创新，具有重要意义。

（二）智慧城市是信息化与城镇化结合的新模式

信息化不仅通过对生产力诸要素的渗透和改造，促进生产力的发展，并使生产方式发生变化，还必将使人们的生活方式及消费方式发生转变，同时还会促进人类思想文化的发展，改变人们的思想观念和精神面貌。

有专家把信息化城市称为"智慧城市"。据说，"智慧城市"是继"数字城市"和"智能城市"后，信息化城市的高级形态。智慧城市是以物联网、云计算等新一代信息技术设施为基础，以社会、环境、管理为核心要素，以低碳、惠民、高效为主要特征，以透彻感知、广泛互联、深度智能为技术特点的现代城市可持续发展道路。智慧城市通过广泛深入推进基础性与应用型信息系统开发建设和各类信息资源开发利用，把已有的各种生产要素优化组合，从而以更加精细和动态的方式管理生产和生活，形成现代化、网络化、信息化、智能化的城市。智慧城市通过加强公共服务和文化信息基础设施的建设来改善城市的人文

---

① 姜爱林：《城镇化、工业化与信息化的互动关系研究》，《经济纵横》2002 年第 8 期。

② 杜作锋：《以信息化为支点　实现城市化跨越式发展》，《城市问题》2001 年第 4 期。

③ 叶裕民：《中国城市化之路》，商务印书馆，2001，第 16 页。

④ 陆强：《中国城镇化战略的几个问题》，《中国大陆、香港、澳门、台湾两岸四地城市发展（杭州）论坛论文集》，2002 年 11 月 1 日。

环境，对建设一个有活力、人性化、可持续发展的城市，将产生深远影响①。据报道，全国已有 154 个城市提出建设智慧城市的方案。前不久，住房和城乡建设部召开会议，拟在全国开展国家智慧城市试点工作，首批 90 个城市入选试点名单中，四川雅安市和成都市温江、郫县列入试点城市（见参考资料 10 - 1）。

### >>> 参考资料 10 - 1

## 四川雅安、温江列入国家智慧城市试点城市②

温江 4 年建成"智能"之城

"智慧城市并不遥远，4 年之内就可在温江成为现实。"温江区规划管理局规划信息服务中心副主任吴昊天向记者介绍说。据了解，温江"智慧城市"的打造，来自信息产业的高度依托。吴昊天介绍说，温江区从 2005 年开始谋划，依托计算机及信息网络的强大功能，将社会生活各个领域的信息系统集中起来，在一个平台上实现了"融合"。

这个平台由三大海量空间数据构成，即反映和描述温江全域表面测量控制点、水系、居民地及设施、交通、管线、植被与土质等有关自然和社会要素的位置、形态和属性等信息的基础地理空间数据，反映农村区域的人口、土地、产权等信息的初始权利数据，反映城乡建设到城乡管理过程中的土地、城乡规划、社区、居住人口、消防设施等信息的原始代码数据。

温江在全国率先实现遥感影像等基础地理信息数据国家、省、市、区四级联动更新机制。应用地理信息公共平台对全区影像、地形、管线、规划、国土、房管等各类数据进行高度集成，实现全区地上地下三维动态管理。在真三维立体化的演示中，通过平台，可直观看到温江的水系分布、城市面貌、居民小区等，也能查阅这些点位的具体数据，比如任一街道的地下管线分布、任一地块的产权、任一铺面的税收、任一区域的未来规划等。形象而言，这是一个独一无二、无法复制、客观权威、公平公正的"基因库和身份证"，并且可以通过服务于公众的

---

① 《2012 中国智慧城市高峰论坛会议简介资料》，2012 年 12 月 14 日。
② 《首批智慧城市试点名单出炉 温江、郫县及雅安抢得先机》，《华西都市报》2013 年 1 月 30 日。

地理信息移动服务客户端，提供公众信息查询服务。吴昊天表示，这些都构成了温江"智慧城市"的基础。

雅安 积极打造"西部云谷"

昨晚，雅安市住建局总规划师郭猛登上了回四川的飞机。当天，他参加了住建部召开的国家智慧城市试点创建工作会议。"现场公布名单，听到有雅安，非常激动。"郭猛在电话中说。

郭猛认为，智慧城市的建设，首先重视的是推广应用，其次才是技术水平，"这就降低了技术门槛，许多欠发达的城市也能参与，而雅安就是这些欠发达城市中的代表"。郭猛强调，不发达城市的智慧城市建设，不一定就会比发达城市建得差，关键在于结合实际发挥特色。

以雅安为例，目前正加快建设国际化区域性生态城市，而"数字城市，智慧雅安"是至关重要的一环，智慧城市建设要为生态城市建设提供支撑，"反过来说，就是智慧城市建设要充分发挥生态城市特色"。那怎样发挥生态特色，如何建设"智慧雅安"？雅安市经信委的表述为：利用 3～5 年时间，构建四大智慧体系，建成服务于政府、城市管理、社会公共服务、企业的智慧城市。根据《雅安市国际化区域性生态城市建设五年行动计划》，2016 年"智慧雅安"的可视化、数字化率要达 80% 以上，应急指挥、平安城市、防灾减灾、预警预测和公共事业的数字化智能化基本建成。目前，雅安正积极打造"西部云谷"，争取四川乃至西南云计算后台服务基地布局。"到时候，市民不用出门，通过一个网上智慧平台，用电脑就能完成很多事。比如，办各种证件、缴各种费用，不用再出门去相关单位，也不用在网上四处找网站，只需要一个总的平台。"郭猛说。

智慧城市是信息化与城镇化结合的新模式。城镇化是扩大内需的最大潜力，也是经济结构调整的重要依托。城镇化将发挥拉动消费、扩大和优化投资、改善民生的多重效应。城镇化也是稳增长的主要路径，推进城镇化可从基础设施投资和扩大消费两方面成为支撑经济增长的主要动力。在信息化时代，必须转变仅靠房地产、高楼大厦、道路广场、"铁公机"等硬件设施投资，提高资源开发强度和城市扩张来增加供给，推进城镇化的传统路径。建设智慧城市可以通过有限资源合理配置、提升利用效率、提高城镇化质量来扩大内需、拉动消费。从城市政府角度，在城市建设和社会管理等领域，可以运用信息化解决城市规划、社会治安、突发事件、信用建设、社会救助、交通管理等难题，降低建设费用和城市运行成本，节约管理资源，提高城市效率，促进城市和谐发展；从企业角度，运用信息化技术可以提高企业运营效率，降低运营成本，提高竞争力；从城镇居民角度，通过信息化提供的技术基础，可以更有效解决医疗、社保、食品安全、住房、出行等民生课题，以及日常生活如购物、办事、缴费、娱乐、学习等诸多事务，改善居民生活质量，实现便民、利民、惠民目标。

（三）未来城市的长远发展方向是"智慧—生态城市"

智慧城市与生态城市结合是未来城市的长远发展方向。十八大把"生态文明建设"放在突出地位，并把它融入经济建设、政治建设、文化建设、社会建设各方面和全过程之中。"生态文明建设"对城市发展的要求就是建设生态城市，而城市生态化是生态城市的标志，也是实现城市可持续发展的必由之路。城市生态化是包含环境生态化、经济生态化、社会生态化三个方面的复合生态化，其中环境生态化是基础，经济生态化是条件，社会生态化是目的，而城市信息化是手段。在信息化时代，城市生态化离不开城市信息化，即建设"数字—生态城市"，或称为"智慧—生态城市"。建设"智慧—生态城市"，对城市环境、经济、社会复合生态系统形成信息化管理、服务、决策的网络体系，使城市的环境、经济、社会复合生态系统得以实现结构合理、功能稳定的动态平衡状态，而且各个子系统也处于良性状态，整个城市生态系统具备良好的生产、生活、还原缓冲功能，具备自组织、自催化、自调节、自抑制的机制，最终才能保证城市持续发展、稳定有序演进①。

（四）智慧城市建设要避免走入误区

目前，全国有一大批城市提出了建设"智慧城市"的任务，城市信息化方案也在大规模升级。令人担忧的是，由于对智慧城市建设的理解和认知水平不同，

---

① 陆强：《建设资源节约型　环境友好型社会　走生态文明发展之路》，《四川建筑》增刊第25卷，第4~9页。

各地建设智慧城市的方案没有统一标准，缺乏权威、核心的顶层设计和全局性指导，有可能造成新的重复投资、重复建设和资源浪费①。智慧城市建设是一个长远发展过程，国外一般是从智慧小区开始做起，而我国一般都搞得很大，不是从基层做起。如果城市政府热衷于把智慧城市和"政绩"挂钩，一定建不好智慧城市。智慧城市建设不仅是技术工程，它涉及最重要的是体制和机制。智慧城市需要好的规划，需要有关部门协同发展，应避免出现"政府比企业热、媒体比市场热、包装比创新热"的现象。当前，我国在智慧城市建设中存在以下误区：一是建设目的不明确。在建设过程中很少关注经济社会发展的实际需要、城市特点和当前需要重点解决的关键问题，盲目模仿其他城市的建设模式。二是建设思路不清晰。很多城市把建设智慧城市定位为建设项目，没有明确的任务和实施路线图，没有跨部门、跨行业共享和协同的信息机制和政策机制，只重投资，不求效果。三是建设模式不可持续。对智慧城市建设的长期性、复杂性认识不足，缺乏运营和管理的长效机制，以及相应配套体制和法制环境，使得市场配置资源的基础性作用难以发挥，无法激发社会力量参与智慧城市建设的积极性和创造性，最终可能导致智慧城市建设难以持续推进②。

（五）城镇水务信息化是智慧城市的重要内容

近年来，四川城镇水务信息化取得了一定成就。如前文所述，成都市自来水有限公司技术中心自主开发了管网地理信息系统；建立了多种通信方式的生产数据采集系统；开发了呼叫中心系统，为热线服务水平提高创造了条件；完成了管网水力模型软件平台的转换和升级；完成了新建水厂的调度方案模拟分析等。绵阳水务集团建立了涪江流域原水水质数据实时共享和原水污染实时预警平台模型；建立了输配水系统计算机模型、管网水质稳定性控制技术、管网外源污染控制技术以及管网水质预警技术；完善了饮用水安全输配保障体系等。但从总体而言，四川城镇水务信息化建设还处在初期启动阶段。

要在城市信息化总体方案的指导下，推进城镇水务信息化建设。智慧城市建设方案的核心顶层设计和全局性指导，是各行各业信息化建设的依托，只有这样

---

① 张福军：《智慧城市建设　从上到下都要脚踏实地》，智慧中国网，2012年12月14日。

② 《浅析城镇化背景下的智慧城市建设》，中国智慧城市网，2013年1月22日。

才能将社会生活各个领域信息系统集中起来，在一个平台上实现融合，构成智慧城市的基础。

城镇水务信息化建设的第一个层面是城镇水务企业的信息化建设。当前，四川一批大中型水务企业迅速发展壮大，逐步向规模化集团化发展。同时，出现了下属企业生产运行信息不能及时反馈和得到有效监管，生产运行规范化、标准化、精细化管理水平低，运营成本高、经济效益差、信息化管理人才短缺等问题。这些问题成为制约企业发展、提高竞争力、巩固行业地位的瓶颈。水务企业信息化管理，应在保证水质达标的前提下，以最大程度降低系统运行费用为目标，利用多种通信技术实现远程分布式数据采集、运行信息共享、生产数据实时可视化、设备养护自动化管理、系统故障实时告警、事故预案智能提示、生产报表自动统计生成等功能。同时，专家经验和计算机技术结合，还可实现水泵机组联编优化调度、曝气池节能优化控制等局部优化目标。利用人工智能和数据挖掘技术，实现水务企业最优化控制和精细化管理，形成利用计算机及网络技术实现智能化、专业化的水务企业生产运营管理模式，形成水务运营管理全流程的企业信息化综合运营管理系统，将企业的生产过程、调度监控、事务处理、决策等业务过程数字化，全面实现水务企业信息化管理。目前，客户服务信息系统、供排水信息系统、管网漏损分析系统、自来水厂及污水处理厂生产管理系统、水质监测预警系统等，都已是水务企业信息化管理的成熟技术。

城镇水务信息化建设的第二个层面是城市水务一体化信息系统建设。城市水务一体化信息系统以实现水的良性社会循环为目标，在城市供排水领域对城市水源、取水、输水、供水、用水、排水、污水处理、再生水利用等环节进行一体化管理；在城市水环境领域对城市水资源、防洪抗旱、水土保持、水污染、水生态、城市雨洪、雨水利用等环节进行一体化管理。本书第七章介绍的"城市智能雨洪管理与决策系统"就是其中的重要组成部分。城市水务一体化信息系统建设的基本思想，是实现监测数据、基础数据、业务数据共享，做到管控协同；实现数据中心、支撑平台等基础设施统建共用，做到避免重复；实现建设过程统一规划、统一安排，做到融合高效。只有实现了城市水务一体化管理的机制体制，才能使城镇水务的整体效能得到全面有效的提升。

此外，城镇水务信息化建设还有区域、流域、省域等层面，就不详述了。

# 四 在城镇定居是农业转移人口市民化的前提

## （一）四川农业转移人口的基本情况

从表10-5、表10-6可以看到2005~2011年四川农业转移人口的一些基本情况。

表10-5 2005~2011年四川省人口变动情况

单位：万人，%

| 序号 | 人口分类 | | 数据来源 | 2005年 | 2006年 | 2007年 | 2008年 | 2009年 | 2010年 | 2011年 | 6年增减 | 年均增长 | 总增长 |
|---|---|---|---|---|---|---|---|---|---|---|---|---|---|
| 1 | 常住人口 | 其中城镇 | 统计 | 2710 | 2802 | 2893 | 3044 | 3168 | 3231 | 3367 | 657 | 3.68 | 24.24 |
| 2 | | 其中乡村 | 统计 | 5502 | 5367 | 5234 | 5094 | 5017 | 4811 | 4683 | -819 | -2.65 | -14.89 |
| 3 | | 城镇化率 | 2/1 | 33.0 | 34.3 | 35.7 | 37.4 | 38.7 | 40.2 | 41.8 | — | 1.47 | 8.8 |
| 4 | | 总 计 | 统计 | 8212 | 8169 | 8127 | 8138 | 8185 | 8042 | 8050 | -162 | -0.33 | -1.97 |
| 5 | 户籍人口 | 其中非农业 | 统计 | 2014 | 2071 | 2140 | 2204 | 2286 | 2355 | 2463 | 449 | 3.41 | 22.29 |
| 6 | | 其中农业 | 统计 | 6628 | 6652 | 6675 | 6704 | 6699 | 6646 | 6595 | -33 | -0.08 | -0.50 |
| 7 | | 非农比重 | 6/5 | 23.3 | 23.7 | 24.3 | 24.7 | 25.4 | 26.2 | 27.2 | — | 0.65 | 3.9 |
| 8 | | 总 计 | 统计 | 8642 | 8733 | 8815 | 8908 | 8985 | 9001 | 9058 | 416 | 0.79 | 4.81 |
| 9 | 农业户籍人口流向 | 不常住乡村 | 7-3 | 1126 | 1285 | 1441 | 1610 | 1682 | 1835 | 1910 | 784 | 9.21 | 69.63 |
| 10 | | 常住省内城镇 | 2-6 | 696 | 731 | 753 | 840 | 882 | 876 | 902 | 206 | 4.42 | 29.60 |
| 11 | | 常住省外 | 9-10 | 430 | 554 | 688 | 770 | 800 | 959 | 1008 | 578 | 15.26 | 134.42 |
| 12 | | 省内城镇比重 | 10/9 | 61.8 | 56.9 | 52.3 | 52.2 | 52.4 | 47.7 | 47.2 | — | -2.43 | -14.6 |

资料来源：四川省常住人口和户籍人口数据摘自《四川统计年鉴（2006~2012）》。注：四川省虽是农业转移人口输出大省，但不可能没有外省人口输入，因此四川各项人口统计数据中必然含有外省输入人口。尤其是第10项数据还应包括外省在四川省城镇打工、经商等，居住半年及以上且没有取得四川城镇户籍的常住人口。外省在四川省城镇打工、经商等，居住半年及以上且没有取得四川城镇户籍的常住人口的数据不详，但估计数量相对较少。第9~12项数据未扣除上述因素，故只能是四川农业户籍人口流向的近似数据。

表10-6 2005~2011年成都市人口变动情况

单位：万人，%

| 序号 | 人口分类 | | 数据来源 | 2005年 | 2006年 | 2007年 | 2008年 | 2009年 | 2010年 | 2011年 | 6年增减 | 年均增长 | 总增长 |
|---|---|---|---|---|---|---|---|---|---|---|---|---|---|
| 13 | 常住人口 | 其中城镇 | 统计 | 731 | 768 | 787 | 808 | 834 | 920 | 943 | 212 | 4.34 | 29.0 |
| 14 | | 其中乡村 | 统计 | 491 | 481 | 471 | 463 | 449 | 485 | 464 | -27 | -0.94 | -5.5 |
| 15 | | 城镇化率 | 14/13 | 59.9 | 61.5 | 62.6 | 63.6 | 64.9 | 65.5 | 67.0 | — | 1.18 | 7.1 |
| 16 | | 总 计 | 统计 | 1222 | 1249 | 1258 | 1271 | 1283 | 1405 | 1407 | 185 | 2.38 | 15.14 |

| 序号 | 人口分类 | | 数据来源 | 2005年 | 2006年 | 2007年 | 2008年 | 2009年 | 2010年 | 2011年 | 6年增减 | 年均增长 | 总增长 |
|---|---|---|---|---|---|---|---|---|---|---|---|---|---|
| 17 | 户籍人口 | 其中非农业 | 统计 | 544 | 572 | 596 | 612 | 629 | 651 | 706 | 162 | 4.44 | 29.78 |
| 18 | | 其中农业 | 统计 | 538 | 531 | 516 | 513 | 511 | 498 | 457 | -81 | -2.68 | -15.1 |
| 19 | | 非农比重 | 18/17 | 50.3 | 51.9 | 53.6 | 54.4 | 55.2 | 56.7 | 60.7 | | 1.73 | 10.4 |
| 20 | | 总　计 | 统计 | 1082 | 1103 | 1112 | 1125 | 1140 | 1149 | 1163 | 81 | 1.21 | 7.49 |
| 21 | 无成都户籍常住成都人口 | | 13-17 | 140 | 146 | 146 | 146 | 147 | 256 | 244 | 104 | 9.7 | 74.29 |
| 22 | 农业户籍常住成都城镇人口 | | 14-18 | 187 | 196 | 191 | 196 | 205 | 269 | 237 | 50 | 4.03 | 26.74 |
| 23 | 第22项占全省城镇比重 | | 22/10 | 26.9 | 26.8 | 25.4 | 23.3 | 23.2 | 30.7 | 26.3 | | -0.1 | -0.6 |
| 24 | 第14项占全省城镇比重 | | 14/2 | 27.0 | 27.4 | 27.2 | 26.5 | 26.3 | 28.5 | 28.0 | — | 0.17 | 1.0 |
| 25 | 第13项占全省比重 | | 13/1 | 14.9 | 15.3 | 15.5 | 15.6 | 15.7 | 17.5 | 17.5 | — | 0.43 | 2.6 |

资料来源：成都市常住人口和户籍人口数据摘自《成都统计年鉴（2006~2012）》。注：本表序号是继表10-5序号的连续编号。

一是2005~2011年农业转移人口增长很快。不在农村常住的农业户籍人口，从2005年的1126万人增长到2011年的1910万人，6年净增长784万人，年均增长9.21%。据有关调查，在现实情况下至少有58.8%的农民工打算在城镇定居（见图10-4）。如果按此推算，四川1910万常年外出打工、经商的农业户籍人口，就可能有1123万农民工愿意在城镇定居。若考虑按低限取值的带眷系数进行测算，则当前四川大约有2470万农业转移人口愿意在城镇定居①。2011年在四川省内城镇就业的农民工占47.2%，那么愿意在省内城镇定居的农业转移人口有1166万人。如果加上出省就业的农民工尚有18.6%打算回到家乡附近的城镇定居（见图10-4），四川农业转移人口市民化的任务就更繁重了。

二是2005~2011年四川农业转移人口从向省内城镇转移为主，转变为向省外转移为主。四川农业转移人口在省内就业、创业人数增长很快，6年净增206万人，年均增长4.42%，2011年达902万人。但是，转移出省的人口增长更快，6年净增长578万人，年均增长15.26%，到2011年达1008万人。省内城镇承担的

---

① 参照同济大学、重庆建筑工程学院、武汉建筑材料工业学院合编《城市规划原理》，中国建筑工业出版社，1981，第42页"公式3-2-1"和"表3-2-1"测算。

农业转移人口从 2005 年的 61.8%，降低到 2011 年的 47.2%。说明四川城镇经济发展所提供的就业或创业的机会，不能完全满足省内农业人口转移的需求。四川城镇化率提高的大头是靠分母减少，即常住人口的减少来实现的。

三是四川首位城市——成都市承接农业转移人口在省内城镇中的比重持续增长。成都市承接的农业转移人口由 2005 年的 187 万人增加到 2011 年的 237 万人，6 年增加了 1 个百分点，净增加 50 万人。成都常住人口占全省常住人口的比重也由 2005 年 14.9% 增加到 2011 年的 17.5%，6 年增加 2.6 个百分点，净增加 104 万人。说明四川首位城市的人口集中度在持续增长。

（二）农业转移人口市民化是提高城镇化质量的核心任务

城镇化的本质是人的城镇化，即职业上由农业向非农产业转换，居住和生活方式上由农村向城镇空间转变。第六次全国人口普查表明，城镇"流动人口"超过 2.6 亿人；2011 年四川离开农村的"流动人口"达 1910 万人。"流动人口"实现了地域转移和职业转换，但居住和生活方式并未实现转变，进入城市的农民工并没有市民化，使我国的城镇化呈现"半城镇化"的状况，这严重影响了城镇化质量。

根据我国的统计制度，在城镇居住 6 个月及以上的人口即统计为城镇常住人口。那些在城镇就业 6 个月及以上的农民工，只是统计意义上的"城镇人口"，并没有城市居民身份，不能享受市民的社会保障和公共服务，其消费行为也与城市居民完全不同。他们候鸟般在城乡间迁徙，使我国的城镇化质量不高。这种低质量的城镇化已经成为我国扩大内需和长期经济增长的制约因素。农民工在城市居无定所，其工作和生活有很大的不确定性，他们只能最大限度地降低消费、增加储蓄。这种低质量的城镇化模式，已严重影响我国内需的扩大和经济的增长。农民工市民化可以促进居民消费，降低经济增长对进出口的依赖程度，还可以改善农民工的消费结构，增加农民工对服务业的需求，有利于提高服务业比重，优化经济结构。农民工市民化还可以提高农村居民的收入水平，有助于缩小居民收入差距。促进农民工市民化，政府必须调整支出结构，增加对农民工的公共服务支出，包括对农民工的医疗、社会保障、子女教育以及保障住房建设。因此，加快户籍制度改革，使居民基本公共服务和基本保障权益与户籍脱钩，逐步有序将农民工纳入城镇居民保障体系，真正实现无差异市民身份，将会释放出强大的内需增长潜力，有利于我国经济结构的优化调整和经济更长期的平稳较快增长[1]。因此可以说，推进农民工市民化是提升城镇化质量的核心[2]。

### （三）"城里有个家"是多数农民工的迫切愿望

据媒体报道，我国现有农户近 2 亿户，最终会稳定在 1 亿户。也就是说，通过城镇化，我国还要将约 1 亿户农村人口转移到城镇。推进农业转移人口市民化，当然首先必须在城镇给农民工提供足够的就业机会。但是，已在全国城镇就业的超过 2.6 亿人的"流动人口"和四川离开农村在城镇就业的 1910 万人"流动人口"说明，农民工的住房问题已经成为农业转移人口市民化的迫切课题。安居才能乐业，有了较为稳定的就业之后，在城镇定居是农业转移人口市民化最重要的前提。

调查表明，住房是针对农民工的各项公共服务中，进展最慢，也是农民工最关心的项目，其不满意程度仅次于收入待遇的项目（见图 10-2）。农民工现状居住条件总体上相当差，居住在有厨房和卫生间的单元房的农民工仅占 22.7%，77.3% 的农民工居住在缺少基本生活设施的各类简易住房中（见图 10-3）。

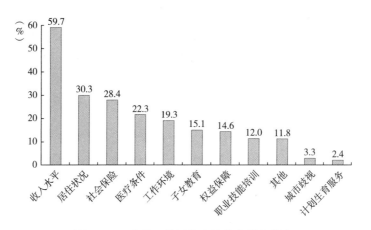

**图 10-2　农民工最不满意的公共服务排序**

资料来源：国务院发展研究中心课题组：《"十二五"时期推进农民工市民化的政策要点》，《发展研究》2011年第 6 期。

---

① 国务院发展研究中心课题组：《农民工市民化对扩大内需和经济增长的影响》，《经济研究》2010 年第 6 期。

② 费杰：《推进农民工市民化是提升城镇化质量的核心》，《新长征》2012 年第 11 期。

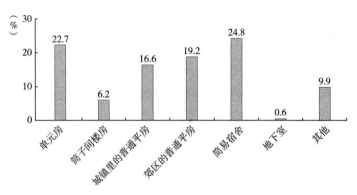

**图 10 - 3　农民工居住的住房类型**

资料来源：国务院发展研究中心课题组：《"十二五"时期推进农民工市民化的政策要点》，《发展研究》2011
年第 6 期。

　　调查还显示，在现实情况下至少有 58.8% 的农民工打算在城镇定居（见图 10 - 4）。
从农民工定居城镇的意愿和他们在城镇的实际居住状况看，住房已成为当前农民工
最迫切要求解决的问题。农民工住房问题解决得如何，直接关系到我国城镇化的质
量。农民工居住状况能否改善，是考察公共服务均等化的重要指标，也是衡量农业
转移人口融入城镇社会程度的重要标志。农民工居住问题解决得不好，不仅会在城
镇造成社会群体的隔阂和贫富差距的凸显，也会在社会心理上带来不平衡[1]。将农
民工住房纳入城镇住房保障体系，是提高农民工生活质量和促进农业转移人口融入
城镇社会的必然要求，也是实现农民工安居乐业和农业转移人口市民化的重要前提。

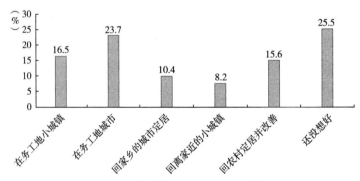

**图 10 - 4　现实情况下农民工定居地点意愿**

资料来源：国务院发展研究中心课题组：《"十二五"时期推进农民工市民化的政策要点》，《发展研究》2011
年第 6 期。

---

　　[1]　国务院发展研究中心课题组：《"十二五"时期推进农民工市民化的政策要点》，《发展研究》
　　　　2011 年第 6 期。

我以为，农民工的住房问题不能仅仅看作住房的问题，而是农民工在城镇有没有"家"的问题。有住房不等于有家，多数农民工的迫切愿望是"城里有个家"。城里有个家，对长期在城镇打工的农民工实在是太重要了。这是人性最基本的需求，将心比心，我们每个人都有体会。长期以来，由于在城镇打工的农民工不能在城镇定居，在城里没有家，而引发出许多社会经济问题。诸如：留守儿童、春运潮、老人农业、空心农村、农业规模化进展迟缓、农民工心理疾患、企业员工不稳定、培训效果差、消费增速较低、服务业发展缓慢等问题，恐怕都与此有关联。逐步解决愿意在城镇定居的农民工的住房问题，这些社会经济问题就有可能逐步得到根本性缓解。尽快让农民工在城镇有一个家，是"以人为本"执政理念的重要体现，也是解决上述诸多社会经济问题的关键之一。

（四）建立覆盖农业转移人口的城镇住房保障体系

尽管多数农民工定居城镇的意向明确，但农民工意愿的房价和房租与现实差距巨大。因此，将农民工尽快纳入城镇住房保障体系，是农业转移人口市民化的重要内容。应尽快建立覆盖农民工的城镇住房保障体系，促进农民工在城镇落户定居（见参考资料10－2）。制定农民工的城镇住房政策的总体指导原则，是逐步把农民工城镇住房问题纳入城镇住房制度中，最终使农民工城镇住房问题成为统一完整的城镇住房体制中的制度安排的一部分[①]。

>>> **参考资料 10－2**

## 四川农民工将可申请公租房[②]

今年，我省将优先面向从事公共服务行业的外来务工者，如环卫工、公交车或出租车司机等提供公租房。具体申请程序由全省各市县制定，不限户籍，届时只要在城市拥有稳定工作的农民工朋友都能申请。日前，省住建厅印发《2013年全省住房保障工作要点》（以下简称"要点"），就全面推进住房保障工作提出了18点要求，其中明确开展"农民工住房保障行动"和启动住房保障立法相关准备

---

① 陆强：《安居才能乐业——农民工城镇住房问题探讨》，《四川建筑》增刊第23卷。
② 《今年我省农民工将可申请公租房》，《华西都市报》2013年2月18日，第4版。

工作。据悉，我省今年将新开工建设保障性住房和改造棚户区任务21.1万套（户），5月底前完成招投标等前期准备工作，6月底前基本开工（85%以上），9月底前全面开工。

设计标准不低于商品房

据了解，今年全省新开工的21.1万套（户）保障房中，包括建设廉租住房、公共租赁住房、经济适用住房和限价商品住房8.19万套，改造城市棚户区、国有工矿棚户区、林业棚户区、农场（垦）棚户区12.91万套。要点要求今年基本建成21万套，竣工16万套。"按照不低于普遍商品住房小区的标准，不断优化保障性住房户型设计和室内布局"，要点还明确，将保障性住房小区合理选址在市政基础设施和公共服务设施完善的区域，选址新城区或需完善区域的，要提前安排市政基础设施建设，优化完善公共服务设施配套。

建成后移交街道办社区管理

"在全省全面推行保障性住房小区属地管理，实行社区化管理服务。"要点明确，各地应将已建成入住的保障性住房小区由建设单位移交街道、社区实行属地管理。2013年起，全省保障性住房项目将逐步执行绿色建筑标准。此项工作将率先在成都市推行，2015年推行到各市县。同时推进城镇旧住宅区改造。将城镇旧住宅区综合整治纳入保障性安居工程建设规划推进实施。2013年完成全省摸底调查工作，编制改造规划制订改造计划，并启动实施一批项目改造。

20%公租房将面向农民工

要点提出，我省将开展"农民工住房保障行动"，据省住建厅相关负责人介绍，今年将推进公租房向农民工和进城务工人员供应，首先面向从事公共服务业的外来务工者，如环卫工、出租车司机和公交车司机等，今后还将进一步推开。具体如何申请呢？该负责人说，由于各地实际情况不一，申请人资格的认定以及具体的申请程序由各市县确定。今年上半年，省住建厅将要求各市县确定准入程序和标准，年内便可落实。届时，外来务工者便可向当地住房保障部门（房管部门）或街道办事处申请。省住建厅有关部门负责人介绍，此前，我省住房保障体系中针对农民工人群主要是建设集体宿舍类公共租赁住房，难以满足在城市分散就业居住的农民工的居住需要。未来，有稳定职业并在城镇居住一定年限的农民工，将逐步取消户籍限制，给予和城镇居民同等的住房保障或支持。省住建厅有关部门负责人介绍，我省考虑将20％的公租房向农民工等外来务工人员供应，还将专门研究将农民工扩展进公积金缴存范围等支持政策。除主要以公租房保障外，还将探索向农民工供应经济适用住房的可行性，同时积极引导市场建设面向农民工的中小套型、中低价位的限价商品住房。

在"十二五"时期，必须顺应城镇化发展趋势，稳步推进覆盖农民工的城镇保障性住房体制改革，促进农民工市民化。指导思想是，强化政府的主导作用，落实企业的社会责任，发挥市场的调节功能，允许探索由集体经济组织利用农村建设用地建设农民工公寓，多渠道改善农民工居住条件。要不断完善农民工住房保障体系和政策支持体系，加快建立多种形式、多个层次的农民工住房供应体系，逐步解决农民工居住问题。一是建立多层次住房供应体系，多渠道改善农民工居住条件。根据农民工工作特点和收入状况，以及我国的国情、国力，加快建立多层次农业转移人口住房供应体系，满足农民工不同的住房需求。城市政府要建立适用于农民工的保障性住房体系。主要应包括：①由公租房、廉租房、经济适用房和限价房组成的保障性住房体系，其中公租房应占较大比率，解决不同层次农民工的住房需求；②制定建设标准化的农民工工作宿舍的制度，鼓励使用农民工的企业为农民工提供满足基本居住需求、符合安全卫生标准的工作宿舍；③规范有序的房屋租赁市场，发展为农民工提供交通方便、生活功能齐全、价格便宜的普通住房租赁市场；④提供部分农民工能承受的商品房市场，为有购房意愿的农民工提供能承受的新建商品房或二手商品房（见表10－7）。二是要完善农民工住房支持政策。①建立农民工住房补贴制度，将覆盖范围扩大到有固定工作的农民工群体，实行灵活的缴存政策，允许农民工及其单位暂按较低的缴存比例，先行建立住房公积金账户；②对于购买城市经济适用房、限价房的农民工，给予契税优惠；③对于为农民工提供租赁住房的业主或机构，给予一定的税收减免；④对兴建农民工公寓的个人和机构，鼓励金融机构提供低息长期银行贷款或公积金贷款；⑤完善土地供应制度，土地利用规划、城市总体规划都要为农民工住房安排空间，并与城镇居民住宅小区用地融合。逐步完善住房公积金制度、住房补贴制度、财税支持制度、金融服务制度、土地供应制度、规划保障制度相互补充的农民工住房政策体系①。

表 10-7  农业转移人口住房供应体系基本框架

| 供应体系 | 市场特性 | 住房类型 | 各层次需要住房的农民工 | 说明 |
|---|---|---|---|---|
| 由市场提供 | 一级市场二级市场 | 新建和二手转让普通商品房 | 少数进城时间较长、有一定支付能力的农民工家庭 | 完全竞争市场 |
| | 租赁市场 | 低端、普通出租屋 | 一般在城市务工、没有住房的农民工 | |
| 用工企业提供 | 工作宿舍 | 具有基本生活条件的集体宿舍 | 在工厂或服务业工作的农民工 | 政府政策支持用工企业建设标准化农民工宿舍 |
| 政府政策性支持 | 保障性住房 | 封闭运行的廉租房 | 贫困农民工家庭 | 住房保障，只租不售 |
| | | 具有基本生活功能的公共租赁房 | 收入较低、没有住房的农民工家庭 | 有政策支持，申请有一定准入条件 |
| | | 封闭运行的经济适用房 | 希望购买住房的中低收入农民工家庭 | 政府补贴，封闭运行 |
| | | 限价房 | 具有一定支付能力，希望购买住房的中低收入农民工家庭 | 有政策支持，出售有一定限制 |

资料来源：国务院发展研究中心课题组：《"十二五"时期推进农民工市民化的政策要点》，《发展研究》2011年第 6 期。

（五）"上下水"也是农业转移人口住房的衡量标准

本书第二章在谈到全国和四川的城镇人均日家庭生活用水量下降时，不完全同意有关研究把这都归因于水价调控和居民节水意识的逐渐形成，认为或许还与中国城镇化进程中存在"半城镇化"现象有关，即在快速城镇化过程中，城镇供水人口中有相当数量的农民工，他们在城镇的生活质量远没有达到城镇居民的平均水准，相应用水量也较低，使得城镇人均日生活用水量呈现逐年下降的趋势。图 10-2 表明，77.3% 的农民工虽然统计为城镇常住人口，却长期居住在没有厨房、卫生间等基本生活设施的各类简陋住房中，这可能是城镇人均家庭生活用水量出现下降的另一个原因。

---

① 国务院发展研究中心课题组：《"十二五"时期推进农民工市民化的政策要点》，《发展研究》2011 年第 6 期。

邓小平同志早在1980年谈到房改时曾说过，新盖的房子要有洗澡的设备，要让人们下班后可以在家里洗澡①。邓小平关于家庭生活用水设施的谈话，以及李克强最近关于"千万不要小看上下水。房子好不好，很重要的一条就是有没有抽水马桶"，这"也是一个有效的衡量标准"的讲话，强调了家庭生活用水设施对提高居民生活质量的重要性。目前，四川城镇居民家庭基本生活用水设施得到很大改善，生活用水水平和卫生条件有了很大提高，城镇居民初步实现了基本公共供水服务均等化的历史性进步。在城镇就业的农民工需要的不仅是栖身之所，而且是在城里有一个家：有成套家庭生活基本设施，包括有现代家庭生活用水设施的家。有没有"上下水"，也是能否满足农业转移人口住房基本需求的"有效的衡量标准"。在农业转移人口市民化进程中实现城镇公共供水服务均等化，任重而道远。

## 五　在城乡发展一体化中推进水务一体化

（一）城乡发展一体化是城镇化的题中之义

城乡发展一体化就是城镇化进程的组成部分。关于城镇化，学界有各种不尽相同的定义。如有人认为城市化是某一社会的人口逐渐集中于高人口密度社区的过程，也是人口由农村迁移至城市的过程；也有人认为城市化是人类生活方式的转变过程，即由乡村生活方式转变为城市生活方式；还有人认为城市是地域经济、社会、政治、文化活动的中心，因此城市化是人口从农业活动转向非农业活动，而趋向集中群居的过程。综合上述观点，在社会科学词典中，一般采用综合观点给城市化下定义，指出城市化有4个含义：城市化是城市中心对农村影响的传播过程；城市化是全社会人口逐步接受城市文化的过程；城市化是人口集中的过程，包括集中点的增加和每个集中点的扩大；城市化是城市人口占全社会人口比例提高的过程。可以说，城市化是国家或地区地域空间系统的一种复杂的社会过程。概括而言，城市化包括：①人口和非农业活动在不同规模城市的地域集中过程；②非城市景观逐渐转化为城市景观的地域推进过程；③城市文化、城市生活方式

---

① 摘自纪录片《小平你好》解说词。

和价值观在农村的扩散过程。其中有物化的、实体性的城市化过程，也有抽象的、文化的城市化过程。西方著名城市规划理论家约翰·弗里德曼称前两个过程为城市化Ⅰ，后一过程为城市化Ⅱ①。有人在理解城市化时，往往只注重城市化Ⅰ，而容易忽略城市化Ⅱ。实际上，完整的城市化概念，应该包含城市化Ⅰ和城市化Ⅱ这两个不可分割的过程，这就是城乡一体化的过程。由此可以看出，城乡发展一体化本来就是城镇化的题中之义，只是由于种种原因而人为地把城市化Ⅱ忽视了。

城乡发展一体化是一场深刻的社会变革，是随着生产力的发展促使城乡居民生产方式、生活方式和居住方式变化的过程，是城乡人口、技术、资本、资源等要素相互融合，互为资源，互为市场，互相服务，逐步达到城乡之间经济、社会、文化、生态协调发展的过程。城乡发展一体化就是要把工业与农业、城市与乡村、城镇居民与农村居民作为一个整体，统筹谋划、综合研究，通过体制改革和政策调整，促进城乡在规划建设、产业发展、市场信息、政策措施、生态环境保护、社会事业发展等各个领域都一体化，改变长期形成的城乡二元经济结构，实现城乡在政策上平等、经济发展上互补、国民待遇上一致，让农民享受到与城镇居民同样的文明和实惠，实现城乡经济社会全面、协调、可持续发展。我国在城镇化发展中，存在土地资源的严重浪费和土地配置的不经济，集约性、集中度不高，没有实现有效节约土地空间的目标等现象。对城镇建设中征用农地补偿标准较低，安置、保障措施不到位，引起农民群众不满，引发社会矛盾、影响社会安定等问题②，应该按照公平的原则全面推进城乡一体化，把保障农民发展权放在首位，尊重农民选择权，要防止把城乡一体化当作圈地、剥夺农民的工具。要稳定土地承包、宅基地、农民建房等制度，防止大拆大建农房、强行建设所谓"集中居住区"、动员农民"被上楼"的做法，维护农民的基本权益。要加快产业布局调整，推进劳动密集型产业、涉农工业、农产品加工业从城市向农村转移，进一步加快城乡产业结构调整，优化城乡产业布局，强化城乡产业之间的协作和联系。要鼓励城市资金、人才等生产要素进入农村，改变资源从农村向城市单向流动的格局；

---

① 许学强、朱剑如编著《现代城市地理学》，中国建筑工业出版社，1988，第46~48页。
② 《农民进城生活水平下降　中国出现反城镇化现象》，中国网，2011年12月8日。

还要按照公平的原则配置公共资源，尤其是财政资源以及公共服务资源，以城乡基本公共服务均等化为导向，不断优化财政支出结构，推进城乡公共服务制度对接。

（二）农业现代化与城镇化相互协调

城乡一体化是中国未来经济改革发展的战略核心。城乡发展一体化过程中，要在工业化、城镇化发展中同步推进农业现代化。

农业现代化与城镇化协调发展，一方面是农业现代化推动城镇化。农业现代化发展使得所需要的劳动力数量大幅度减少，加速了农村富余劳动力向城市的转移，为城市的发展提供充足的、相对廉价的劳动力；农业现代化带动农业企业不断壮大集中，促进小城镇发展，农村城镇化进程加速推进。要将工业化、城镇化和农业现代化协调统一起来，其着眼点是农业现代化建设，需要大力实施以工促农、以城带乡的政策，充分利用我国工业产业的生产技术、设备发展现代农业，使农业向自动化、智能化发展，解放剩余劳动力。同时要发展农村金融和信贷，健全农业保险制度，改善农村金融服务。另一方面是城镇化为农业现代化提供支持。城镇发展创造就业岗位，吸引农村人口向城镇转移，使耕地向家庭农场等形式的农业大户集中，为农业实现规模化、机械化、专业化生产创造必要的外部条件。同时，随着城镇化进程的不断推进，为了保障市场对农产品质与量的需求，农业生产率必然得到提高，从而带动农业现代化的发展①。脱离了现代农业和农村稳定发展的支持，单纯推动工业化、信息化、城镇化，是一条危险的不可持续的道路。以日本为例，按照人口和国土比例，日本人口密度约是中国的 3 倍，国土山地多平原少。在这种国情下，日本发展了以家庭农场为特点的现代农业，实现了城乡共同富裕和高度城市化，确保了大米完全自给和大部分蔬菜自给。对比日本的情况，我国无论在大城市郊区、中小城市和小城镇建设方面，还是在农业现代化、集约化、精细化方面，都具有巨大潜力。

中国目前的城乡一体化是单向的，即只有农民由农村向城市迁移，而不存在城市居民向农村迁移。有专家认为，应推进双向城乡一体化，实现迁徙自由。一

---

① 王晓刚：《走中国特色新型工业化、信息化、城镇化、农业化道路有哪些要求》，百度知道，2012 年 12 月 25 日。

方面农民进城就业和创业,加快城镇化建设;另一方面城里愿意到农村的个人和企业也可以带资金、技术下乡,在农村投资创业,推进农业现代化进程。现在问题的关键在于土地制度二元结构,即城市土地国有制和农村土地集体所有制是双向城乡一体化的体制障碍。按照邓小平提出的"三个有利于"的标准,要创新双向城乡一体化的制度,通过试点逐步推广。随着双向城乡一体化的推进,不仅传统服务业将进一步发展,而且现代服务业也会迅速发展,第三产业在国民生产总值中的比重也将不断上升,三次产业在国民生产总值的比重将趋于合理,新岗位将在第三产业的发展中涌现,内需将进一步扩大,中国经济才能转入以居民消费拉动为主[①]。

(三) 水务一体化是城乡发展一体化的重要内容

应把城乡水务一体化,作为城乡发展一体化的重点来大力推进。本书虽然主要考察的是城镇水务,但对四川小城镇和农村的民生水务也有所涉及。目前农村民生水务中存在的问题较多。从水源保护来看,农村分散式饮用水水源水质较差,乡镇集中式饮用水水源地监测基本处于空白,分散式饮用水水源地基本没有开展过水质监测。同时,村镇供水安全形势也十分严峻。四川农村通过改水,取得了很大的成就,改水受益率达90%以上,但农村自来水受益率仅53.3%,在全国排位还比较靠后。农村基层反映,农村改水过去认为已解决饮水安全的居民,有的实际上问题仍未解决。一是饮水安全标准在提高,过去认为打了井就算解决了,现在看来远未达到饮用水标准;二是过去认为乡镇建了集中供水设施,饮水是安全的,现在看来并未达到卫生标准,还要投资改造。而且,一般乡镇公共供水设施规模都很小,大量是简易供水设施供水;不少自备供水设施更为简陋,水质安全问题严重。小城镇和农村大量的小微型供水设施在运行中存在诸多问题。有的管理不善,甚至存在不过滤、不处理、不加药、不消毒的现象,影响水质安全;有的水源保证率低,稍遇干旱便无水可取,人畜饮水就发生困难;有的水源污染严重,农村水源量多面广,很难有效保护和监管;有的供水设施简陋,无净水设施、无检测手段、无技术人员,设备老化危及安全;有的供水设施供水量小、漏损大、处理费用高。由于公共供水服务

---

① 《中国城乡统筹蓝皮书:要推动双向的城市一体化》,人民网,2011年3月15日。

体系在小城镇和广大农村尚未形成，水质安全不能保证，厨房、厕所、浴室、热水器、洗衣机等现代家庭用水设施普及率较低，人均日家庭用水量很低，制约了农村居民生活质量和卫生水平的提高。

另外，小城镇和农村的污水处理设施建设仅处于启动初期，有污水处理设施的建制镇仅占23%，对生活污水进行处理的乡镇只占4.3%。

我认为，从四川社会经济发展总体情况看，除边远、高原、山区外，四川大部分市、县已基本具备条件，有能力将公共供水设施的投资方向，向城乡一体化区域统筹供水方式转变。四川一些城乡一体化供水启动较早的区、县已取得很好的效果。如新都区2005年启动自来水"全域供水"计划，在2015年前可实现自来水全区全域全覆盖；又如双流县以自来水厂管网供水为主、以小型集中供水设施供水为辅、以分散庭院式供水为补充，分地区、分层次、分阶段解决全县农村饮水安全问题，2011年基本实现了"同网、同压、同质、同价"的城乡一体化供水格局。这些经验值得在全省逐步推广。

同时，还必须加大对农村分散式供水的科研投入，以期早日取得能够推广应用的成果。如以村镇分散式地表水、地下水和集雨水等饮用水类型为对象，重点研究水源地面源污染控制、水质净化处理和安全供水等关键技术，根据不同地区提出一批适合分散型供水的村镇适用技术与设备模型，通过典型村镇应用示范，建立适用于村镇的饮用水安全保障适用技术体系、规范和供水模式[①]。四川"十一五"期间开展的"西南村镇库泊地表饮用水安全保障适用技术研究与示范"、"农户一体化卫生饮用水净化机"等项目，为解决农村分散式饮水安全提供了较好的技术方法，并具有高效、低成本、易管理且适合农村等特点，应加快研发，在实现量产的基础上在农村家庭推广应用。为农村散居农户提供分散式供水服务，需要地方政府财政给予大力扶持。

对小城镇和广大农村，应加快农村面源污染治理、分散式污水就地处理和利用技术的研发，使生活污水能就近处理与回收利用。根据经济条件，还应因地制宜地推广厌氧沼气池处理、稳定塘处理、人工湿地处理等技术建设污水处理设施，

---

① 水体污染控制与治理科技重大专项领导小组：《国家科技重大专项水体污染控制与治理实施方案》（公开版），2008，第59页。

采用高效、低成本、易管理、适合农村的生活污水处理工艺，改善农村水环境。"农村新型生活污水处理设备"等项目，应加大研发投入，早日实现量产，造福广大农村。

在小城镇和广大农村大力推进公共供水服务体系建设，使厨房、厕所、浴室、热水器、洗衣机等现代家庭用水设施在广大农村逐步普及，才能切实提高农村居民的生活质量和卫生水平。这是全面建成小康社会的一项重要任务。

# 附录一　四川省城镇水务相关法规和规章

## 四川省城市节约用水管理办法

（1992 年 1 月 13 日四川省人民政府批准。1992 年 1 月 30 日四川省建设委员会发布。根据 1997 年 12 月 19 日四川省人民政府第 84 次常务会议通过的关于修改《四川省城市节约用水管理办法》的决定修正。）

**第一条**　为了加强城市节约用水管理，保护和合理利用水资源，促进国民经济和社会发展，根据国务院批准的《城市节约用水管理规定》，结合四川实际，制定本办法。

**第二条**　本办法适用于城市（包括设市城市、建制镇，下同）规划区内节约用水管理工作。

在城市规划区使用公共供水和自建设施供水的单位和个人，必须遵守《城市节约用水管理规定》和本办法。

**第三条**　城市实行计划用水和节约用水。

**第四条**　省人民政府城市建设行政主管部门主管全省城市节约用水工作，业务上受省人民政府水行政主管部门指导。其他有关部门按照省人民政府规定的职责，负责本行业节约用水管理工作。

县级以上城市人民政府城市建设行政主管部门和其他有关行业行政主管部门，按照同级人民政府规定的职责，负责城市节约用水管理工作。

**第五条**　城市人民政府制定城市供水发展规划和节约用水年度计划。

各有关行业行政主管部门制定本行业的节约用水规划和年度计划，报同级人民政府城市建设行政主管部门备案。

**第六条**　城市的新建、扩建和改建工程，节约用水设施应与主体工程同时设计、同时施工、同时投产使用。节水设施不得采用国家已经淘汰的用水设备、器具。城市建设行政主管部门应当参加节水设施的竣工验收。

第七条　城市建设行政主管部门会同有关行业行政主管部门制定行业综合用水定额和单项用水定额。

第八条　城市用水计划管理对象和用水计划指标由城市建设行政主管部门根据水资源统筹规定和水长期供求计划制定。

第九条　超计划用水的必须向城市建设行政主管部门缴纳超计划用水加价水费。超计划用水加价水费从税后留利或者预算包干经费中支出，不得纳入成本或者从当年预算中支出。

超计划用水加价水费标准：

（一）超计划用水 10%（不含 10%）以下的，超计划部分用水水费加价一倍；

（二）超计划用水 10～30%（不含 30%）的，超计划部分用水水费加价二倍；

（三）超计划用水 30% 以上的，超计划部分用水水费加价三倍。

超计划用水加价水费，由城市建设行政主管部门会同财政部门安排，专项用于节水科研、城市节水设施建设、节水奖励基金。

第十条　用水单位必须把生产用水和生活用水分开，分别装表计量考核。

生活用水按户安装计量水表，按户计量收费，取消"包费制"。

第十一条　生产企业在车间和用水设备上分别安装计量水表，进行用水单耗考核，以降低单位产品耗水量：冷却、洗涤、工艺用水应采取循环用水，废水处理综合利用等措施，提高水的重复利用率。

第十二条　用水单位不得在城市公共供水输配水干管、支管及进户管上直接装泵抽水和转供水。确需转供水的，须经城市建设行政主管部门批准。

第十三条　园林、环卫和基建施工用水应当充分利用城市废水。

凡有水冷却设施和清洗设施的单位，均应采取循环用水措施，一水多用。

第十四条　节约用水设施应保护正常运行，不得擅自拆除或闲置。确需拆除或停用的，必须征得所在地城市建设行政主管部门同意。

第十五条　城市供水企业和自建设施供水的单位，应当加强供水设施的维护管理，减少水的漏损量，增加有效供水量。

第十六条　用水单位必须加强用水管理，并在城市建设行政主管部门的规划和指导下定期开展水量平衡测试工作，发现用水浪费的，应及时采取措施改进。

第十七条 在城市节约用水工作中做出显著成绩的单位和个人给予表彰和奖励。

第十八条 违反本办法规定有下列行为之一的，城市建设行政主管部门应责令限期改正，逾期不改的由城市行政主管部门限制其用水量，可并处五千元以下的罚款：

（一）城市的新建、扩建和改建工程项目未按规定配套建设节约用水设施的；

（二）节约用水设施检验不合格的；

（三）生活用水实行"包费制"的。

第十九条 违反本办法规定有下列行为之一的，城市建设行政主管部门应责令限期改正，逾期不改正的，由城市建设行政主管部门限制其用水量，对从事非经营活动的个人可并处 200 元以下的罚款，对从事非经营活动的单位可并处 1000 元以下的罚款，对从事经营活动的个人和单位可并处 5000 元以下的罚款：

（一）用水设备和管道严重跑、冒、漏水的；

（二）在城市公共供水输配水干管、支管及进户管直接装泵抽水的；

（三）未经批准擅自转供水的；

（四）经水量平衡测试发现用水浪费不整治改进的。

第二十条 逾期不缴纳超计划用水加价水费的，由城市建设行政主管部门通知限期缴纳，并按日加收超计划用水加价水费 5‰ 的滞纳金，拒不缴纳加价水费和滞纳金的，由城市建设行政主管部门通知城市供水企业停供计划外用水量。

第二十一条 当事人对行政处罚决定不服的，可以在接到处罚通知次日起十五日内，向作出处罚决定机关的上一级机关申请复议；对复议决定不服的，可以在接到复议决定次日起十五日内向人民法院起诉。逾期不申请复议或者不向人民法院起诉又不履行处罚决定的，由作出处罚决定的机关申请人民法院强制执行。

第二十二条 城市建设行政主管部门的工作人员玩忽职守、滥用职权、徇私舞弊的，由其所在单位或者上级主管部门给予行政处分；构成犯罪的，由司法机关依法追究刑事责任。

**第二十三条**　本办法具体应用中的问题由省建设委员会负责解释。

**第二十四条**　本办法自发布之日起施行。

# 四川省饮用水水源保护管理条例

（1995 年 10 月 19 日四川省第八届人民代表大会常务委员会第十七次会议通过。根据 1997 年 10 月 17 日四川省第八届人民代表大会常务委员会第二十九次会议《关于修改〈四川省饮用水水源保护管理条例〉的决定》修正。2011 年 11 月 25 日四川省第十一届人民代表大会常务委员会第二十六次会议修订。）

## 第一章　总则

**第一条**　为加强饮用水水源保护，保障饮用水水源安全，根据《中华人民共和国水污染防治法》、《中华人民共和国水法》等法律法规，结合四川省实际，制定本条例。

**第二条**　本条例适用于四川省行政区域内饮用水水源保护及相关管理活动。

**第三条**　四川省饮用水水源实行饮用水水源保护区制度。

**第四条**　县级以上地方人民政府负责本行政区域内的饮用水水源的保护和管理工作，应当将饮用水水源保护纳入当地国民经济和社会发展规划、土地利用总体规划、城乡总体规划和水资源综合规划，加大对饮用水水源保护的投入，并将饮用水水源保护经费纳入本级财政预算。

**第五条**　县级以上地方人民政府环境保护行政主管部门对所辖行政区域的饮用水水源污染防治实施统一监督管理。

县级以上地方人民政府有关部门、乡（镇）人民政府以及江河、湖泊、水库的管理机构，按照各自职责，做好饮用水水源保护工作。

跨行政区域的饮用水水源保护，由共同的上一级人民政府环境保护行政主管部门会同有关主管部门共同实施监督管理。

**第六条**　饮用水水源的江河流域相关地方人民政府应当加强饮用水水源流域水质管理，建立饮用水水源保护的协调机制，保障跨界断面出境水质符合国家相关标准。

**第七条**　任何单位和个人都有保护饮用水水源安全的义务，并有权对污染和破坏饮用水水源的行为进行制止和举报。

地方各级人民政府和有关部门应当对举报人予以保护，对在饮用水水源保护中有突出贡献的单位和个人给予表彰。

**第八条**　县级以上地方人民政府应当综合平衡饮用水水源使用、保护等各方利益，建立对饮用水水源保护区域的生态补偿机制，促进饮用水水源保护区和其他地区的协调发展。

## 第二章　饮用水水源保护区的划分

**第九条**　县级以上地方人民政府应当划定饮用水水源保护区，确定饮用水备用水源，有效保护饮用水水源，保障应急状态下的饮用水供应。

**第十条**　饮用水水源包括集中式饮用水水源和分散式饮用水水源。集中式饮用水水源包括饮用水备用水源。

集中式饮用水水源按照水源类型，划分为地表水饮用水水源保护区和地下水水源保护区；根据防护要求，划分为一级保护区和二级保护区；必要时，可以在饮用水水源保护区外围划定一定的区域作为准保护区。

分散式饮用水水源，可以根据实际需要划定保护区域，并参照集中式饮用水水源保护区的规定进行管理。

**第十一条**　市（州）、县（市、区）人民政府应当根据当地的水功能区划和国家饮用水水源保护区划分技术规范等标准，具体划定饮用水水源一级保护区、二级保护区和准保护区。

**第十二条**　饮用水水源保护区的划定和调整，由有关市（州）、县（市、区）人民政府提出方案，报省人民政府批准；跨市（州）、县（市、区）饮用水水源保护区的划定和调整，由有关市（州）、县（市、区）人民政府协商提出方案，报省人民政府批准；协商不成的，由省人民政府环境保护行政主管部门会同同级水利、国土、建设、林业、卫生等部门提出方案，报省人民政府批准。跨省的饮用水水源保护区的划定和调整，按照国家有关规定执行。

市（州）人民政府可以批准辖区内乡（镇）以下的饮用水水源保护区划定和调整方案，并报省人民政府备案。

经批准的饮用水水源保护区由作出批准决定的人民政府向社会公告。

第十三条 提出保护区划定和调整方案的地方人民政府应当在饮用水水源保护区的边界设立明确的地理界标和明显的警示标志。标志应当符合国家有关图形标志标准。

饮用水水源一级保护区应当设置隔离设施，实行封闭式管理。

禁止任何单位和个人擅自改变、破坏饮用水水源保护区地理界标、警示标志和隔离设施。

第十四条 地表水饮用水水源一级保护区内的水质，适用国家《地表水环境质量标准》Ⅱ类标准；二级和准保护区内的水质，适用国家《地表水环境质量标准》Ⅲ类标准。地下水饮用水水源一级、二级和准保护区内的水质，适用国家《地下水质量标准》Ⅲ类标准。

第十五条 县级以上地方人民政府应当根据保护饮用水水源的实际需要，在饮用水水源保护区和准保护区内采取相应的工程措施或者建设水源涵养林、护岸林和人工湿地等生态保护措施，保护饮用水水源水质。

## 第三章 地表水饮用水水源的保护

第十六条 地表水饮用水水源一级保护区、二级保护区内，禁止设置排污口。

第十七条 地表水饮用水水源准保护区内，应当遵守下列规定：

（一）禁止新建、扩建对水体污染严重的建设项目；改建建设项目，不得增加排污量；

（二）禁止向水体排放油类、酸液、碱液或者有毒废液；

（三）禁止在水体清洗装贮过油类或者有毒污染物的车辆和容器；

（四）禁止向水体排放、倾倒废水、含病原体的污水、放射性固体废物；

（五）禁止向水体排放、倾倒工业废渣、城镇垃圾和医疗垃圾等其他废弃物；

（六）禁止将含有汞、镉、砷、铬、铅、氰化物、黄磷等的可溶性剧毒废渣向水体排放、倾倒或者直接埋入地下；

（七）禁止船舶向水体倾倒垃圾或者排放含油污水、生活污水；

（八）禁止设置化工原料、矿物油类及有毒有害矿产品的贮存场所，以及生活垃圾、工业固体废物和危险废物的堆放场所和转运站；

（九）禁止通行装载剧毒化学品或者危险废物的船舶、车辆。装载其他危险品的船舶、车辆确需驶入饮用水水源保护区内的，应当在驶入该区域的二十四小时前向当地海事管理机构或者公安机关交通管理部门报告，配备防止污染物散落、溢流、渗漏的设施设备，指定专人保障危险品运输安全；

（十）禁止进行可能严重影响饮用水水源水质的矿产勘查、开采等活动；

（十一）禁止非更新性、非抚育性砍伐和破坏饮用水水源涵养林、护岸林和其他植被。

**第十八条** 地表水饮用水水源二级保护区内，除遵守本条例第十七条规定外，还应当遵守下列规定：

（一）禁止新建、改建、扩建排放污染物的建设项目；已建成的排放污染物的建设项目，由县级以上地方人民政府责令拆除或者关闭；

（二）禁止从事经营性取土和采石（砂）等活动；

（三）禁止围水造田；

（四）限制使用农药和化肥；

（五）禁止修建墓地；

（六）禁止丢弃及掩埋动物尸体；

（七）禁止从事网箱养殖、施肥养鱼等污染饮用水水体的活动；

（八）道路、桥梁、码头及其他可能威胁饮用水水源安全的设施或者装置，应当设置独立的污染物收集、排放和处理系统及隔离设施。

**第十九条** 地表水饮用水水源一级保护区内，除遵守本条例第十七条和第十八条规定外，还应当遵守下列规定：

（一）禁止新建、改建、扩建与供水设施和保护水源无关的建设项目；已建成的与供水设施和保护水源无关的建设项目，由县级以上地方人民政府责令拆除或者关闭；

（二）禁止使用农药和化肥；

（三）禁止设置畜禽养殖场；

（四）禁止与保护水源无关的船舶停靠、装卸；

（五）禁止在水体清洗机动车辆；

（六）禁止从事旅游、游泳、垂钓或者其他污染饮用水水体的活动。

## 第四章　地下水饮用水水源的保护

**第二十条**　地下水饮用水水源一级保护区、二级保护区内，禁止设置排污口。

**第二十一条**　地下水饮用水水源准保护区内，禁止从事下列活动：

（一）利用渗井、渗坑、裂隙或者溶洞排放、倾倒含有毒污染物的废水、含病原体污水或者其他废弃物；

（二）利用透水层孔隙、裂隙、溶洞和废弃矿坑储存油类、放射性物质、有毒有害化工物品、农药等；

（三）设置化工原料、矿物油类及有毒有害矿产品的贮存场所，以及生活垃圾、工业固体废物和危险废物的堆放场所和转运站。

人工回灌补给地下水，不得低于国家规定的环境质量标准。地质钻探、隧道挖掘、地下施工等作业中，应当采取防护措施，防止破坏和污染地下饮用水水源。

**第二十二条**　地下水饮用水水源二级保护区内，除遵守本条例第二十一条规定外，禁止从事下列活动：

（一）新建、改建、扩建排放污染物的建设项目；

（二）铺设输送污水、油类、有毒有害物品的管道；

（三）修建墓地；

（四）丢弃及掩埋动物尸体。

**第二十三条**　地下水饮用水水源一级保护区内，除遵守本条例第二十一条和第二十二条规定外，禁止建设与取水设施无关的建筑物或者构筑物。

## 第五章　饮用水水源保护区的监督管理

**第二十四条**　县级以上地方人民政府应当建立饮用水水源保护工作责任机制，明确饮用水水源保护区保护管理机构，实行饮用水水源安全巡查制度。

**第二十五条**　地方各级人民政府应当加强农村饮用水水源保护工作，实施农村饮用水安全工程，加强农村饮用水水源选择、水质鉴定、监测和卫生防护等工作，改善农村饮用水条件；做好农村改水、改气、改厕以及污水和垃圾处理等工作；推广生态农业，引导农民科学使用化肥、农药。

**第二十六条**　县级以上地方人民政府环境保护行政主管部门在饮用水水源保

护管理和污染防治中承担以下主要职责：

（一）会同水利（水务）等行政部门制定饮用水水源保护区环境保护和污染防治规划，经同级人民政府批准后组织实施；

（二）负责对当地饮用水水源保护区的环境质量进行监测和评估，定期发布饮用水水源水质信息；

（三）依法对影响饮用水水源水质的污染物排放行为进行处理。

在饮用水水源保护区和准保护区内发现的不能确定责任人的污染源，由所在地县（市、区）人民政府组织有关部门予以处理。

第二十七条 县级以上地方人民政府水行政主管部门应当合理配置水资源，加强对渔业活动和水产养殖污染饮用水水源的监督管理，加强饮用水水源地的水土保持工作。枯水季节或者因重大旱情等造成水量不能满足取水要求的，应当优先保证饮用水取水。

第二十八条 县级以上地方人民政府土地行政主管部门、住房城乡建设（规划）行政主管部门应当根据土地利用总体规划、城乡总体规划，严格控制饮用水水源保护区内的规划用地和项目建设。

第二十九条 县级以上地方人民政府农业、畜牧行政主管部门应当加强对种植业、畜禽养殖业的监督管理，防止农药、化肥、农膜、畜禽粪便污染饮用水水源。

第三十条 县级以上地方人民政府林业行政主管部门负责饮用水水源保护区的水源涵养林及相关植被保护的监督管理。

第三十一条 饮用水供水单位应当建立水质监测体系，实施实时监测；发现饮用水水源有异常情况的，应当采取有效措施，保证供水水质安全，并按照有关规定向环境保护等行政主管部门报告。

第三十二条 县级以上地方人民政府应当加强饮用水水源污染事故应急处理工作，组织编制饮用水水源污染事故应急预案，配备相应的应急救援物资。

第三十三条 饮用水水源保护区、准保护区所在地乡（镇）人民政府和相关企业事业单位应当制定污染事故应急方案，报当地环境保护及相关行政主管部门备案，并按要求进行应急演练。

第三十四条 企业事业单位发生事故或者其他突发性事件，造成或者可能造成饮用水水源污染事故的，应当立即启动本单位的应急方案，采取应急措施，并向事故发生地的县级以上地方人民政府或者环境保护行政主管部门报告，不得迟报、谎报、瞒报、漏报。

接到报告的县级以上地方人民政府或者环境保护行政主管部门应当按照国家和省的有关规定采取应急措施，及时处理。

**第三十五条** 发生饮用水水源污染事故后，所在地人民政府应当及时启动饮用水水源污染事故应急预案；导致饮用水供应停止的，应当启动供水保障预案。

## 第六章　法律责任

**第三十六条** 违反本条例规定的行为，《中华人民共和国水污染防治法》、《中华人民共和国水法》等法律法规已有处罚规定的，从其规定。

**第三十七条** 违反本条例第十三条第三款规定，擅自改变、破坏饮用水水源保护区地理界标、警示标志和隔离设施的，由县级以上地方人民政府环境保护行政主管部门责令停止违法行为，恢复原状；情节严重的，处以二千元以上二万元以下的罚款。

**第三十八条** 违反本条例第十七条第八项、第二十一条第一款第三项规定，设置化工原料、矿物油类及有毒有害矿产品的贮存场所，以及生活垃圾、工业固体废物和危险废物的堆放场所和转运站的，由县级以上地方人民政府环境保护行政主管部门责令停止违法行为，限期采取治理措施，消除污染，处以二万元以上二十万元以下的罚款。

违反本条例第十七条第十项规定，进行可能严重影响饮用水水源水质的矿产勘查、开采等活动的，由县级以上地方人民政府环境保护行政主管部门会同有关部门责令停止违法行为，依法没收违法所得并处以一万元以上十万元以下的罚款。

**第三十九条** 违反本条例第十八条第二项规定，从事经营性取土和采石（砂）等活动的，由县级以上地方人民政府环境保护行政主管部门会同有关部门责令停止违法行为，依法没收违法所得并处以一万元以上十万元以下的罚款。

违反本条例第十八条第四项规定，使用农药和化肥的，由县级以上地方人民政府农业、林业行政主管部门责令改正；情节严重的，处以五千元以上二万元以下的罚款。

违反本条例第十八条第五项、第六项、第二十二条第三项、第四项规定，修建墓地或者丢弃及掩埋动物尸体的，由县级以上地方人民政府环境保护行政主管部门责令改正处以五千元以上二万元以下的罚款。

违反本条例第十八条第八项规定造成污染的，由县级以上地方人民政府环境保护行政主管部门责令限期整改，处以一万元以上十万元以下的罚款。

**第四十条** 违反本条例第十九条第二项规定，使用农药和化肥的，由县级以上地方人民政府农业、林业行政主管部门责令改正，处以一万元以上五万元以下的罚款。

违反本条例第十九条第四项规定，与保护水源无关的船舶停靠、装卸的，由县级以上地方人民政府海事管理机构责令驶离，可处以二万元以上二十万元以下的罚款。

违反本条例第十九条第五项规定，在水体清洗机动车辆的，由县级以上地方人民政府环境保护行政主管部门责令停止违法行为，处以二万元以上二十万元以下的罚款。

**第四十一条** 违反本条例第二十一条第一款第二项规定，利用透水层孔隙、裂隙、溶洞和废弃矿坑储存油类、放射性物质、有毒有害化工物品、农药等的，由县级以上地方人民政府环境保护行政主管部门责令停止违法行为，限期采取治理措施，消除污染，可处以二万元以上二十万元以下的罚款。

**第四十二条** 违反本条例第三十四条第一款规定，企业事业单位迟报、谎报、瞒报、漏报饮用水水源污染事故造成影响的，由县级以上地方人民政府环境保护行政主管部门责令改正，处以一万元以上十万元以下的罚款。

**第四十三条** 县级以上地方人民政府及其相关部门，违反本条例规定有下列行为之一的，由有权机关对负有责任的主管人员和直接责任人给予行政处分：

（一）未依法划定或者调整饮用水水源保护区的；

（二）对饮用水水源保护区内的不能确定责任人的污染源，不采取措施及时处理的；

（三）对饮用水水源受到严重污染、供水安全受到威胁等紧急情况，未立即启动应急预案，造成供水短缺的；

（四）对发生事故或者突发事件造成或者可能造成饮用水水源水质污染，未及时按照国家和省有关规定采取应急措施的；

（五）其他滥用职权、玩忽职守、徇私舞弊的行为。

**第四十四条** 违法行为造成水污染损害的，依法承担民事赔偿责任人；构成犯罪的，依法追究刑事责任。

## 第七章 附则

**第四十五条** 本条例所称饮用水水源是指提供生活饮用水的河流、湖泊、水库等地表水和潜水、承压水（孔隙水、基岩裂隙水、岩溶水）等地下水。

本条例所称集中式饮用水水源，是指通过输配水管网集中提供饮用水的给水设施的取水水体；分散式饮用水水源，是指集中式饮用水水源之外的其他提供饮用水的水体。

本条例所称饮用水水源保护区是指为防治饮用水水源污染、保证水源地环境质量而依法划定，并实施保护和管理的一定面积的水域和陆域。

**第四十六条** 本条例自 2012 年 1 月 1 日起施行。

# 四川省城市供水管理条例

（2000 年 9 月 15 日四川省第九届人民代表大会常务委员会第十九次会议通过。根据 2004 年 9 月 24 日四川省第十届人民代表大会常务委员会第十一次会议《关于修改〈四川省城市供水管理条例〉的决定》第一次修正。根据 2004 年 11 月 30 日四川省第十届人民代表大会常务委员会第十二次会议《关于修改〈四川省城市供水管理条例〉的决定》第二次修正。根据 2009 年 3 月 27 日四川省第十一届人民代表大会常务委员会第八次会议《关于修改〈四川省城市供水管理条例〉的决定》第三次修正。2011 年 7 月 29 日四川省第十一届人民代表大会常务委员会第二十四次会议修订。）

## 第一章 总则

**第一条** 为满足城市居民生活、生产用水以及其他用水需求，保障公众饮用水安全，维护供水企业和用户的合法权益，鼓励节约用水，促进经济、社会的可持续发展，根据国务院《城市供水条例》等法律、法规，结合四川省实际，制定本条例。

第二条 在四川省行政区域内从事城市供水活动和使用城市供水及相关监督管理的单位和个人，适用本条例。

第三条 城市供水应当坚持开发水源与计划用水、节约用水相结合的原则，合理利用水资源，并根据社会经济发展需要，科学地确定供水规模、类别、价格。

第四条 省人民政府住房和城乡建设行政主管部门负责指导全省城市供水和城市供水管网覆盖范围内的节约用水监督管理工作。

市（州）、县（市、区）人民政府确定的城市供水行政主管部门负责本行政区域内城市供水和城市供水管网覆盖范围内的节约用水管理工作。

县级以上地方人民政府发展改革、财政、国土资源、环境保护、住房城乡建设（规划）、农业、水利（水务）、卫生、质监、价格、审计等部门按照各自职责，共同做好城市供水的相关工作。

镇人民政府负责本辖区内城市供水工作的组织、协调和指导。

第五条 地方各级人民政府应当鼓励开展城市供水、节约用水科学技术研究，推广应用先进技术。

地方各级人民政府和有关部门应当广泛开展节约用水宣传教育，提高全民节约用水意识。

城市供水行政主管部门应当每年制订节约用水宣传计划，定期开展宣传活动。

新闻媒体应当积极开展节约用水公益宣传。

第六条 地方各级人民政府应当将城市供水纳入国民经济和社会发展规划，建立和完善政府责任制，统筹安排专项资金，推动实施城乡区域供水及区域供水配套管网等基础设施建设。

第七条 任何单位和个人依法享有使用符合国家生活饮用水卫生标准的城市供水的权利，有保护饮用水水源、供水设施和节约用水的义务。

第八条 地方各级人民政府城市供水行政主管部门及其他有关部门和城市供水企业应当依法制定城市供水应急预案，形成与水厂现有工艺和设施相匹配、便于实施、快速响应的城市供水应急处理体系。

地方各级人民政府应当定期组织不同级别、类型的供水应急处理演练。

第九条　地方各级人民政府及城市供水行政主管部门，应当加强对城市供水行业协会的培育、扶持、指导和管理。

城市供水行业协会应当完善行业自律制度，依法开展活动，发挥服务、引导和监督作用，促进城市供水行业健康持续发展。

## 第二章　城市供水水源保护和水质管理

第十条　县级以上地方人民政府应当组织发展改革、住房城乡建设（规划）、国土资源、环境保护、水利（水务）等部门编制城市供水水源开发利用规划。建立供水安全规划与管理的技术方法体系，制定供水安全保障的技术经济政策体系。

第十一条　编制供水水源开发利用规划的基本原则：

（一）供水水源开发利用规划应当服从区域或者流域水资源综合规划，符合开发利用水资源和防治水害综合规划的要求，并与水长期供求计划相协调；

（二）优先利用地表水，严格控制开采地下水；

（三）优先保证生活用水，统筹兼顾工业用水和其他用水。

第十二条　城市供水水源应当优先利用地表水，严格保护地下水源。

有下列情形之一的，不得新批准取用地下水：

（一）可以利用地表水供水的；

（二）在地下水超采区域内的；

（三）在建筑物或者构筑物安全保护区内的；

（四）容易造成地下水污染的；

（五）在城市公共供水管网覆盖范围内，取用地下水用于自建设施供水的。

有条件利用地表水作供水水源的地方，对原有取用地下水作供水水源的，应当由县级以上地方人民政府制订限期关闭计划，并监督实施。

第十三条　县级以上地方人民政府应当在城市供水取水泵站（房）、净水厂周围不低于三十米范围内，划定安全保护区，设立安全警示标志，安装电子监控设备。

在安全保护区内，禁止任何单位和个人从事以下活动：

（一）新建高度十米以上的建筑物；

（二）进行爆破、打井、采石、挖砂、取土等；

（三）擅自移动、覆盖、涂改、拆除、损坏取水泵站（房）、净水厂的安全警示标志；

（四）其他危及取水泵站（房）、净水厂安全的行为。

**第十四条**　城市供水水质应当符合国家生活饮用水卫生标准。

县级以上地方人民政府城市供水行政主管部门负责本行政区域内供水卫生管理，同级卫生行政主管部门负责供水水质日常监督。

城市供水企业应当定期向县级以上地方人民政府城市供水、卫生行政主管部门报送水质报表、检测资料。

省人民政府住房和城乡建设行政主管部门应当制定城市供水水质监测机构的执业条件和范围。监测机构必须按照国家有关规定，取得法定的专业监测资质。

**第十五条**　城市供水企业应当做好原水水质检测工作。发现原水水质不符合国家相关标准的，应当及时采取相应措施，并根据实际情况及时报告当地人民政府相关主管部门。

环境保护部门在城市供水水源水质发生污染时，应当及时通知城市供水企业；水源水质发生重大污染的，应当立即向当地人民政府报告，并按应急预案级别启动城市供水预案。

**第十六条**　新建、改建、扩建的城市供水管道，在投入使用或者与城市供水管网系统连接通水前，建设单位和城市供水企业应当进行清洗消毒，经城市供水主管部门委托具有资质的水质检测机构检测合格后，方可投入使用。

**第十七条**　城市供水企业使用涉及饮用水的设施、设备、器具、管材和化学净水剂、消毒剂等材料必须符合国家、行业和省规定的质量、卫生、供水、节水标准。

**第十八条**　县级以上地方人民政府城市供水和卫生行政主管部门应当定期发布城市供水水质情况。

任何单位和个人，不得擅自通过新闻媒体、网络、手机短信、公开信等方式发布城市供水水质情况。

用户有权向当地人民政府城市供水和卫生行政主管部门查询城市供水水质情况，被查询单位应当如实提供水质检测数据。

## 第三章 城市供水规划和供水工程建设

**第十九条** 县级以上地方人民政府应当组织发展改革、国土资源、住房城乡建设（规划）、水利（水务）、环保、卫生等部门编制城市供水专项规划，经上一级城市供水行政主管部门组织技术论证后，纳入城乡规划依照法律规定报批，并报省住房和城乡建设行政主管部门备案。

城市供水专项规划应当包括城市供水地下管网系统、城市水资源中长期供求、供水水源、节水、污水资源化和水资源保护等内容。

节水型城市的人民政府应当组织编制城市污水再生利用和雨水收集利用的专项规划。

县级以上地方人民政府编制城市控制性详细规划时，应当根据总体规划的要求，对城市供水地下管网及其附属设施做出综合安排。

**第二十条** 有水源条件的地区应当建设两个及以上独立取水的饮用水源地；不具备双水源条件建设的地区，应当与相邻地区联网供水或者依法建设地下水供水等应急供水水源。

应急供水水量、水压应当符合城市供水应急预案规定的要求。

**第二十一条** 城市供水工程及供水设施建设，应当依据城市供水专项规划，按照统一管网、合理布局、协调发展的原则组织实施。

**第二十二条** 城市供水设施建设，应当由具备相应资质的勘察、设计、施工、监理单位承担，并符合国家和省的相关技术标准和规范。

**第二十三条** 城市供水设施竣工后，建设单位应当按照国家和省的有关规定组织验收。未经验收或者验收不合格的，不得投入使用。

**第二十四条** 新建、改建、扩建居民住宅供水设施，设计、建设单位应当按照一户一表、水表出户、计量到户的要求进行设计和建设。

**第二十五条** 新建、改建、扩建的建筑物对水压要求超过城市供水水压标准的，建设单位应当配套建设二次供水设施。

二次供水设施必须独立设置，不得与消防等设施混用。

二次供水设施应当与建筑物主体工程同时设计、同时施工、同时验收交付使用。

**第二十六条** 二次供水设施的设计应当符合国家生活饮用水卫生标准和工程技术规程的要求。二次供水设施的设计方案应当经县级以上城市供水和卫生行政主管部门审查通过。

设计单位在二次供水初步设计时，应当经城市供水企业审核并书面确认后，进入施工图设计。

二次供水设施建成后需要与城市供水管网连接并由城市供水企业负责接收管理的，建设单位应当委托供水企业组织实施二次供水设施建设，并与建筑主体工程同时施工、同时验收交付使用。

对已经建成交付使用的二次供水设施，若需要移交城市供水企业的，应当经产权人或者业主大会同意，向城市供水企业提出申请，经整改验收合格，签订二次供水设施运行、维护和管理合同后移交。发生的整改验收费用由产权人承担。

二次供水设施在移交给供水企业统一管理前，运行维护管理责任仍由产权人负责，供水企业按总表制方式管理。

**第二十七条** 城市供水企业在接收居民住宅的二次供水设施时，应当与二次供水用户签订供用水合同。供用水合同中应当载明二次供水设施运行、维护和管理等收费项目，明确双方权利义务。二次供水相关收费方案应当报请当地人民政府城市供水行政主管部门核准，二次供水价格由当地人民政府价格行政主管部门批准。

城市供水行政主管部门和价格行政主管部门在审批供水企业报批的二次供水设施运行、维护和管理等费用前，应当在使用二次供水的居民住宅小区进行公示，公示时间不少于三十日。

二次供水具体管理办法由省人民政府住房和城乡建设行政主管部门制定。

## 第四章 城市供水设施的管理和保护

**第二十八条** 城市供水设施用地和地下管道用地受法律保护，禁止擅自改变用途。

**第二十九条** 县级人民政府应当在供水管道周围划定安全保护范围，并设立明显保护标志。

在安全保护范围内，禁止任何单位和个人从事下列活动：

（一）建造建筑物或者构筑物；

（二）开挖沟渠或者挖坑取土；

（三）打桩或者顶进作业；

（四）埋设线杆，种植深根树木，堆放易燃、易爆、有毒有害的物质；

（五）其他损坏供水管道或者危害供水管网安全的活动。

**第三十条** 在公共供水输配管道保护区范围内埋设其他地下管线的，应当符合国家和省的有关技术标准和规范，并遵守管线工程规划和施工管理的有关规定。

禁止将不符合饮用水标准的供水管网与城市供水管网连接。

在供水设施安全保护范围外从事建设工程施工可能影响供水设施安全的，建设单位应当在开工前向城市供水企业查明有关情况；建设工程施工时影响供水设施安全的，建设单位应当与供水企业商定相应的保护措施，并会同施工单位组织实施。

**第三十一条** 任何单位和个人不得擅自改装、迁移或者拆除原水供水、公共供水设施。

建设工程确需改装、迁移或者拆除原水供水、公共供水设施的，建设单位应当在申请建设工程规划许可证前，报城市供水行政主管部门审批。经审核批准的，建设单位应当会同供水企业和施工单位采取相应的补救措施。所需费用由建设单位承担，造成损失的由建设单位予以赔偿。

施工单位在施工中造成城市供水设施损坏的，建设单位应当及时通知供水企业修复，承担修复费用，赔偿损失；给相关单位和个人造成损失的，应当承担民事责任。

**第三十二条** 供水企业应当根据供水管道材质和使用情况，对老旧、破损严重的供水管道制订更新改造计划，报城市供水行政主管部门，经当地人民政府组织相关部门审核批准后，纳入当地城市供水固定资产投资计划，进行更新改造。

**第三十三条** 任何单位和个人不得妨碍城市供水企业对城市供水管网设施的统一管理和维护。

城市供水设施维护责任以结算水表为界，结算水表用水端以前的，由供水企业负责维护；用水端以后的，由用户或者产权人负责维护。

住宅小区、单位建筑区划内的园林、环卫、消防等区域共用供水设施，由建设单位或者业主管理和维护。

城市供水企业应当按照国家有关规定定期保养、校验核准结算水表。

用户应当负责结算水表及附属设施的日常保护。

**第三十四条** 城市公共供水设施发生故障或者管道爆裂，供水企业应当立即组织抢修，并同时通知用户。

供水企业应当按照计划更换设备或者检修，确需暂停供水或者降低供水压力的，应报经当地城市供水行政主管部门批准，并提前二十四小时通知用户。

通知用户方式应当采取书面通知或者其他易于用户知晓的方式。

**第三十五条** 城市供水企业应当建立供水管道及其附属设施的巡查制度及接报制度，加强对供水管道及其附属设施的巡查和经常性的维护管理工作。

设在城市道路范围内的消防、供水的各类井盖、桩栓等应当符合养护规范，保证公共安全。

城市供水设施养护维修施工现场应当设置规范的警示标志，采取安全防护和环境保护措施。

供水管道及其附属设施发生事故，应当及时组织抢修，恢复供水，同时向城市供水行政主管部门报告。

城市供水养护维修专用车辆应当使用统一标志，城市供水企业执行抢修任务时，在保证交通安全畅通的情况下，不受行驶路线和行驶方向的限制。

对影响抢修作业的设施或者其他妨碍物，可以先采取必要的处置措施，并及时通知产权人。供水企业抢修完成后应当恢复原状或者依法给予相应补偿。

供水企业抢修供水设施时，公安、交通、市政等有关部门和用户应当予以配合。任何单位和个人不得阻挠。

## 第五章 城市供水企业的生产和经营

**第三十六条** 城市供水应当由国有资产控股经营，实行政府特许经营制度。

境外投资者并购本省行政区域内的城市供水企业，应当依法进行安全审查。

城市供水特许经营实施办法由省人民政府制定。

**第三十七条** 城市供水特许经营者确定后，应当通过政府门户网站以及当地主要新闻媒体等方式对城市供水特许经营者的基本情况进行公示，接受社会监督；

公示时间不少于三十日。

公示期满后，由实施机关与城市供水特许经营者签订城市供水特许经营协议。

县级以上地方人民政府城市供水行政主管部门应当定期对城市供水企业进行评估考核，城市供水企业经考核合格后，方可运营。

**第三十八条** 城市供水企业应当遵守下列规定：

（一）保障城市供水不间断供应，不得擅自停水；

（二）具备水质检测能力，供水水质应当符合国家生活饮用水卫生标准；

（三）供水管网压力符合城市供水水压标准的要求；

（四）安装的结算水表符合国家计量规定，并定期检定、更换和维修；

（五）按照有关城市供水服务标准，设置经营、维修服务网点，公示收费、维修的标准和期限等；

（六）按照城市供水行政主管部门和卫生行政主管部门以及供水协会的要求，报送有关资料；

（七）依照法律、法规的规定缴纳水资源费。

省城市供水行业协会应当依法制定行业服务规范，报经省人民政府住房和城乡建设行政主管部门批准后，通过政府门户网站以及当地主要新闻媒体等方式公布，接受社会监督。

**第三十九条** 城市供水企业的净水、水泵运行、水质检验、管道维修等关键岗位人员应当经健康体检合格，并经省人民政府住房和城乡建设行政主管部门专业培训合格后，持证上岗。

**第四十条** 省人民政府住房和城乡建设行政主管部门应当会同省工商行政主管部门制定供水、用水和二次供水标准合同文本，并向社会公布。

城市供水企业应当与用户签订供用水合同，明确双方的权利和义务。

未签订供用水合同的用户，城市供水企业不得供水。

**第四十一条** 新增或者超过水表额定流量需要增加用水量的用户，应当向城市供水企业提出用水申请，城市供水企业自接到申请之日起五个工作日内答复。不予办理的，应当书面说明理由。

用户需要水表分户、移表，扩大供水范围，终止用水，变更户名或者用水性质的，应当向城市供水企业办理相关手续。

**第四十二条**　城市供水按照国家用水性质分类，实行政府定价。

城市供水价格实行听证制度和公示制度。

城市供水实行供水企业成本公开和定价成本监审公开制度。

城市供水定价成本监审工作由县级以上地方人民政府价格行政主管部门会同城市供水行政主管部门实施。

城市污水处理费依法计入供水价格，根据用户使用城市供水类别计量合并征收。

**第四十三条**　城市供水企业应当依据供、用水双方签订的供用水合同约定，收取水费和基本水费，并使用统一的收费凭证。

不同用水性质的用水应当单独安装结算水表。不同用水性质的用水共用一只结算水表时，按从高使用水价计收水费。

用户应当依法按照《供用水合同》约定缴纳水费。逾期不缴纳的，供水企业可以按照合同约定追究用户的违约责任。

结算水费时，用户对结算水表计量准确度有异议的，可以向当地质量技术监督主管部门申请校核检定。法定计量检定机构应当自接到用户申请之日起十五个工作日内予以查实、校核，并书面答复用户。

确属结算水表计量准确度问题的，用户可以按照《供用水合同》约定追究供水企业违约责任。

**第四十四条**　公安消防机构应当对公共消防用水设施的规划、建设和使用情况进行监督，参与公共消防用水设施的验收。市政公共消防用水设施建设和维护管理资金由政府承担，并由供水单位负责实施。

灭火救援用水，取用市政公共消火栓的，水费由当地人民政府承担；取用被救援单位消防用水设施的，水费由被救援单位承担；取用第三方消防用水设施的，水费由被救援单位支付给第三方。

公共消火栓实行专管专用制度，除训练演练、灭火救援用水外，任何单位和个人不得擅自动用。

**第四十五条**　市政、绿化、景观、环卫等公用性用水应当计量缴费，并在指定的公共取水栓取水。供水企业应当根据公用性用水单位的需要，分区域设置一定数量的公共取水栓。公用性用水费用由当地人民政府承担。

县级以上城市供水行政主管部门应当对消防、园林绿化、市容环卫等公用性供水设施明确保护范围，由城市供水企业设置永久性识别标志，并在供水管网图纸上注明坐标。

**第四十六条** 工程建设等需要临时使用城市供水的，建设单位应当在城市供水行政主管部门办理用水计划后，与供水企业签订临时用水协议，并按照约定使用。

**第四十七条** 任何单位和个人不得有下列用水行为：

（一）不按照合同规定缴纳水费或者非法充值结算水表磁卡；

（二）擅自操作城市供水公用供水阀门或者违反规定使用公共消防设施和市政设施取水；

（三）擅自安装、改装、拆除、损坏结算水表或者干扰结算水表正常计量；

（四）盗用或者转供城市供水；

（五）擅自改变用水性质和范围；

（六）擅自在公共供水管道上或者结算水表后装泵抽水；

（七）其他危害城市供水安全和盗窃公共水资源的行为。

有本条前款规定行为的，按照取水管道口径公称流量和实际用水量计算取水量。对实际用水量无法确定的单位，按照行业标准用水量计算。

## 第六章 城市计划用水和节约用水

**第四十八条** 省人民政府住房和城乡建设行政主管部门负责全省城市供水管网覆盖范围内的节约用水工作。

省人民政府其他有关部门按照省人民政府规定的职责分工，负责本行业的节约用水管理工作。

县级以上地方人民政府城市的供水、节水主管部门和其他有关行业主管部门，按照同级人民政府规定的职责分工，负责城市节约用水管理工作。

镇人民政府负责本辖区内节约用水工作的组织、协调和指导。

城市节约用水具体管理办法，由省人民政府制定。

**第四十九条** 县级以上地方人民政府应当在制定城市供水专项规划的同时，制定节约用水规划，并根据节约用水规划制定节约用水、景观用水、污水回用、雨水利用年度计划。

各有关行业主管部门应当制定本行业的节约用水规划和节约用水年度计划。

城市供水管网覆盖范围内的用水计划和节约用水、建筑中水、污水回用、雨水利用计划，由县级以上地方人民政府城市供水行政主管部门负责汇总编制，并组织实施。

**第五十条** 城市供水按照国家用水性质分类，实行计划用水和定额用水管理制度。

（一）居民生活用水实行阶梯式计量水价管理制度。

实施阶梯式计量水价的具体办法由县级以上地方人民政府依照本条例第四十二条规定，结合本地实际情况制定。

（二）非居民生活用水实行计划用水和定额管理，以及超计划和超定额用水累进加价制度。

超计划、超定额用水加价水费（含污水处理费）标准：

1. 超计划（定额）百分之十（含百分之十）以下的部分水费按照分类基本水价的一倍收取；

2. 超计划（定额）百分之十至百分之三十（含百分之三十）的部分水费按照分类基本水价的二倍收取；

3. 超计划（定额）百分之三十以上的部分水费按照分类基本水价的三倍收取。

超计划、超定额用水加价水费（含污水处理费）从税后留利或者预算包干经费中支出，不得纳入成本或者从当年预算中支出。

城市供水超计划、超定额部分的水费收入，要优先用于城市供水管网的建设和技术改造。

**第五十一条** 省人民政府住房和城乡建设行政主管部门应当规定在城市供水管网覆盖范围内必须强制使用节约用水的产品和工程规模及范围。

非居民用户需要新增城市供水管网覆盖范围内的用水计划的，应当向县级以上城市供水行政主管部门提出申请。

城市新建、扩建和改建使用城市供水管网覆盖范围内的工程项目，应当配套建设节约用水设施，使用节约用水工艺、设备和器具。节约用水设施应当与建设工程同时设计、同时施工、同时使用。

**第五十二条** 城市供水企业，应当对城市供水管网定期检查维修，降低管网漏失率。

供水企业管网漏失率、供水产销差率以及水厂自用水率应当符合国家标准或者行业标准，超标准的水量不得计入成本。

## 第七章 法律责任

**第五十三条** 县级以上地方人民政府或者城市供水行政主管部门和其他有关部门有下列行为之一的，由本级人民政府、上级人民政府有关主管部门或者监察机关依据职权责令改正，通报批评；对负有直接责任的主管领导和其他直接责任人员依法给予处分：

（一）违反本条例第八条规定，不依法制订城市供水应急预案的；

（二）违反本条例第十二条规定，批准单位或者个人取用地下水的或者有条件利用地表水作供水水源的地方未限期关闭取用地下水供水水源的；

（三）违反本条例第十三条第一款规定，未依法划定取水设施保护区，采取严格保护措施的；

（四）违反本条例第十九条规定，未依法组织编制城市供水专项规划或者节水型城市未依法组织编制城市污水再生利用和雨水收集利用的专项规划的；

（五）违反本条例第二十一条规定，不按照规划布局，未统一管网的；

（六）违反本条例第二十八条规定，擅自改变城市供水设施用地和地下管道用地用途的；

（七）违反本条例第三十六条规定，城市供水未能实行国有资产控股经营决策的；

（八）违反本条例第三十七条第三款规定，对依法考核不合格的供水企业同意其继续运营的；

（九）违反本条例第三十九规定，供水企业使用不具备上岗资格的员工上岗作业不予纠正的；

（十）违反本条例第四十九条规定，未依法制定节约用水规划的。

城市供水行政主管部门和其他有关部门的工作人员有玩忽职守、滥用职权、徇私舞弊等行为的，影响城市供水安全的，由其任免机关或者监察机关按照管理权限给予行政处分；构成犯罪的，依法追究刑事责任。

**第五十四条** 勘测、设计、施工、监理单位违反本条例规定，有下列行为之一的，由城市供水行政主管部门责令停止违法行为，可处以十万元以上三十万元以下罚款：

（一）违反本条例第二十二条规定，勘测、设计、施工、监理单位未取得相应资质或者超越资质等级许可范围承揽城市供水设施建设工程勘测、设计、施工、监理任务的或者违反国家和省相关技术标准和规范进行城市供水设施建设工程勘测、设计、施工、监理的；

（二）设计单位违反本条例第二十六条第一款、第二款规定进行施工图设计的。

因勘测、设计、施工、监理失误，导致供水工程发生质量事故或者建成后不能投入使用的，对负有直接责任的主管人员和其他直接责任人员，由其所在单位或者上级主管机关给予行政处分；经济损失，由责任方负责赔偿；造成重大经济损失的，依法追究刑事责任和民事赔偿责任。

**第五十五条** 建设单位有下列行为之一的，由城市供水行政主管部门按照下列规定予以处罚：

（一）违反本条例第十六条规定，新建、改建、扩建的城市供水管道在投入使用或者与城市供水管网系统连接通水前未进行清洗消毒的，责令限期改正；拒不改正的，处以十万元以上三十万元以下的罚款，城市供水企业不得供水；

（二）违反本条例第二十一条规定，擅自新建公共供水工程或者自建设施供水的，责令限期改正，处以建设工程造价百分之五以上百分之十以下的罚款；拒不改正的，依法按照违法建设查处；

（三）违反本条例第二十三条规定，供水工程竣工后未按照本条例规定验收或者经验收不合格仍投入使用的，责令限期改正；拒不改正的，处以十万元以上三十万元以下的罚款，城市供水企业不得供水；

（四）违反本条例第二十四条规定，设计、建设单位不按照水表出户的要求进行设计和建设的，责令全部返工，并处以设计、建设单位各五万元以上十五万元以下的罚款；拒不改正的，依法按照违法建设查处，城市供水企业不得供水；

（五）违反本条例第二十五条规定，未配套建设二次供水设施建设或者将二次供水设施与消防等设施混用的，责令限期改正；拒不改正的，处以十万元以上三十万元以下的罚款，城市供水企业不得供水；

（六）违反本条例第三十条第一款规定，未按照国家和省的有关技术标准和规范埋设其他地下管线的，责令改正；拒不改正的，责令停工，并处以十万元以上三十万元以下的罚款。违反本条例第三十条第二款规定，将不符合饮用水标准的供水管网与城市供水管网连接的，责令改正，恢复原状，并处以五十万元以上一百万元以下的罚款；

（七）违反本条例第三十一条第一款规定，擅自改装、迁移或者拆除原水供水、公共供水设施的，责令恢复原状，处以五十万元以上一百万元以下的罚款，并依法追究相关人员责任。违反本条例第三十一条第三款规定，建设单位未及时通知供水企业修复损坏的城市供水设施的，责令恢复原状，处以三十万元以上一百万元以下的罚款；并按照实际泄漏水量追缴使用类别水费（含污水处理费）；

（八）违反本条例第五十一条第三款规定，未配套建设节约用水设施的，责令改正，处以十万元以上三十万元以下罚款；拒不改正的，城乡规划主管部门不得办理建设工程竣工规划验收合格证，城市供水企业不得供水。

**第五十六条** 城市供水企业有下列行为之一的，由城市供水行政主管部门责令限期改正，处以城市供水企业四十万元以上五十万元以下罚款，可并处法定代表人一万元以上五万元以下罚款；情节严重的，吊销特许经营许可证，并由城市、县人民政府依法追究其违约责任：

（一）违反本条例第十六条规定，新建、改建、扩建的城市供水管道在投入使用或者与城市供水管网系统连接通水前未进行清洗消毒的；

（二）违反本条例第十七条规定，使用不符合标准的供水设施、设备、器具、管材和化学净水剂、消毒剂的；

（三）违反本条例第三十四条第一款、第二款规定，未按照计划更换、检修供水设施或者在供水设施发生故障或者管道爆裂后未及时组织抢修以及未履行停水通知义务的；

（四）违反本条例第三十七条第三款规定，考核不合格，拒不整改，非法运营的；

（五）违反本条例第三十八条第一款城市供水企业管理规定的；

（六）违反本条例第三十九条规定，使用未取得职业资格证上岗作业员工的；

（七）违反本条例第四十一条规定，拒绝向符合条件的单位和个人提供城市供水的，或者向不符合供水条件的单位和个人提供城市供水的。

第五十七条　任何单位和个人违反本条例规定，有下列行为之一的，由城市供水行政主管部门责令改正，按照以下规定予以处罚；造成损失的，赔偿损失；构成犯罪的，依法追究刑事责任：

（一）违反本条例第十三条第二款规定，在城市供水安全保护区内从事禁止性活动的，处以十万元以上三十万元以下罚款；

（二）违反本条例第十八条第二款规定，擅自通过新闻媒体、网络、手机短信、公开信等方式发布城市供水水质情况的，可处以十万元以上三十万元以下罚款；造成严重社会危害，威胁社会公共安全构成犯罪的，由司法机关依法追究刑事责任；

（三）违反本条例第二十九条第二款规定，在城市供水管道安全保护范围内从事禁止性活动的，责令改正，恢复原状，并对个人处以一千元以上三千元以下罚款，对单位处以一万元以上三万元以下罚款；

（四）违反本条例第三十五条第七款规定，阻挠或者干扰供水设施抢修工作的，处以五百元以上一千元以下罚款；

（五）违反本条例第四十一条第二款规定，用户未依法办理分户、移表、增容、变更结算水表手续的，责令改正；拒不改正的，对个人处以一千元以上三千元以下罚款，对单位处以一万元以上三万元以下罚款；

（六）违反本条例第四十四条第三款规定，擅自开启公共消火栓的，处以一千元以上三千元以下罚款，并依法追究刑事责任；

（七）违反本条例第四十七条第一款第（一）项规定，对结算水表磁卡非法充值，处以一千元以上三千元以下罚款，并追交充值类别水费（含污水处理费）；情节严重的，依法追究当事人的刑事责任；

（八）违反本条例第四十七条第一款第（二）项规定，擅自操作城市供水公用供水阀门或者违反规定使用公共消防设施和市政设施取水的，处以一百元以上三百元以下罚款，并追交使用类别水费（含污水处理费）；

（九）违反本条例第四十七条第一款第（三）项规定，擅自安装、改装、拆除、损坏结算水表或者干扰结算水表正常计量的，责令改正，并对个人处以一千元以上三千元以下罚款，对单位处以一万元以上三万元以下罚款，并追交水费或者改变用水类别的全部水费（含污水处理费）；

（十）违反本条例第四十七条第一款第（四）项规定，盗用或者转供城市供水的，对单位处以五万元以上十五万元以下罚款，对个人处以一千元以上三千元以下罚款；有计量表的按照实用类别追交水费（含污水处理费），无计量表的按照管径的压力流量追交使用类别水费（含污水处理费）；盗用城市供水计价水费一千元以上供水或者多次盗用城市供水的，依法追究当事人的刑事责任和民事责任；

（十一）违反本条例第四十七条第一款第（五）项规定，擅自改变用水性质和范围的，没收其违法所得，并对个人处以一千元以上三千元以下罚款，对单位处以五万元以上十五万元以下罚款；

（十二）违反本条例第四十七条第一款第（六）项规定，擅自在公共供水管道上装泵抽水的，责令其改正，恢复原状，并处以五万元以上十五万元以下罚款，依法追究当事人的刑事责任；在结算水表后装泵的，责令其改正，并处以一百元以上三百元以下罚款。

**第五十八条** 违反本条例规定的行为，法律、法规已有规定的，从其规定。

## 第八章 附则

**第五十九条** 本条例自 2011 年 9 月 1 日起施行。2000 年 9 月 15 日四川省第九届人民代表大会常务委员会第十九次会议通过的《四川省城市供水管理条例》同时废止。

# 四川省城市排水管理条例

（《四川省城市排水管理条例》由四川省第十一届人民代表大会常务委员会第八次会议于 2009 年 3 月 27 日通过，2009 年 6 月 1 日起施行。）

## 第一章 总则

**第一条** 为规范城市排水行为，保障排水设施安全正常运行，防治水污染和城市内涝灾害，治理和保护水环境，根据《中华人民共和国水污染防治法》等法律、法规，结合四川省实际，制定本条例。

**第二条** 四川省行政区域内城市排水与污水处理的规划、建设、管理和城市排水设施的使用、运营、维修及其相关的活动适用本条例。

**第三条** 县级以上地方人民政府应当将城市排水与污水处理纳入国民经济和社会发展规划，实行统筹规划、配套建设。

**第四条** 省人民政府建设行政主管部门负责全省城市排水与污水处理管理工作。

县级以上地方人民政府确定的城市排水行政主管部门负责本行政区域内的城市排水与污水处理管理工作。

县级以上地方人民政府负责发展改革、规划建设、国土资源、环境保护、财政物价、水利防洪、卫生防疫、质量监督等行政管理的部门按照各自的职责，负责城市排水规划与污水处理建设、监督管理工作。

**第五条** 任何单位和个人都有依法使用和保护城市排水设施的权利和义务，对违反本条例的行为有权进行制止和举报。

对在城市排水和污水再生利用工作中做出突出贡献的单位和个人，由县级以上地方人民政府给予表彰。

## 第二章 规划建设

**第六条** 县级以上地方人民政府应当根据有关法律、法规和城市总体规划，遵循城市污水集中处理与综合利用相结合的原则，编制本行政区域的城市排水和城市污水处理设施建设专业规划。专业规划应当包括降水、中水、再生水及污泥处置综合利用等内容。

县级以上地方人民政府应当提高本行政区域城镇污水的收集率和处理率。

**第七条** 新建城市排水设施应当实行雨水、污水分流。对原有雨水、污水合流的城市排水设施，应当制定雨水、污水分流分治的改造规划，列入年度建设计划。

禁止任何单位或者个人将污水管与雨水管连接。

**第八条** 新建、改建、扩建城市排水设施项目，应当优先安排污水收集系统建设。城市污水处理设施建设，应当采用符合国家标准并稳定可靠、经济节能的新技术、新工艺、新材料、新设备。

新建、改建、扩建城市排水、污水处理设施项目应当按照国家规定的基本建设程序报批。

新建、改建、扩建城市排水排入水体的排污口的设置应当经有管辖权的水行政主管部门审查同意，确保排污口的设置符合水功能区划、水资源保护规划和防洪规划的要求。

**第九条** 城市污水集中处理设施及配套管网已覆盖的区域内，不得新建化粪池及相关活性污泥截污池、塘。

未被城市污水集中处理设施及配套管网覆盖的城市生活服务区，应当按规定配置格栅井、沉淀池或化粪池等污水处理设施。

在城市规划控制区域内，未被城市排水设施覆盖的居民聚居区、风景名胜区、旅游景点、度假区、机场、铁路车站等排放生活污水的区域和经济开发区、独立工矿区等排放污水、废水的单位应当按照国家标准建立中、小型污水集中处理设施进行污水处理达标排放。

**第十条** 承担城市排水设施工程项目的勘察、设计、施工、监理单位，应当依法具有相应的资质。

城市排水设施建设项目竣工后，建设单位应按国家规定的验收标准和验收程序组织验收，验收合格后方可交付使用。建设档案应当报送县级以上建设行政主管部门备案。

**第十一条** 县级以上地方人民政府应当通过财政预算和其他渠道筹集资金，统筹安排城市排水设施规划、建设、维护、管理以及补偿污水处理运营成本差额所需经费。

**第十二条** 城市区域具有排水功能的河道、沟渠的规划、建设、养护和管理，按照国家和省有关法律、法规执行。

## 第三章 城市排水许可

**第十三条** 在城市排水设施覆盖范围内，排水户应当按照城市排水专业规划的要求，将污水排入城市排水管网。严禁排水户将污水直接排入水体。

第十四条 城市排水实行许可制度。直接或者间接向城市排水设施排水的下列排水户应当申请办理城市排水许可证：

（一）排放工业污（废）水、医疗污水的企、事业单位；

（二）排放污水的宾馆、酒店、垃圾中转站、粪便处理场、屠宰场、养殖场、农贸市场等；

（三）排放污水的机动车清洗场、建设工程施工工地和混凝土制品场等。

前款所规定应当申请办理城市排水许可证的排水户，由排水户所在地的城市排水行政主管部门根据污水排放标准确定；未取得城市排水许可证的，不得向城市排水设施排放污水。

自建排水与污水处理设施，符合城市排水专业规划，与城市公共排水与污水处理设施连接的，应当申请办理城市排水许可证。

第十五条 排水户申请城市排水许可证，应当向县级以上地方人民政府城市排水行政主管部门申请排水水质检测，并如实提交下列资料：

（一）城市排水许可申请表；

（二）有关专用检测井、污水排放口位置和口径的图纸及证明材料；

（三）按规定建设污水处理设施的有关材料；

（四）排水许可申请受理之日前1个月内由具有计量认证资格的排水监测机构出具的排水水质、水量检测报告；

（五）由国家环境保护主管部门确定的重点排放水污染物的工业企业，应当提供已在排放口安装至少能够对水量、酸碱值、化学需氧量进行检测的在线检测装置的有关材料；

（六）其他排放水污染物的工业企业，应当提供水量、酸碱值、化学需氧量、悬浮物、氨氮检测数据。

第十六条 城市排水行政主管部门收到排水许可申请后，应当安排城市排水监测单位进行检测；监测单位应当在10个工作日内提交检测报告。城市排水行政主管部门应当自收到检测报告之日起10个工作日内，对符合城市排水水质标准的，核发城市排水许可证；对不符合城市排水标准的，不予核发城市排水许可证。

第十七条 各类建筑施工作业需临时排水的，应当在排放前申请城市施工排水许可证，提交已建预沉淀设施等预防堵塞排水管网设施和排放污水水质达标的相关资料。城市施工排水许可证的有效期最长不得超过施工期限。

**第十八条** 排水户应当按照许可排放的污染物种类、浓度、总量、期限和排放口位置排水。

## 第四章 城市排水水质监测

**第十九条** 省建设行政主管部门应当明确承担城市排水水质监测职能的机构。监测机构必须按照国家有关规定，取得专业监测资格。

承担城市排水水质监测的机构，不得向排水户收取费用。

**第二十条** 城市排水行政主管部门应当委托城市排水监测机构定期对排入城市排水管网的污水水质进行监测，出具监测报告，建立城市排水监测档案。城市排水监测机构应当对监测结果负责，并依法承担法律责任。排水户和污水处理企业，应当为监测机构提供采样条件与必要资料。

城市排水监测机构及其工作人员应当为被监测的单位保守技术和商业秘密。

**第二十一条** 污水处理企业的出水水质必须符合国家或省规定的排放标准。

污水处理企业对进水、出水水质进行抽样检验出具的水质检测报表，应当报送当地环境保护主管部门。

排放水污染物的工业企业和污水处理企业排放水质的监测结果，由当地环境保护主管部门每月依法向社会发布。

污水处理企业应当按国家规定报送进水量、排放水量、水质报表、监测资料。

## 第五章 污水处理运营管理

**第二十二条** 城市污水处理特许经营权应当通过协议、招标等公开方式取得。

省建设行政主管部门应当对城市污水处理企业进行运行评估考核；经考核合格后，方可运营。

城市污水处理企业应当依法取得环境保护主管部门核发的排污许可证和环境污染治理设施运营资质证。

**第二十三条** 城市污水处理企业进水水质水量发生突变、出水超标、运行障碍或者发生环境污染安全事故，应当立即作出应急处理，并向城市排水、环境保护行政主管部门报告，有关部门接到报告后应当立即取证核实，进行相应处理。

**第二十四条** 城市污水处理企业不得有下列行为：

（一）擅自停运污水处理运行设施；

（二）排放未经处理的污水；

（三）擅自停用污泥处理设施或将污泥随意弃置造成二次污染；

（四）虚报、瞒报、拒报、迟报、漏报本条例规定的各项资料。

**第二十五条** 污水处理企业因设施检修、大修等，需部分停运或停运的，应当提前15个工作日，报告环境保护行政主管部门。环境保护行政主管部门应当在5个工作日内予以答复。污水处理企业同时应当报城市排水行政主管部门备案。

因大修或突发事件造成污水处理停运的，必须启动应急预案，并在2小时内报告当地城市排水、环境保护行政主管部门。

**第二十六条** 凡向城市污水集中处理设施及配套管网排放污水的单位和个人，应当缴纳污水处理费。

污水处理费的具体征收标准，按城市供水价格管理权限审批。

使用城市公共供水的用户，其城市污水处理费分类计入供水价格，由城市公共供水企业在收取水费时一并收取；使用自备水源的用户，其城市污水处理费由水行政主管部门在收取水资源费时按当地城市供水价格分类标准一并计量收取。

收取的城市污水处理费应当全额缴入同级财政，纳入财政专户管理，专款专用。

已缴纳污水处理费的排水户，不再缴纳排污费。

**第二十七条** 城市污水处理企业的污泥应当进行稳定化处理，指标应达到国家规定的要求；处理后的污泥填埋时，应当达到环境保护的要求。

**第二十八条** 鼓励单位和个人对污泥及其产生沼气的开发利用和中水回用，推广先进的经济节能的科研成果与技术。

## 第六章 设施养护管理

**第二十九条** 城市排水设施养护、维修的责任按下列规定划分：

（一）公共排水管网由城市排水行政主管部门负责。

（二）自建的排水设施和其连接城市公共排水管网的支管范围内的设施由产

权所有人负责。

（三）住宅区实行物业管理的，由业主委员会委托的物业服务企业负责；未实行物业管理的，由房屋所有权人负责。

**第三十条**　城市排水设施养护、维修责任单位应当按照国家有关养护、维修技术标准，定期对排水设施进行养护、维修，确保排水设施处于良好运行状态。

汛期前，养护、维修责任单位应当对排水设施进行全面检查维护，确保汛期排水安全。

**第三十一条**　城市排水设施发生破损、管道堵塞等问题，养护、维修责任单位应当立即采取措施修复、疏通。

养护、维修责任单位抢修排水设施、疏通排水管道时，公安、交通、水利、环卫、电力、通讯、供水、燃气等有关单位应当积极配合；相关单位和个人应当予以支持，不得阻挠。

**第三十二条**　城市排水设施建设、养护、维修工程的作业现场应当设置明显标志和安全防护设施。

**第三十三条**　城市排水设施的安全防护范围由县级以上地方人民政府规划建设，行政主管部门依照国家标准、规范确定。

在城市排水设施安全防护范围内埋设其他管线的，应当征求排水行政主管部门的意见，并按照城市管线统一规划进行施工。

**第三十四条**　任何单位和个人不得有下列危害城市排水设施的行为：

（一）向城市排水设施排放剧毒、易燃易爆物质和有害气体；

（二）向城市排水设施内倾倒垃圾、渣土、泥浆、沙浆、混凝土浆等易堵塞物；

（三）在城市排水设施安全防护范围内修建建筑物、构筑物，在雨水口汇水面积区设障或堆放物品；

（四）在排水管道、沟渠覆土面上取土、埋秆、打桩及种植高大乔木等；

（五）偷盗、损毁、穿凿或擅自拆卸、移动、占压城市排水设施；

（六）其他损害城市排水设施的行为。

**第三十五条**　因建设项目需要移动、临时占用城市排水设施的，应报城市排水行政主管部门同意。

## 第七章　污水再生利用及中水设施建设

**第三十六条**　县级以上地方人民政府应当根据本行政区域经济社会发展水平和水资源状况，在规划建设污水处理设施时，同步安排城市污水再生利用设施的建设。

**第三十七条**　河湖景观、城市园林绿化、环卫和车辆冲洗等行业应当使用中水。

**第三十八条**　中水设施的设计、施工、竣工验收及水质标准，应当符合国家标准和规范。

**第三十九条**　中水设施由房屋产权单位、物业服务企业或业主委员会负责日常维护，保证中水设施的正常运行和中水水质符合标准。禁止中水设施与城市供水管网连接。中水设施应当有明显标识，其出口必须标注"非饮用水"字样。

**第四十条**　供应中水可实行计量收费，中水水费标准由县级以上地方人民政府规定。

**第四十一条**　城市节约用水管理部门负责中水设施的监督检查，发现中水水质达不到标准使用或擅自停用的，应当责令整改。

## 第八章　法律责任

**第四十二条**　违反本条例第七条规定，将污水管与雨水管连接的，由县级以上地方人民政府城市排水行政主管部门责令改正，可处以直接责任人5000元以上1万元以下的罚款，处以责任单位5万元以上20万元以下的罚款。

**第四十三条**　违反本条例第九条规定，未按照国家标准建立中、小型污水集中处理设施进行污水处理达标排放的，由县级以上地方人民政府城市排水行政主管部门责令限期整改；造成污染的，按照有关法律法规的规定处罚。

**第四十四条**　违反本条例第十三条规定，在城市排水设施覆盖的区域内将污水直接排入水体的，由县级以上地方人民政府城市排水行政主管部门责令限期整改；拒不整改的，处以直接责任人1000元以上1万元以下的罚款；处以责任单位10万元以上30万元以下的罚款。

**第四十五条**　违反本条例第十四条规定，未按照规定申请办理城市排水许可证直接或者间接向城市排水设施排水的，由县级以上地方人民政府城市排水行政主管部门责令限期整改；拒不整改的，处以直接责任人 1000 元以上 1 万元以下的罚款；处以责任单位 5 万元以上 10 万元以下的罚款。

**第四十六条** 违反本条例第十八条规定，排放污水的水质不符合城市排水许可要求的，由县级以上地方人民政府城市排水行政主管部门责令限期整改达标；逾期仍不符合城市排水许可要求的，撤销城市排水许可证，同时报有管辖权的环境保护部门处理。

**第四十七条** 违反本条例第二十二条规定，未经考核合格进行营运的，由县级以上地方人民政府城市排水行政主管部门处以 1 万元以上 5 万元以下的罚款；情节严重的，取消特许经营资格；造成经济损失的，承担赔偿责任。

**第四十八条** 违反本条例第二十四条第（一）项、第（二）项、第（三）项规定的，由县级以上地方人民政府城市排水行政主管部门处以 5 万元以上 20 万元以下的罚款；造成他人损失的，应当承担赔偿责任，并依法追究责任人的法律责任。

违反本条例第二十四条第（四）项规定的，由县级以上地方人民政府城市排水行政主管部门处以法定代表人 5 万元以下的罚款。

**第四十九条** 违反本条例第二十六条规定，自备水源用户拒绝缴纳污水处理费的，由县级以上地方人民政府水行政主管部门吊销其取水许可证，并处以应缴纳污水处理费数额 1 倍以上 5 倍以下的罚款。

**第五十条** 违反本条例第三十四条第（一）项规定的，由县级以上地方人民政府城市排水行政主管部门处以 10 万元以上 30 万元以下的罚款；造成严重后果的，依法追究民事和刑事责任；

违反本条例第三十四条第（二）项规定的，由县级以上地方人民政府城市排水行政主管部门责令疏通，恢复原状，无法恢复原状的，承担赔偿责任，并处以 1 万元以上 10 万元以下的罚款；

违反本条例第三十四条第（三）项、第（四）项规定的，由县级以上地方人民政府城市排水行政主管部门责令限期整改，并处以 1000 元以上 1 万元以下的罚款；

违反本条例第三十四条第（五）项规定的，由县级以上地方人民政府城市排水行政主管部门责令恢复原状，造成损失的，承担赔偿责任。构成犯罪的，依法追究刑事责任。

**第五十一条**　阻碍排水管理国家工作人员依法执行职务的，由公安机关根据《中华人民共和国治安管理处罚法》予以处罚；构成犯罪的，依法追究刑事责任。

**第五十二条**　国家机关工作人员，违反本条例规定，玩忽职守、徇私舞弊、滥用职权的，由任免机关或者行政监察机关依法给予行政处分；构成犯罪的，依法追究刑事责任。

## 第九章　附则

**第五十三条**　本条例下列用语的含义是：

（一）"城市"是指四川省行政区域的建制市和建制镇。

（二）"城市排水"是指在城市生活、生产活动中产生的（达到国家规定排放标准的）污水和降水径流由城市排水系统收集、输送、处理（净化、利用，如中水、再生水利用等）和排放的行为。

（三）"城市排水设施"是指城市污水处理厂（站）、排水管网、中水管网、检查井、雨水井、跌水井、计量器、加压站等各类设施以及城市区域内具有排水功能的河道、沟渠等组成的总体。

（四）"中水"是指部分生活杂排水经处理净化后，达到国家《生活杂用水水质标准》可以重复使用的非饮用水。

**第五十四条**　本条例自 2009 年 6 月 1 日起施行。

# 附录二 2010年四川省城镇水务相关统计资料

附表1 2010年四川省各城市、县城供水情况一览

| 城市或县城 | 综合生产能力（万m³/d） | 供水管道长度（km） | 供水总量（万m³） | 其中 | | | | | 漏损水量 | 用水户数 | 其中 | 用水人口（万人） |
|---|---|---|---|---|---|---|---|---|---|---|---|---|
| | | | | 生产运营用水量 | 公共服务用水量 | 家庭生活用水量 | 其他用水量 | 免费用水量 | | | 家庭用户 | |
| 四川省 | 1102.18 | 30486.93 | 211024.75 | 55255.81 | 33860.85 | 108589.84 | 8728.06 | 4590.19 | 25058.30 | 5927923 | 5245394 | 2217.87 |
| 成都市 | 225.48 | 5194.21 | 65777.70 | 10127.32 | 13525.45 | 30394.52 | 1903.16 | 1817.60 | 8009.65 | 531605 | 465414 | 415.61 |
| 金堂县 | 5.00 | 266.00 | 881.50 | 181.00 | 69.00 | 435.00 | 0.00 | 0.00 | 196.50 | 25263 | 23533 | 14.00 |
| 双流县 | 20.00 | 1397.34 | 6492.99 | 1566.00 | 786.18 | 2522.00 | 0.00 | 0.00 | 1618.81 | 192176 | 182355 | 33.89 |
| 郫县 | 5.00 | 195.91 | 1674.62 | 218.10 | 361.20 | 795.10 | 131.00 | 1.22 | 168.00 | 58238 | 51559 | 17.50 |
| 大邑县 | 3.32 | 101.00 | 1201.80 | 50.00 | 83.50 | 1022.50 | 25.00 | 0.00 | 20.80 | 20100 | 20100 | 11.00 |
| 蒲江县 | 2.65 | 275.00 | 463.00 | 132.00 | 50.00 | 243.00 | 3.00 | 5.00 | 30.00 | 17932 | 14810 | 5.63 |
| 新津县 | 11.00 | 470.00 | 1289.00 | 210.00 | 260.00 | 590.00 | 169.00 | 0.00 | 60.00 | 13220 | 10975 | 8.10 |
| 都江堰市 | 16.70 | 637.92 | 2587.20 | 383.00 | 125.80 | 1636.00 | 62.00 | 108.00 | 272.40 | 77645 | 61012 | 24.23 |
| 彭州市 | 9.31 | 528.70 | 2363.00 | 259.00 | 259.00 | 867.00 | 228.00 | 30.00 | 720.00 | 66802 | 62688 | 17.31 |
| 邛崃市 | 8.35 | 659.00 | 1741.50 | 439.00 | 145.00 | 943.00 | 104.00 | 2.50 | 108.00 | 69715 | 42241 | 14.35 |
| 崇州市 | 7.00 | 232.90 | 1564.70 | 657.70 | 83.90 | 469.10 | 121.70 | 31.20 | 201.10 | 22037 | 21207 | 13.80 |
| 自贡市 | 37.00 | 1847.54 | 5638.52 | 1807.72 | 486.34 | 2583.93 | 190.00 | 142.53 | 428.00 | 214768 | 200378 | 75.10 |
| 荣县 | 5.00 | 205.00 | 531.00 | 20.00 | 100.00 | 360.00 | 26.00 | 0.00 | 25.00 | 58245 | 49926 | 14.92 |

续表

| 城市或县城 | 综合生产能力（万 m³/d） | 供水管道长度（km） | 供水总量（万 m³） | 生产运营用水量 | 公共服务用水量 | 家庭生活用水量 | 其他用水量 | 免费用水量 | 漏损水量 | 用水户数 | 家庭用户 | 用水人口（万人） |
|---|---|---|---|---|---|---|---|---|---|---|---|---|
| 富顺县 | 6.00 | 90.20 | 851.00 | 237.00 | 27.00 | 448.00 | 60.00 | 0.00 | 79.00 | 46287 | 40986 | 14.00 |
| 攀枝花市 | 56.26 | 1046.36 | 12172.85 | 6360.68 | 1538.65 | 3127.33 | 105.50 | 22.03 | 1018.66 | 147693 | 112967 | 61.62 |
| 米易县 | 1.55 | 66.38 | 361.69 | 5.90 | 105.64 | 205.38 | 0.00 | 0.00 | 44.77 | 5231 | 4299 | 3.78 |
| 盐边县 | 1.20 | 99.00 | 190.00 | 35.00 | 45.00 | 85.00 | 5.00 | 10.00 | 10.00 | 6925 | 5540 | 2.20 |
| 泸州市 | 60.85 | 568.46 | 9063.47 | 4944.00 | 642.73 | 2791.57 | 22.17 | 111.00 | 552.00 | 220913 | 194683 | 75.37 |
| 泸县 | 0.00 | 62.60 | 579.71 | 128.81 | 36.00 | 258.90 | 0.00 | 0.00 | 156.00 | 22322 | 17946 | 6.25 |
| 合江县 | 5.00 | 96.38 | 1280.00 | 471.30 | 38.00 | 632.00 | 26.50 | 0.00 | 112.20 | 36105 | 34258 | 12.50 |
| 叙永县 | 5.00 | 64.00 | 733.00 | 124.00 | 90.00 | 453.00 | 0.00 | 41.00 | 25.00 | 46375 | 38369 | 11.51 |
| 古蔺县 | 1.20 | 110.00 | 439.00 | 71.00 | 26.00 | 315.00 | 0.00 | 1.00 | 26.00 | 28785 | 26061 | 9.10 |
| 德阳市 | 23.50 | 452.00 | 5248.00 | 1916.00 | 483.00 | 2110.00 | 363.00 | 0.00 | 376.00 | 173700 | 168581 | 42.31 |
| 中江县 | 4.20 | 101.00 | 1900.00 | 666.00 | 250.00 | 883.00 | 12.00 | 0.00 | 89.00 | 58415 | 57181 | 18.65 |
| 罗江县 | 2.17 | 97.00 | 537.80 | 215.80 | 20.00 | 265.00 | 13.00 | 0.00 | 24.00 | 15532 | 15248 | 4.34 |
| 广汉市 | 16.01 | 188.20 | 4007.60 | 1693.60 | 367.20 | 1379.40 | 187.00 | 62.00 | 318.40 | 86462 | 61427 | 23.74 |
| 什邡市 | 6.10 | 381.00 | 1869.00 | 585.00 | 162.00 | 486.00 | 285.00 | 72.00 | 279.00 | 35336 | 34531 | 10.32 |
| 绵竹市 | 9.10 | 288.00 | 1037.70 | 430.00 | 211.00 | 337.70 | 54.00 | 0.00 | 5.00 | 28380 | 24480 | 8.45 |
| 绵阳市 | 43.23 | 1617.43 | 7730.70 | 1530.72 | 1171.33 | 3855.35 | 425.61 | 29.13 | 718.56 | 228003 | 214689 | 85.57 |
| 三台县 | 7.50 | 153.46 | 952.16 | 242.12 | 135.45 | 465.59 | 5.00 | 0.00 | 104.00 | 36508 | 30775 | 15.85 |
| 盐亭县 | 4.81 | 54.60 | 963.90 | 469.50 | 150.00 | 257.40 | 61.00 | 14.00 | 12.00 | 27448 | 20048 | 7.34 |

续表

| 城市或县城 | 综合生产能力（万 m³/d） | 供水管道长度（km） | 供水总量（万 m³） | 生产运营用水量 | 公共服务用水量 | 家庭生活用水量 | 其他用水量 | 免费用水量 | 漏损水量 | 用水户数 | 家庭用户 | 用水人口（万人） |
|---|---|---|---|---|---|---|---|---|---|---|---|---|
| 安 县 | 1.10 | 60.13 | 231.76 | 44.75 | 16.00 | 167.80 | 0.00 | 0.21 | 3.00 | 5063 | 4979 | 3.80 |
| 梓 潼 县 | 1.40 | 52.26 | 470.00 | 93.00 | 77.00 | 182.00 | 0.00 | 0.00 | 118.00 | 8781 | 5941 | 6.20 |
| 北 川 县 | 3.80 | 52.89 | 0.00 | 0.00 | 0.00 | 0.00 | 0.00 | 0.00 | 0.00 | 0 | 0 | 0.00 |
| 平 武 县 | 1.50 | 53.00 | 137.62 | 8.70 | 0.66 | 124.00 | 2.20 | 0.86 | 1.20 | 4510 | 4280 | 2.50 |
| 江 油 市 | 25.00 | 279.00 | 2807.00 | 988.00 | 206.00 | 1112.00 | 1.00 | 231.00 | 269.00 | 90972 | 88790 | 25.13 |
| 广 元 市 | 12.20 | 280.76 | 2670.30 | 116.18 | 307.80 | 1432.82 | 167.50 | 2.00 | 644.00 | 36104 | 33957 | 29.51 |
| 旺 苍 县 | 2.50 | 51.40 | 383.00 | 15.00 | 20.00 | 269.00 | 15.00 | 0.00 | 64.00 | 29638 | 28834 | 7.10 |
| 青 川 县 | 1.20 | 31.20 | 99.00 | 1.86 | 18.60 | 67.04 | 5.50 | 5.00 | 1.00 | 2405 | 1884 | 2.46 |
| 剑 阁 县 | 1.50 | 10.00 | 96.00 | 6.00 | 31.00 | 43.00 | 6.00 | 0.00 | 10.00 | 3694 | 3626 | 1.88 |
| 苍 溪 县 | 1.50 | 66.38 | 523.00 | 66.00 | 34.00 | 312.00 | 46.00 | 0.00 | 65.00 | 26434 | 22526 | 9.70 |
| 遂 宁 市 | 16.88 | 343.30 | 2571.20 | 590.50 | 523.50 | 1345.00 | 34.00 | 39.00 | 39.20 | 140005 | 125672 | 41.52 |
| 蓬 溪 县 | 3.00 | 36.00 | 351.80 | 51.00 | 23.50 | 257.30 | 10.00 | 0.00 | 10.00 | 20660 | 13045 | 7.35 |
| 射 洪 县 | 6.00 | 112.00 | 769.00 | 25.00 | 79.00 | 569.40 | 88.00 | 0.00 | 7.60 | 50760 | 43806 | 24.15 |
| 大 英 县 | 3.54 | 158.50 | 580.00 | 73.00 | 7.00 | 471.20 | 4.40 | 6.80 | 17.60 | 42450 | 38434 | 11.27 |
| 内 江 市 | 19.99 | 374.65 | 3800.89 | 1398.23 | 396.82 | 1490.94 | 77.40 | 0.00 | 437.50 | 83196 | 68248 | 39.68 |
| 威 远 县 | 3.00 | 124.00 | 1000.00 | 238.00 | 174.00 | 348.00 | 49.00 | 0.00 | 191.00 | 47404 | 40703 | 9.75 |
| 资 中 县 | 5.38 | 69.80 | 892.00 | 187.00 | 106.00 | 520.00 | 4.00 | 0.00 | 75.00 | 12298 | 11858 | 12.07 |
| 隆 昌 县 | 6.00 | 130.65 | 641.00 | 114.00 | 118.00 | 335.00 | 0.00 | 0.00 | 74.00 | 26161 | 15906 | 10.51 |

续表

| 城市或县城 | 综合生产能力（万m³/d） | 供水管道长度（km） | 供水总量（万m³） | 其中 | | | | | 漏损水量 | 用水户数 | 其中 | 用水人口（万人） |
| | | | | 生产运营用水量 | 公共服务用水量 | 家庭生活用水量 | 其他用水量 | 免费用水量 | | | 家庭用户 | |
| 乐山市 | 32.52 | 1000.48 | 4584.08 | 540.21 | 458.19 | 2361.90 | 316.18 | 92.86 | 814.74 | 147747 | 133902 | 49.10 |
| 犍为县 | 3.00 | 81.43 | 623.42 | 74.74 | 64.94 | 315.08 | 10.68 | 0.00 | 157.98 | 22497 | 19225 | 8.10 |
| 井研县 | 1.05 | 110.53 | 323.50 | 14.00 | 48.00 | 185.00 | 0.00 | 5.50 | 71.00 | 17604 | 15708 | 6.00 |
| 夹江县 | 3.00 | 56.00 | 453.01 | 79.87 | 54.87 | 263.20 | 5.07 | 0.00 | 50.00 | 9763 | 8320 | 5.21 |
| 沐川县 | 1.00 | 23.00 | 211.11 | 9.88 | 15.90 | 115.70 | 8.13 | 13.00 | 48.50 | 8199 | 7109 | 3.50 |
| 峨边县 | 1.10 | 19.50 | 150.00 | 20.00 | 10.00 | 110.00 | 0.00 | 0.00 | 10.00 | 1800 | 1300 | 3.00 |
| 马边县 | 1.00 | 21.00 | 322.00 | 70.00 | 20.00 | 150.00 | 10.00 | 50.00 | 22.00 | 3300 | 3171 | 2.50 |
| 峨眉山市 | 8.70 | 199.00 | 1622.00 | 449.00 | 202.00 | 673.00 | 95.00 | 105.00 | 98.00 | 62572 | 49352 | 12.66 |
| 南充市 | 25.00 | 440.00 | 7100.00 | 1310.00 | 1610.00 | 3530.00 | 340.00 | 10.00 | 300.00 | 274100 | 236890 | 77.10 |
| 南部县 | 7.50 | 87.00 | 1260.00 | 310.00 | 282.00 | 570.00 | 23.00 | 3.00 | 72.00 | 58170 | 49790 | 15.13 |
| 营山县 | 3.60 | 77.00 | 743.00 | 210.00 | 125.00 | 348.00 | 19.00 | 2.00 | 39.00 | 30970 | 26910 | 9.32 |
| 蓬安县 | 2.60 | 48.00 | 888.00 | 299.00 | 177.00 | 343.00 | 16.00 | 2.00 | 51.00 | 39790 | 34280 | 10.80 |
| 仪陇县 | 2.00 | 53.00 | 614.00 | 138.00 | 145.00 | 281.00 | 15.00 | 2.00 | 33.00 | 31065 | 26740 | 8.51 |
| 西充县 | 3.00 | 59.00 | 927.00 | 290.00 | 185.00 | 385.00 | 15.00 | 2.00 | 50.00 | 39350 | 34380 | 9.42 |
| 阆中市 | 10.60 | 264.00 | 1940.00 | 449.00 | 433.00 | 860.00 | 68.00 | 5.00 | 125.00 | 85270 | 73020 | 21.25 |
| 眉山市 | 10.00 | 747.00 | 2976.00 | 580.00 | 303.00 | 1662.00 | 129.00 | 0.00 | 302.00 | 89230 | 84800 | 30.90 |
| 仁寿县 | 8.00 | 520.00 | 1475.00 | 405.00 | 160.00 | 870.00 | 0.00 | 0.00 | 40.00 | 83544 | 74500 | 15.34 |
| 彭山县 | 4.00 | 96.20 | 634.00 | 20.00 | 37.00 | 499.00 | 26.00 | 12.00 | 40.00 | 31922 | 30549 | 10.20 |

续表

| 城市或县城 | 综合生产能力（万m³/d） | 供水管道长度（km） | 供水总量（万m³） | 其中 | | | | | | 用水户数 | 其中 | |
| --- | --- | --- | --- | --- | --- | --- | --- | --- | --- | --- | --- | --- |
| | | | | 生产运营用水量 | 公共服务用水量 | 家庭生活用水量 | 其他用水量 | 免费用水量 | 漏损水量 | | 家庭用户 | 用水人口（万人） |
| 洪雅县 | 2.30 | 33.00 | 484.00 | 47.00 | 58.00 | 341.00 | 5.00 | 0.00 | 33.00 | 21626 | 21551 | 7.40 |
| 丹棱县 | 2.00 | 45.50 | 338.50 | 59.00 | 31.00 | 218.50 | 8.00 | 18.00 | 4.00 | 13445 | 13090 | 4.00 |
| 青神县 | 3.20 | 41.10 | 261.60 | 20.30 | 29.00 | 183.00 | 9.30 | 0.00 | 20.00 | 9798 | 9230 | 3.23 |
| 宜宾市 | 22.90 | 751.00 | 5166.00 | 1331.00 | 887.00 | 2239.00 | 83.00 | 66.00 | 560.00 | 111383 | 105149 | 37.72 |
| 宜宾县 | 5.74 | 83.32 | 1386.68 | 890.52 | 24.71 | 265.56 | 173.89 | 0.00 | 32.00 | 20364 | 17467 | 5.73 |
| 南溪县 | 2.00 | 51.80 | 700.00 | 200.00 | 50.00 | 250.00 | 0.00 | 0.00 | 200.00 | 12000 | 10000 | 5.00 |
| 江安县 | 4.70 | 72.90 | 821.00 | 7.60 | 298.40 | 352.00 | 144.00 | 1.00 | 18.00 | 20365 | 18360 | 6.02 |
| 长宁县 | 2.50 | 54.40 | 472.00 | 87.00 | 20.00 | 280.00 | 14.00 | 0.00 | 71.00 | 21792 | 18114 | 5.90 |
| 高县 | 4.50 | 40.52 | 694.70 | 67.03 | 62.30 | 388.12 | 23.00 | 32.00 | 122.25 | 32997 | 30862 | 9.35 |
| 珙县 | 1.80 | 86.75 | 697.45 | 97.43 | 61.93 | 304.30 | 102.57 | 2.19 | 129.03 | 27811 | 27097 | 10.95 |
| 筠连县 | 3.00 | 35.30 | 476.40 | 14.30 | 106.50 | 229.70 | 105.40 | 14.00 | 6.50 | 23416 | 21818 | 7.61 |
| 兴文县 | 2.40 | 38.00 | 184.00 | 0.20 | 0.50 | 135.30 | 22.00 | 0.00 | 26.00 | 20935 | 19435 | 6.62 |
| 屏山县 | 0.60 | 27.00 | 216.00 | 120.00 | 10.00 | 28.00 | 28.00 | 5.00 | 25.00 | 4356 | 3336 | 1.88 |
| 广安市 | 6.50 | 235.00 | 1210.50 | 213.50 | 175.00 | 623.00 | 99.00 | 0.00 | 100.00 | 67372 | 60355 | 22.50 |
| 岳池县 | 2.50 | 151.07 | 746.00 | 62.00 | 64.00 | 378.00 | 63.00 | 0.00 | 179.00 | 40936 | 36689 | 11.58 |
| 武胜县 | 4.00 | 84.93 | 677.00 | 44.00 | 34.00 | 421.00 | 18.00 | 0.00 | 160.00 | 31216 | 30120 | 10.00 |
| 邻水县 | 2.10 | 138.00 | 766.50 | 43.00 | 62.00 | 500.00 | 3.00 | 1.00 | 157.50 | 27020 | 24900 | 13.50 |
| 华蓥市 | 5.00 | 158.00 | 1255.00 | 618.00 | 123.00 | 480.00 | 26.00 | 3.00 | 5.00 | 28584 | 27590 | 9.40 |

续表

| 城市或县城 | 综合生产能力（万 m³/d） | 供水管道长度（km） | 供水总量（万 m³） | 生产运营用水量 | 公共服务用水量 | 家庭生活用水量 | 其他用水量 | 免费用水量 | 漏损水量 | 用水户数 | 其中 家庭用户 | 用水人口（万人） |
|---|---|---|---|---|---|---|---|---|---|---|---|---|
| 达 州 市 | 18.90 | 430.10 | 3080.00 | 230.00 | 230.00 | 1832.00 | 281.00 | 270.00 | 237.00 | 114624 | 105594 | 31.71 |
| 达 县 | 8.38 | 85.00 | 1757.00 | 947.00 | 13.00 | 428.00 | 109.00 | 150.00 | 110.00 | 34589 | 32941 | 12.35 |
| 宣 汉 县 | 4.20 | 75.60 | 599.00 | 22.00 | 138.00 | 374.00 | 15.00 | 0.00 | 50.00 | 35450 | 28022 | 12.40 |
| 开 江 县 | 3.00 | 58.06 | 472.00 | 35.00 | 32.00 | 257.00 | 15.00 | 0.00 | 133.00 | 37140 | 36510 | 12.55 |
| 大 竹 县 | 5.00 | 67.50 | 630.80 | 81.30 | 105.00 | 330.00 | 63.50 | 0.00 | 51.00 | 53642 | 48976 | 19.59 |
| 渠 县 | 5.80 | 50.00 | 1068.00 | 450.00 | 45.00 | 476.00 | 39.00 | 0.00 | 58.00 | 37617 | 35872 | 12.52 |
| 万 源 市 | 4.40 | 187.00 | 1035.53 | 184.00 | 119.01 | 593.20 | 81.02 | 0.00 | 58.30 | 20701 | 19847 | 7.10 |
| 雅 安 市 | 16.50 | 136.00 | 3385.00 | 1491.00 | 239.00 | 1053.00 | 20.00 | 308.00 | 274.00 | 40669 | 33394 | 24.77 |
| 名 山 县 | 0.00 | 91.00 | 684.00 | 380.00 | 31.00 | 185.00 | 23.00 | 0.00 | 65.00 | 9706 | 8620 | 3.50 |
| 荥 经 县 | 1.60 | 23.00 | 217.90 | 10.00 | 8.90 | 170.00 | 9.00 | 0.00 | 20.00 | 11620 | 9400 | 3.50 |
| 汉 源 县 | 1.20 | 41.00 | 412.45 | 60.00 | 125.00 | 187.00 | 0.00 | 0.45 | 40.00 | 7357 | 6832 | 2.90 |
| 石 棉 县 | 1.17 | 29.00 | 463.00 | 8.00 | 50.00 | 280.00 | 5.00 | 70.00 | 50.00 | 10899 | 9616 | 3.50 |
| 天 全 县 | 2.50 | 186.00 | 280.22 | 9.31 | 9.32 | 215.65 | 7.87 | 3.07 | 35.00 | 15635 | 15560 | 3.59 |
| 芦 山 县 | 1.25 | 68.00 | 220.75 | 37.50 | 18.25 | 120.00 | 0.00 | 0.00 | 45.00 | 7500 | 300 | 2.80 |
| 宝 兴 县 | 0.25 | 12.20 | 52.50 | 5.00 | 2.00 | 38.50 | 2.00 | 0.00 | 5.00 | 2762 | 2752 | 1.20 |
| 巴 中 市 | 5.00 | 176.80 | 1451.00 | 17.00 | 28.00 | 780.00 | 268.00 | 80.00 | 278.00 | 71340 | 63355 | 27.50 |
| 通 江 县 | 3.00 | 136.00 | 519.90 | 17.40 | 25.00 | 460.00 | 5.00 | 5.00 | 7.50 | 18000 | 11921 | 10.50 |
| 南 江 县 | 2.00 | 30.00 | 435.69 | 26.38 | 14.95 | 382.00 | 5.13 | 4.20 | 3.03 | 32517 | 22940 | 10.65 |

续表

| 城市或县城 | 综合生产能力（万m³/d） | 供水管道长度（km） | 供水总量（万m³） | 其中 生产运营用水量 | 公共服务用水量 | 家庭生活用水量 | 其他用水量 | 免费用水量 | 漏损水量 | 用水户数 | 其中 家庭用户 | 用水人口（万人） |
|---|---|---|---|---|---|---|---|---|---|---|---|---|
| 平昌县 | 7.00 | 276.00 | 876.40 | 35.40 | 109.00 | 656.00 | 52.00 | 11.00 | 13.00 | 32960 | 29173 | 17.00 |
| 资阳市 | 18.80 | 449.00 | 2105.00 | 344.00 | 309.00 | 881.00 | 100.00 | 118.00 | 353.00 | 70282 | 64110 | 26.02 |
| 安岳县 | 2.40 | 58.00 | 641.00 | 134.00 | 43.00 | 366.00 | 63.00 | 0.00 | 35.00 | 40602 | 36817 | 14.00 |
| 乐至县 | 2.00 | 90.60 | 425.00 | 63.00 | 50.00 | 260.00 | 12.00 | 0.00 | 40.00 | 23782 | 20853 | 8.95 |
| 简阳市 | 5.50 | 181.50 | 1613.74 | 20.00 | 288.00 | 980.00 | 85.02 | 0.00 | 240.72 | 89900 | 83400 | 32.00 |
| 汶川县 | 1.90 | 37.00 | 317.00 | 85.00 | 48.00 | 142.00 | 22.00 | 0.00 | 20.00 | 10935 | 9450 | 3.61 |
| 理县 | 0.55 | 11.51 | 112.40 | 16.00 | 13.50 | 60.00 | 9.00 | 4.90 | 9.00 | 5087 | 4350 | 1.31 |
| 茂县 | 0.80 | 14.40 | 291.00 | 30.00 | 23.00 | 206.00 | 0.00 | 0.00 | 32.00 | 5626 | 5440 | 3.55 |
| 松潘县 | 1.00 | 58.00 | 158.00 | 6.00 | 12.00 | 120.00 | 0.00 | 0.00 | 20.00 | 4209 | 4200 | 1.68 |
| 九寨沟县 | 2.00 | 22.20 | 315.00 | 90.00 | 50.00 | 150.00 | 10.00 | 0.00 | 15.00 | 5256 | 5128 | 2.30 |
| 金川县 | 0.33 | 15.00 | 87.00 | 0.65 | 3.90 | 55.60 | 5.85 | 8.00 | 13.00 | 3640 | 3420 | 1.43 |
| 小金县 | 0.90 | 33.00 | 138.00 | 20.00 | 5.00 | 85.00 | 0.00 | 10.00 | 18.00 | 4114 | 4010 | 1.70 |
| 黑水县 | 0.30 | 9.01 | 112.50 | 10.00 | 15.00 | 72.50 | 7.00 | 0.00 | 8.00 | 5520 | 5000 | 1.48 |
| 马尔康县 | 0.65 | 28.04 | 237.00 | 13.00 | 16.00 | 189.00 | 2.00 | 2.00 | 15.00 | 7137 | 7000 | 2.65 |
| 壤塘县 | 0.40 | 10.27 | 54.60 | 5.00 | 15.00 | 29.00 | 4.00 | 0.00 | 1.60 | 2697 | 2637 | 0.50 |
| 阿坝县 | 0.25 | 16.00 | 90.96 | 5.25 | 13.60 | 63.00 | 1.21 | 0.00 | 7.90 | 2888 | 2512 | 1.19 |
| 若尔盖县 | 0.30 | 26.00 | 45.00 | 4.00 | 7.00 | 27.00 | 0.00 | 4.00 | 3.00 | 4100 | 3336 | 0.91 |
| 红原县 | 0.40 | 44.00 | 24.10 | 3.00 | 0.00 | 0.50 | 0.00 | 18.60 | 2.00 | 3078 | 2705 | 1.09 |

续表

| 城市或县城 | 综合生产能力（万 m³/d） | 供水管道长度（km） | 供水总量（万 m³） | 生产运营用水量 | 公共服务用水量 | 家庭生活用水量 | 其他用水量 | 免费用水量 | 漏损水量 | 用水户数 | 家庭用户 | 用水人口（万人） |
|---|---|---|---|---|---|---|---|---|---|---|---|---|
| 康定县 | 1.20 | 33.00 | 448.40 | 12.00 | 20.00 | 356.00 | 38.40 | 10.00 | 12.00 | 2698 | 2134 | 5.12 |
| 泸定县 | 0.80 | 22.19 | 196.70 | 14.20 | 2.00 | 154.00 | 16.00 | 5.50 | 5.00 | 2438 | 2164 | 2.11 |
| 丹巴县 | 0.33 | 8.97 | 62.88 | 8.30 | 6.50 | 31.00 | 4.02 | 3.06 | 10.00 | 2050 | 1750 | 0.92 |
| 九龙县 | 0.10 | 21.00 | 38.50 | 8.00 | 8.00 | 12.50 | 4.00 | 4.00 | 2.00 | 1000 | 900 | 0.86 |
| 雅江县 | 0.20 | 8.78 | 72.65 | 25.00 | 5.00 | 23.65 | 0.00 | 6.00 | 13.00 | 1170 | 950 | 0.60 |
| 道孚县 | 0.72 | 19.00 | 56.64 | 7.40 | 9.24 | 31.00 | 4.00 | 3.00 | 2.00 | 2000 | 1800 | 0.89 |
| 炉霍县 | 0.30 | 30.00 | 70.50 | 8.00 | 8.00 | 32.00 | 8.00 | 9.00 | 5.50 | 890 | 746 | 0.68 |
| 甘孜县 | 0.60 | 21.00 | 42.86 | 6.30 | 2.00 | 27.00 | 3.00 | 3.00 | 1.56 | 3353 | 2015 | 0.78 |
| 新龙县 | 0.25 | 11.00 | 79.22 | 15.00 | 5.00 | 50.00 | 3.00 | 3.00 | 3.22 | 910 | 780 | 0.89 |
| 德格县 | 0.30 | 14.00 | 37.20 | 5.00 | 3.00 | 21.20 | 4.00 | 2.00 | 2.00 | 1399 | 1010 | 0.40 |
| 白玉县 | 0.23 | 18.00 | 92.42 | 9.00 | 10.00 | 48.00 | 4.00 | 2.00 | 19.42 | 2380 | 1533 | 0.60 |
| 石渠县 | 0.30 | 1.30 | 24.00 | 2.00 | 2.00 | 9.00 | 1.00 | 1.00 | 9.00 | 686 | 556 | 0.46 |
| 色达县 | 0.30 | 16.60 | 37.50 | 0.00 | 5.50 | 32.00 | 0.00 | 0.00 | 0.00 | 1021 | 598 | 0.50 |
| 理塘县 | 0.30 | 38.45 | 93.20 | 10.31 | 12.10 | 30.10 | 10.10 | 10.59 | 20.00 | 3500 | 2700 | 0.80 |
| 巴塘县 | 1.00 | 23.00 | 56.00 | 7.00 | 4.00 | 27.00 | 4.00 | 3.00 | 11.00 | 1945 | 1680 | 0.68 |
| 乡城县 | 0.10 | 17.00 | 29.70 | 6.40 | 7.30 | 11.00 | 3.00 | 1.00 | 1.00 | 1930 | 1800 | 0.45 |
| 稻城县 | 0.30 | 10.00 | 66.31 | 3.00 | 22.81 | 35.20 | 0.00 | 3.30 | 2.00 | 858 | 624 | 0.33 |
| 得荣县 | 0.10 | 8.00 | 35.50 | 4.20 | 2.10 | 17.00 | 2.20 | 2.00 | 8.00 | 834 | 702 | 0.33 |

续表

| 城市或县城 | 综合生产能力（万 m³/d） | 供水管道长度（km） | 供水总量（万 m³） | 其中 | | | | | | 用水户数 | 其中 | |
|---|---|---|---|---|---|---|---|---|---|---|---|---|
| | | | | 生产运营用水量 | 公共服务用水量 | 家庭生活用水量 | 其他用水量 | 免费用水量 | 漏损水量 | | 家庭用户 | 用水人口（万人） |
| 木里县 | 0.50 | 23.50 | 116.00 | 2.00 | 2.00 | 86.00 | 1.00 | 2.00 | 23.00 | 4218 | 4213 | 1.75 |
| 盐源县 | 0.70 | 46.00 | 140.00 | 16.00 | 11.00 | 97.00 | 3.00 | 3.00 | 10.00 | 4000 | 3844 | 4.40 |
| 德昌县 | 1.30 | 50.00 | 448.00 | 60.00 | 50.00 | 236.00 | 23.00 | 10.00 | 69.00 | 14047 | 12900 | 3.50 |
| 会理县 | 1.60 | 137.00 | 600.58 | 5.70 | 56.50 | 502.38 | 1.00 | 3.00 | 32.00 | 15465 | 15372 | 6.15 |
| 会东县 | 1.50 | 53.20 | 514.00 | 93.00 | 40.00 | 286.00 | 0.00 | 80.00 | 15.00 | 18839 | 18514 | 6.48 |
| 宁南县 | 0.92 | 19.00 | 311.27 | 12.23 | 27.00 | 222.04 | 0.00 | 15.00 | 35.00 | 3895 | 3825 | 2.70 |
| 普格县 | 0.67 | 136.00 | 177.00 | 28.20 | 17.60 | 106.50 | 10.70 | 0.00 | 14.00 | 13417 | 12020 | 2.75 |
| 布拖县 | 0.43 | 15.18 | 137.00 | 5.00 | 1.00 | 122.00 | 0.00 | 0.00 | 9.00 | 3100 | 3082 | 2.15 |
| 金阳县 | 0.53 | 15.85 | 114.47 | 17.37 | 2.28 | 63.47 | 3.66 | 2.69 | 25.00 | 3001 | 2998 | 1.62 |
| 昭觉县 | 0.60 | 28.00 | 222.00 | 114.00 | 35.00 | 48.00 | 0.00 | 0.00 | 25.00 | 3140 | 3000 | 2.57 |
| 喜德县 | 0.40 | 31.80 | 95.21 | 2.64 | 6.35 | 70.00 | 6.32 | 0.00 | 9.90 | 3017 | 2845 | 2.21 |
| 冕宁县 | 1.21 | 33.00 | 283.07 | 21.00 | 10.05 | 152.02 | 10.00 | 0.00 | 90.00 | 5911 | 5826 | 3.91 |
| 越西县 | 0.68 | 7.30 | 131.00 | 0.00 | 6.00 | 100.00 | 0.00 | 0.00 | 25.00 | 6012 | 5780 | 3.93 |
| 甘洛县 | 0.72 | 35.00 | 182.30 | 8.30 | 3.60 | 146.00 | 2.20 | 4.20 | 18.00 | 3911 | 3900 | 3.62 |
| 美姑县 | 0.52 | 14.00 | 182.40 | 35.00 | 24.00 | 109.20 | 4.00 | 0.00 | 10.20 | 2972 | 2941 | 1.88 |
| 雷波县 | 1.25 | 15.40 | 250.00 | 26.00 | 10.00 | 202.00 | 0.00 | 0.00 | 12.00 | 6245 | 5891 | 3.00 |
| 西昌市 | 21.20 | 381.38 | 2683.00 | 379.00 | 768.00 | 1188.00 | 112.00 | 100.00 | 136.00 | 81080 | 62143 | 24.50 |

资料来源：四川省住房和城乡建设厅提供，2011 年 11 月。

**附表 2 2010 年四川省各市、州建制镇供水情况一览**

| 市或州 | 集中供水的建制镇（个） | 占全部建制镇的比例（%） | 水厂数（座） | 综合生产能力（万 m³/d） | 用水人口（万人） | 人均综合用水量（L/人·d） | 人均生活用水量（L/人·d） |
|---|---|---|---|---|---|---|---|
| 四 川 省 | 1433 | 94.59 | 1340 | 268.229 | 703.7471 | 171.38 | 95.75 |
| 成 都 市 | 166 | 97.08 | 139 | 117.308 | 115.9825 | 222.12 | 128.66 |
| 自 贡 市 | 63 | 98.44 | 74 | 8.565 | 19.6970 | 192.23 | 115.43 |
| 攀枝花市 | 15 | 100.00 | 15 | 1.058 | 3.7897 | 341.95 | 122.79 |
| 泸 州 市 | 74 | 100.00 | 83 | 7.426 | 33.1435 | 145.66 | 88.10 |
| 德 阳 市 | 78 | 92.86 | 74 | 13.175 | 28.3156 | 254.00 | 109.47 |
| 绵 阳 市 | 120 | 96.77 | 126 | 21.601 | 50.1561 | 281.98 | 114.24 |
| 广 元 市 | 79 | 100.00 | 74 | 5.276 | 37.2862 | 88.33 | 71.54 |
| 遂 宁 市 | 55 | 94.83 | 54 | 4.892 | 27.0142 | 119.27 | 84.28 |
| 内 江 市 | 81 | 100.00 | 94 | 11.269 | 39.2030 | 232.63 | 79.26 |
| 乐 山 市 | 68 | 87.18 | 65 | 5.317 | 25.2194 | 208.54 | 104.79 |
| 南 充 市 | 139 | 97.89 | 127 | 15.691 | 75.6234 | 124.20 | 98.38 |
| 眉 山 市 | 45 | 76.27 | 48 | 6.354 | 24.4971 | 163.94 | 88.00 |
| 宜 宾 市 | 91 | 96.81 | 90 | 13.337 | 36.7543 | 190.62 | 95.50 |
| 广 安 市 | 78 | 100.00 | 46 | 8.609 | 42.4143 | 159.82 | 76.63 |
| 达 州 市 | 85 | 100.00 | 87 | 8.041 | 50.4313 | 88.54 | 63.72 |
| 雅 安 市 | 14 | 100.00 | 8 | 0.877 | 3.3010 | 205.13 | 107.13 |
| 巴 中 市 | 59 | 96.72 | 49 | 5.383 | 43.2593 | 88.37 | 71.76 |
| 资 阳 市 | 55 | 74.32 | 53 | 6.459 | 30.2254 | 106.93 | 70.32 |
| 阿 坝 州 | 13 | 76.47 | 12 | 4.550 | 2.5630 | 413.31 | 148.37 |
| 甘 孜 州 | 7 | 87.50 | 4 | 1.120 | 3.0151 | 238.30 | 151.62 |
| 凉 山 州 | 48 | 87.27 | 18 | 1.921 | 11.8557 | 129.60 | 109.04 |

资料来源：四川省住房和城乡建设厅提供，2011 年 11 月。

**附表 3 2010 年四川省各市、州乡镇供水情况一览**

| 市或州 | 集中供水的乡（个） | 占全部乡的比例（%） | 水厂数（座） | 综合生产能力（万 m³/d） | 用水人口（万人） | 人均综合用水量（L/人·d） | 人均生活用水量（L/人·d） |
|---|---|---|---|---|---|---|---|
| 四 川 省 | 1676 | 68.55 | 1003 | 52.433 | 168.8980 | 122.08 | 83.69 |
| 成 都 市 | 24 | 96.00 | 18 | 4.722 | 3.8313 | 204.59 | 127.96 |
| 自 贡 市 | 16 | 94.12 | 18 | 1.297 | 1.4140 | 155.22 | 93.57 |
| 攀枝花市 | 18 | 85.71 | 13 | 3.781 | 1.7951 | 259.69 | 84.55 |

续表

| 市或州 | 集中供水的乡（个） | 占全部乡的比例（%） | 水厂数（座） | 综合生产能力（万 m³/d） | 用水人口（万人） | 人均综合用水量（L/人·d） | 人均生活用水量（L/人·d） |
|---|---|---|---|---|---|---|---|
| 泸州市 | 33 | 76.74 | 26 | 1.384 | 4.6634 | 136.05 | 85.35 |
| 德阳市 | 18 | 100.00 | 17 | 0.275 | 1.4376 | 73.92 | 54.68 |
| 绵阳市 | 118 | 89.39 | 100 | 4.197 | 10.6615 | 130.50 | 99.61 |
| 广元市 | 12 | 100.00 | 13 | 0.470 | 1.0914 | 153.10 | 92.45 |
| 遂宁市 | 123 | 90.44 | 82 | 3.056 | 12.3281 | 91.35 | 71.96 |
| 内江市 | 28 | 75.68 | 25 | 0.964 | 4.3323 | 185.51 | 124.01 |
| 乐山市 | 19 | 100.00 | 18 | 0.304 | 2.1910 | 92.36 | 51.34 |
| 南充市 | 84 | 73.68 | 61 | 1.486 | 5.8412 | 148.44 | 94.06 |
| 眉山市 | 194 | 97.49 | 171 | 4.274 | 24.4138 | 104.07 | 80.21 |
| 宜宾市 | 41 | 73.21 | 40 | 5.809 | 5.8553 | 111.36 | 64.06 |
| 广安市 | 55 | 78.57 | 52 | 1.941 | 8.0749 | 147.31 | 90.48 |
| 达州市 | 74 | 90.24 | 37 | 5.746 | 7.5547 | 173.22 | 73.72 |
| 雅安市 | 185 | 93.43 | 135 | 2.997 | 24.2285 | 93.14 | 64.85 |
| 巴中市 | 41 | 66.13 | 18 | 2.193 | 4.0811 | 164.19 | 107.13 |
| 资阳市 | 114 | 92.68 | 85 | 2.458 | 19.3575 | 93.61 | 76.37 |
| 阿坝州 | 78 | 92.86 | 65 | 1.919 | 8.3401 | 120.97 | 87.68 |
| 甘孜州 | 12 | 6.38 | 10 | 1.083 | 0.8105 | 274.82 | 101.17 |
| 凉山州 | 31 | 10.47 | 3 | 0.805 | 1.9673 | 230.58 | 90.66 |

资料来源：四川省住房和城乡建设厅提供，2011 年 11 月。

### 附表 4 2010 年四川省各城市、县城排水及污水处理情况一览

| 城市或县城 | 污水排放量（万 m³） | 排水管道长度（km） | 其中 污水管道 | 污水处理厂 数量（座） | 污水处理厂 处理能力（万 m³/d） | 污水处理厂 处理量（万 m³） | 污水处理厂 干泥产生量（t） | 其他污水处理装置 处理能力（万 m³/d） | 其他污水处理装置 处理量（万 m³） | 污水处理总量（万 m³/d） | COD 削减 设计削减能力（万 t/d） | 再生水 生产能力（万 m³/d） |
|---|---|---|---|---|---|---|---|---|---|---|---|---|
| 四川省 | 183882 | 20817 | 7873 | 96 | 396.2 | 107682 | 298032 | 73.6 | 10874 | 118556 | 64.11 | 20.11 |
| 成都市 | 55404 | 5213 | 2291 | 17 | 163.5 | 48371 | 180938 | 5.5 | 1867 | 50238 | 18.16 | 0.00 |
| 金堂县 | 720 | 108 | 50 | 1 | 2.0 | 695 | 619 | 0.0 | 0 | 695 | 0.09 | 0.00 |
| 双流县 | 5300 | 557 | 248 | 4 | 7.0 | 2431 | 6846 | 0.0 | 0 | 2431 | 7.70 | 0.00 |
| 郫县 | 1423 | 198 | 84 | 1 | 5.0 | 0 | 480 | 0.0 | 0 | 0 | 0.64 | 0.00 |
| 大邑县 | 845 | 65 | 31 | 1 | 1.9 | 635 | 1095 | 0.0 | 0 | 635 | 0.00 | 0.00 |

续表

| 城市或县城 | 污水排放量（万 m³） | 排水管道长度（km） | 其中污水管道 | 污水处理厂 | | | | 其他污水处理装置 | | 污水处理总量（万 m³/d） | COD削减设计削减能力（万 t/d） | 再生水生产能力（万 m³/d） |
| | | | | 数量（座） | 处理能力（万 m³/d） | 处理量（万 m³） | 干泥产生量（t） | 处理能力（万 m³/d） | 处理量（万 m³） | | | |
|---|---|---|---|---|---|---|---|---|---|---|---|---|
| 蒲江县 | 376 | 97 | 50 | 1 | 1.0 | 275 | 0 | 0.0 | 0 | 275 | 0.10 | 0.00 |
| 新津县 | 603 | 103 | 60 | 1 | 1.0 | 328 | 320 | 0.0 | 0 | 328 | 0.07 | 0.00 |
| 都江堰市 | 2000 | 213 | 27 | 1 | 4.0 | 990 | 135 | 0.0 | 0 | 990 | 0.40 | 0.00 |
| 彭州市 | 1274 | 263 | 74 | 1 | 3.0 | 1096 | 3360 | 0.0 | 0 | 1096 | 0.32 | 0.00 |
| 邛崃市 | 1456 | 172 | 28 | 1 | 2.0 | 1092 | 483 | 0.0 | 0 | 1092 | 0.20 | 0.00 |
| 崇州市 | 936 | 208 | 50 | 1 | 2.0 | 571 | 470 | 0.0 | 0 | 571 | 0.25 | 0.00 |
| 自贡市 | 4502 | 455 | 52 | 2 | 7.7 | 2787 | 3585 | 15.3 | 1044 | 3831 | 0.84 | 0.00 |
| 荣　县 | 520 | 114 | 68 | 0 | 0.0 | 0 | 0 | 1.0 | 2 | 2 | 0.00 | 0.00 |
| 富顺县 | 762 | 87 | 0 | 0 | 0.0 | 0 | 0 | 1.5 | 1 | 1 | 0.00 | 0.00 |
| 攀枝花市 | 9751 | 545 | 479 | 5 | 11.4 | 2157 | 1602 | 1.0 | 216 | 2373 | 1.03 | 0.00 |
| 米易县 | 335 | 51 | 25 | 1 | 0.5 | 241 | 0 | 0.0 | 0 | 241 | 0.05 | 0.00 |
| 盐边县 | 126 | 27 | 27 | 1 | 0.5 | 60 | 22 | 0.0 | 0 | 60 | 0.00 | 0.00 |
| 泸州市 | 7223 | 632 | 44 | 1 | 5.0 | 96 | 0 | 16.1 | 3251 | 3347 | 1.04 | 0.00 |
| 泸　县 | 464 | 85 | 39 | 0 | 0.0 | 0 | 0 | 3.0 | 173 | 173 | 0.00 | 0.00 |
| 合江县 | 1120 | 92 | 4 | 0 | 0.0 | 0 | 0 | 4.0 | 354 | 354 | 0.00 | 0.00 |
| 叙永县 | 581 | 48 | 5 | 0 | 0.0 | 0 | 0 | 2.3 | 461 | 461 | 1.00 | 0.00 |
| 古蔺县 | 350 | 38 | 2 | 0 | 0.0 | 0 | 0 | 0.0 | 0 | 0 | 0.00 | 0.00 |
| 德阳市 | 3761 | 360 | 30 | 1 | 10.0 | 3150 | 1743 | 0.0 | 0 | 3150 | 0.70 | 0.00 |
| 中江县 | 1406 | 101 | 8 | 0 | 0.0 | 0 | 0 | 3.0 | 893 | 893 | 0.00 | 0.00 |
| 罗江县 | 462 | 71 | 47 | 0 | 0.0 | 0 | 0 | 1.0 | 300 | 300 | 0.12 | 0.00 |
| 广汉市 | 2561 | 232 | 75 | 1 | 5.0 | 1800 | 6721 | 0.0 | 0 | 1800 | 0.45 | 0.00 |
| 什邡市 | 1365 | 115 | 30 | 1 | 3.0 | 1001 | 2867 | 0.0 | 0 | 1001 | 0.26 | 0.00 |
| 绵竹市 | 918 | 126 | 0 | 1 | 2.5 | 735 | 697 | 0.0 | 0 | 735 | 0.22 | 0.00 |
| 绵阳市 | 6753 | 1016 | 540 | 3 | 22.6 | 6010 | 5024 | 0.0 | 0 | 6010 | 2.70 | 0.00 |
| 三台县 | 845 | 136 | 30 | 0 | 0.0 | 0 | 0 | 0.0 | 0 | 0 | 0.00 | 0.00 |
| 盐亭县 | 680 | 28 | 4 | 0 | 0.0 | 0 | 0 | 0.0 | 0 | 0 | 0.00 | 0.00 |
| 安　县 | 162 | 70 | 37 | 1 | 0.7 | 105 | 220 | 0.0 | 0 | 105 | 0.06 | 0.00 |
| 梓潼县 | 330 | 78 | 0 | 0 | 0.0 | 0 | 0 | 0.0 | 0 | 0 | 0.00 | 0.00 |
| 北川县 | 0 | 104 | 50 | 0 | 0.0 | 0 | 0 | 3.0 | | | | |

续表

| 城市或县城 | 污水排放量（万 m³） | 排水管道长度（km） | 其中污水管道 | 污水处理厂 | | | | 其他污水处理装置 | | 污水处理总量（万 m³/d） | COD削减设计削减能力（万 t/d） | 再生水生产能力（万 m³/d） |
| | | | | 数量（座） | 处理能力（万 m³/d） | 处理量（万 m³） | 干泥产生量（t） | 处理能力（万 m³/d） | 处理量（万 m³） | | | |
| 平 武 县 | 103 | 46 | 9 | 0 | 0.0 | 0 | 0 | 0.0 | 0 | 0 | 0.00 | 0.00 |
| 江 油 市 | 1182 | 243 | 123 | 1 | 5.0 | 946 | 936 | 0.0 | 0 | 946 | 0.52 | 0.00 |
| 广 元 市 | 2280 | 313 | 141 | 1 | 5.0 | 1670 | 1907 | 0.0 | 0 | 1670 | 0.42 | 0.00 |
| 旺 苍 县 | 315 | 56 | 13 | 0 | 0.0 | 0 | 0 | 0.0 | 0 | 0 | 0.00 | 0.00 |
| 青 川 县 | 82 | 23 | 5 | 0 | 0.0 | 0 | 0 | 0.0 | 0 | 0 | 0.00 | 0.00 |
| 剑 阁 县 | 85 | 7 | 1 | 0 | 0.0 | 0 | 0 | 0.0 | 0 | 0 | 0.00 | 0.00 |
| 苍 溪 县 | 372 | 31 | 7 | 1 | 1.0 | 296 | 1800 | 0.0 | 0 | 296 | 0.09 | 0.00 |
| 遂 宁 市 | 2397 | 487 | 233 | 2 | 7.0 | 1986 | 3890 | 0.0 | 0 | 1986 | 1.17 | 0.00 |
| 蓬 溪 县 | 345 | 87 | 34 | 1 | 0.5 | 129 | 58 | 0.0 | 0 | 129 | 0.03 | 0.00 |
| 射 洪 县 | 548 | 293 | 103 | 1 | 6.0 | 395 | 1506 | 0.0 | 0 | 395 | 0.51 | 0.00 |
| 大 英 县 | 515 | 124 | 60 | 1 | 2.0 | 425 | 1030 | 0.0 | 0 | 425 | 0.26 | 0.00 |
| 内 江 市 | 1826 | 222 | 44 | 1 | 5.0 | 1419 | 3524 | 0.0 | 0 | 1419 | 0.44 | 0.00 |
| 威 远 县 | 791 | 108 | 12 | 1 | 2.0 | 495 | 690 | 0.0 | 0 | 495 | 0.25 | 0.00 |
| 资 中 县 | 550 | 73 | 0 | 0 | 0.0 | 0 | 0 | 0.0 | 0 | 0 | 0.00 | 0.00 |
| 隆 昌 县 | 511 | 65 | 5 | 1 | 3.0 | 408 | 6093 | 0.0 | 0 | 408 | 0.26 | 0.00 |
| 乐 山 市 | 3368 | 456 | 59 | 2 | 5.3 | 1789 | 1772 | 0.0 | 0 | 1789 | 0.47 | 0.00 |
| 犍 为 县 | 480 | 59 | 2 | 1 | 1.5 | 285 | 90 | 0.0 | 0 | 285 | 0.12 | 0.00 |
| 井 研 县 | 244 | 34 | 0 | 0 | 0.0 | 0 | 0 | 0.0 | 0 | 0 | 0.00 | 0.00 |
| 夹 江 县 | 320 | 67 | 14 | 1 | 2.0 | 240 | 183 | 0.0 | 0 | 240 | 0.02 | 0.00 |
| 沐 川 县 | 168 | 16 | 0 | 0 | 0.0 | 0 | 0 | 0.0 | 0 | 0 | 0.00 | 0.00 |
| 峨 边 县 | 120 | 14 | 0 | 0 | 0.0 | 0 | 0 | 0.0 | 0 | 0 | 0.00 | 0.00 |
| 马 边 县 | 242 | 27 | 7 | 0 | 0.0 | 0 | 0 | 0.0 | 0 | 0 | 0.00 | 0.00 |
| 峨 眉 山 | 1297 | 65 | 28 | 1 | 4.0 | 1167 | 1877 | 0.0 | 0 | 1167 | 0.30 | 0.00 |
| 南 充 市 | 5660 | 730 | 240 | 2 | 15.0 | 3425 | 15770 | 0.0 | 0 | 3425 | 11.30 | 0.00 |
| 南 部 县 | 1005 | 102 | 34 | 1 | 3.5 | 90 | 290 | 0.0 | 0 | 90 | 0.30 | 0.00 |
| 营 山 县 | 593 | 73 | 27 | 0 | 0.0 | 0 | 0 | 0.0 | 0 | 0 | 0.00 | 0.00 |
| 蓬 安 县 | 710 | 57 | 21 | 1 | 1.5 | 450 | 1550 | 0.0 | 0 | 450 | 1.26 | 0.00 |
| 仪 陇 县 | 490 | 61 | 27 | 1 | 1.0 | 210 | 869 | 0.0 | 0 | 210 | 0.60 | 0.00 |
| 西 充 县 | 743 | 62 | 25 | 0 | 0.0 | 0 | 0 | 0.0 | 0 | 0 | 0.00 | 0.00 |

续表

| 城市或县城 | 污水排放量（万 m³） | 排水管道长度（km） | 其中污水管道 | 污水处理厂 | | | | | 其他污水处理装置 | | 污水处理总量（万 m³/d） | COD削减设计削减能力（万 t/d） | 再生水生产能力（万 m³/d） |
|---|---|---|---|---|---|---|---|---|---|---|---|---|---|
| | | | | 数量（座） | 处理能力（万 m³/d） | 处理量（万 m³） | 干泥产生量（t） | | 处理能力（万 m³/d） | 处理量（万 m³） | | | |
| 阆 中 市 | 1551 | 176 | 56 | 1 | 3.0 | 970 | 49 | | 0.0 | 0 | 970 | 0.26 | 0.00 |
| 眉 山 市 | 2376 | 260 | 213 | 1 | 4.0 | 1491 | 4304 | | 2.0 | 300 | 1791 | 0.46 | 0.00 |
| 仁 寿 县 | 1033 | 90 | 0 | 1 | 3.0 | 840 | 3833 | | 3.0 | 3 | 843 | 0.60 | 0.00 |
| 彭 山 县 | 409 | 91 | 34 | 1 | 2.0 | 292 | 365 | | 0.0 | 0 | 292 | 0.07 | 0.00 |
| 洪 雅 县 | 340 | 43 | 33 | 0 | 0.0 | 0 | 0 | | 0.0 | 0 | 0 | 0.00 | 0.00 |
| 丹 棱 县 | 240 | 38 | 23 | 0 | 0.0 | 0 | 0 | | 0.0 | 0 | 0 | 0.00 | 0.00 |
| 青 神 县 | 210 | 32 | 27 | 0 | 0.0 | 0 | 0 | | 0.0 | 0 | 0 | 0.00 | 0.00 |
| 宜 宾 市 | 3978 | 153 | 28 | 1 | 5.0 | 1460 | 1195 | | 0.0 | 0 | 1460 | 0.62 | 0.00 |
| 宜 宾 县 | 564 | 30 | 4 | 0 | 0.0 | 0 | 0 | | 2.0 | 429 | 429 | 0.18 | 0.00 |
| 南 溪 县 | 342 | 54 | 48 | 0 | 0.0 | 0 | 0 | | 1.0 | 310 | 310 | 0.00 | 0.00 |
| 江 安 县 | 398 | 37 | 6 | 0 | 0.0 | 0 | 0 | | 1.2 | 394 | 394 | 0.46 | 0.00 |
| 长 宁 县 | 375 | 69 | 7 | 0 | 0.0 | 0 | 0 | | 0.8 | 149 | 149 | 0.05 | 0.00 |
| 高 县 | 487 | 62 | 1 | 1 | 0.3 | 90 | 17 | | 0.0 | 0 | 90 | 0.42 | 0.00 |
| 珙 县 | 463 | 23 | 9 | 0 | 0.0 | 0 | 0 | | 0.0 | 0 | 0 | 0.00 | 0.00 |
| 筠 连 县 | 347 | 22 | 4 | 1 | 0.5 | 43 | 10 | | 0.0 | 0 | 43 | 0.02 | 0.00 |
| 兴 文 县 | 165 | 45 | 10 | 1 | 1.0 | 143 | 196 | | 0.0 | 0 | 143 | 0.07 | 0.00 |
| 屏 山 县 | 82 | 3 | 0 | 0 | 0.0 | 0 | 0 | | 0.0 | 0 | 0 | 0.00 | 0.00 |
| 广 安 市 | 860 | 232 | 105 | 1 | 5.0 | 780 | 6242 | | 0.0 | 0 | 780 | 0.35 | 0.00 |
| 岳 池 县 | 590 | 142 | 87 | 1 | 2.0 | 580 | 270 | | 0.0 | 0 | 580 | 0.20 | 0.00 |
| 武 胜 县 | 552 | 81 | 18 | 1 | 2.0 | 459 | 1729 | | 0.0 | 0 | 459 | 0.20 | 0.00 |
| 邻 水 县 | 589 | 57 | 57 | 1 | 2.0 | 400 | 728 | | 0.0 | 0 | 400 | 0.18 | 0.00 |
| 华 蓥 市 | 932 | 170 | 85 | 1 | 1.9 | 730 | 295 | | 0.0 | 0 | 730 | 0.30 | 0.00 |
| 达 州 市 | 2161 | 415 | 227 | 1 | 4.0 | 1314 | 414 | | 0.0 | 0 | 1314 | 0.46 | 0.00 |
| 达 县 | 1552 | 61 | 16 | 0 | 0.0 | 0 | 0 | | 0.0 | 0 | 0 | 0.00 | 0.00 |
| 宣 汉 县 | 605 | 145 | 80 | 0 | 0.0 | 0 | 0 | | 2.5 | 120 | 120 | 0.24 | 0.00 |
| 开 江 县 | 360 | 99 | 32 | 0 | 0.0 | 0 | 0 | | 0.0 | 0 | 0 | 0.00 | 0.00 |
| 大 竹 县 | 478 | 86 | 86 | 0 | 0.0 | 0 | 0 | | 0.0 | 0 | 0 | 0.00 | 0.00 |
| 渠 县 | 896 | 38 | 22 | 0 | 0.0 | 0 | 0 | | 0.0 | 0 | 0 | 0.00 | 0.00 |
| 万 源 市 | 828 | 65 | 0 | 0 | 0.0 | 0 | 0 | | 0.0 | 0 | 0 | 0.00 | 0.00 |

续表

| 城市或县城 | 污水排放量（万 m³） | 排水管道长度（km） | 其中污水管道 | 污水处理厂 | | | | 其他污水处理装置 | | 污水处理总量（万 m³/d） | COD削减 设计削减能力（万 t/d） | 再生水 生产能力（万 m³/d） |
| | | | | 数量（座） | 处理能力（万 m³/d） | 处理量（万 m³） | 干泥产生量（t） | 处理能力（万 m³/d） | 处理量（万 m³） | | | |
| 雅 安 市 | 1600 | 180 | 25 | 1 | 5.0 | 1000 | 2216 | 0.0 | 0 | 1000 | 0.22 | 0.00 |
| 名 山 县 | 480 | 16 | 12 | 0 | 0.0 | 0 | 0 | 0.0 | 0 | 0 | 0.00 | 0.00 |
| 荥 经 县 | 162 | 23 | 0 | 0 | 0.0 | 0 | 0 | 0.0 | 0 | 0 | 0.00 | 0.00 |
| 汉 源 县 | 308 | 68 | 0 | 0 | 0.0 | 0 | 0 | 0.0 | 0 | 0 | 0.00 | 0.00 |
| 石 棉 县 | 340 | 31 | 31 | 0 | 0.0 | 0 | 0 | 0.0 | 0 | 0 | 0.00 | 0.00 |
| 天 全 县 | 237 | 62 | 17 | 1 | 0.9 | 146 | 336 | 0.0 | 0 | 146 | 0.06 | 0.00 |
| 芦 山 县 | 150 | 16 | 4 | 1 | 0.7 | 25 | 0 | 0.0 | 0 | 25 | 0.10 | 0.00 |
| 宝 兴 县 | 38 | 5 | 2 | 1 | 0.2 | 24 | 0 | 0.0 | 0 | 24 | 0.10 | 0.00 |
| 巴 中 市 | 1510 | 185 | 45 | 1 | 4.0 | 1339 | 1777 | 0.0 | 0 | 1339 | 0.50 | 0.04 |
| 通 江 县 | 440 | 44 | 9 | 0 | 0.0 | 0 | 0 | 0.0 | 0 | 0 | 0.00 | 0.00 |
| 南 江 县 | 348 | 52 | 0 | 0 | 0.0 | 0 | 0 | 0.0 | 0 | 0 | 0.00 | 0.00 |
| 平 昌 县 | 330 | 65 | 65 | 0 | 0.0 | 0 | 0 | 2.0 | 280 | 280 | 1.80 | 0.00 |
| 资 阳 市 | 1478 | 214 | 62 | 1 | 5.0 | 1266 | 6600 | 0.0 | 0 | 1266 | 0.28 | 0.00 |
| 安 岳 县 | 606 | 36 | 25 | 1 | 2.0 | 606 | 2978 | 0.0 | 0 | 606 | 0.25 | 0.07 |
| 乐 至 县 | 388 | 96 | 50 | 1 | 1.0 | 252 | 785 | 0.0 | 0 | 252 | 0.04 | 0.00 |
| 简 阳 市 | 1131 | 96 | 26 | 1 | 2.5 | 805 | 0 | 0.0 | 0 | 805 | 0.25 | 0.00 |
| 汶 川 县 | 237 | 35 | 16 | 1 | 1.2 | 0 | 0 | 1.2 | 0 | 0 | 0.00 | 0.00 |
| 理 县 | 82 | 4 | 1 | 0 | 0.0 | 0 | 0 | 0.0 | 0 | 0 | 0.00 | 0.00 |
| 茂 县 | 231 | 15 | 4 | 0 | 0.0 | 0 | 0 | 0.0 | 0 | 0 | 0.00 | 0.00 |
| 松 潘 县 | 124 | 60 | 16 | 0 | 0.0 | 0 | 0 | 0.0 | 0 | 0 | 0.00 | 0.00 |
| 九寨沟县 | 260 | 39 | 39 | 0 | 0.0 | 0 | 0 | 0.0 | 0 | 0 | 0.00 | 0.00 |
| 金 川 县 | 65 | 30 | 0 | 0 | 0.0 | 0 | 0 | 0.0 | 0 | 0 | 0.00 | 0.00 |
| 小 金 县 | 115 | 19 | 0 | 1 | 0.3 | 78 | 210 | 0.0 | 0 | 78 | 0.02 | 0.00 |
| 黑 水 县 | 81 | 8 | 0 | 0 | 0.0 | 0 | 0 | 0.0 | 0 | 0 | 0.00 | 0.00 |
| 马尔康县 | 204 | 11 | 7 | 1 | 0.1 | 26 | 203 | 0.0 | 0 | 26 | 0.01 | 0.00 |
| 壤 塘 县 | 45 | 2 | 0 | 0 | 0.0 | 0 | 0 | 0.0 | 0 | 0 | 0.00 | 0.00 |
| 阿 坝 县 | 77 | 3 | 2 | 0 | 0.0 | 0 | 0 | 0.0 | 0 | 0 | 0.00 | 0.00 |
| 若尔盖县 | 35 | 12 | 0 | 0 | 0.0 | 0 | 0 | 0.0 | 0 | 0 | 0.00 | 0.00 |
| 红 原 县 | 16 | 5 | 0 | 0 | 0.0 | 0 | 0 | 0.0 | 0 | 0 | 0.00 | 0.00 |

续表

| 城市或县城 | 污水排放量（万 m³） | 排水管道长度（km） | 其中污水管道 | 污水处理厂 | | | | 其他污水处理装置 | | 污水处理总量（万 m³/d） | COD削减 设计削减能力（万 t/d） | 再生水 生产能力（万 m³/d） |
| | | | | 数量（座） | 处理能力（万 m³/d） | 处理量（万 m³） | 干泥产生量（t） | 处理能力（万 m³/d） | 处理量（万 m³） | | | |
| --- | --- | --- | --- | --- | --- | --- | --- | --- | --- | --- | --- | --- |
| 康 定 县 | 487 | 16 | 6 | 0 | 0.0 | 0 | 0 | 1.0 | 255 | 255 | 0.04 | 0.00 |
| 泸 定 县 | 152 | 4 | 4 | 0 | 0.0 | 0 | 0 | 0.0 | 0 | 0 | 0.00 | 0.00 |
| 丹 巴 县 | 42 | 4 | 0 | 0 | 0.0 | 0 | 0 | 0.0 | 0 | 0 | 0.00 | 0.00 |
| 九 龙 县 | 40 | 10 | 0 | 0 | 0.0 | 0 | 0 | 0.0 | 0 | 0 | 0.00 | 0.00 |
| 雅 江 县 | 48 | 7 | 2 | 0 | 0.0 | 0 | 0 | 0.0 | 0 | 0 | 0.00 | 0.00 |
| 道 孚 县 | 48 | 9 | 0 | 0 | 0.0 | 0 | 0 | 0.0 | 0 | 0 | 0.00 | 0.00 |
| 炉 霍 县 | 52 | 8 | 0 | 0 | 0.0 | 0 | 0 | 0.0 | 0 | 0 | 0.00 | 0.00 |
| 甘 孜 县 | 34 | 2 | 0 | 0 | 0.0 | 0 | 0 | 0.0 | 0 | 0 | 0.00 | 0.00 |
| 新 龙 县 | 42 | 6 | 3 | 0 | 0.0 | 0 | 0 | 0.0 | 0 | 0 | 0.00 | 0.00 |
| 德 格 县 | 30 | 10 | 2 | 0 | 0.0 | 0 | 0 | 0.0 | 0 | 0 | 0.00 | 0.00 |
| 白 玉 县 | 45 | 2 | 0 | 0 | 0.0 | 0 | 0 | 0.0 | 0 | 0 | 0.00 | 0.00 |
| 石 渠 县 | 51 | 4 | 0 | 0 | 0.0 | 0 | 0 | 0.0 | 0 | 0 | 0.00 | 0.00 |
| 色 达 县 | 35 | 17 | 13 | 0 | 0.0 | 0 | 0 | 0.0 | 0 | 0 | 0.00 | 0.00 |
| 理 塘 县 | 57 | 14 | 0 | 0 | 0.0 | 0 | 0 | 0.0 | 0 | 0 | 0.00 | 0.00 |
| 巴 塘 县 | 35 | 2 | 0 | 0 | 0.0 | 0 | 0 | 0.0 | 0 | 0 | 0.00 | 0.00 |
| 乡 城 县 | 30 | 5 | 0 | 0 | 0.0 | 0 | 0 | 0.0 | 0 | 0 | 0.00 | 0.00 |
| 稻 城 县 | 33 | 4 | 2 | 0 | 0.0 | 0 | 0 | 0.0 | 0 | 0 | 0.00 | 0.00 |
| 得 荣 县 | 30 | 1 | 0 | 0 | 0.0 | 0 | 0 | 0.0 | 0 | 0 | 0.00 | 0.00 |
| 木 里 县 | 82 | 16 | 0 | 0 | 0.0 | 0 | 0 | 0.2 | 72 | 72 | 0.00 | 0.00 |
| 盐 源 县 | 120 | 26 | 26 | 0 | 0.0 | 0 | 0 | 0.0 | 0 | 0 | 0.00 | 0.00 |
| 德 昌 县 | 348 | 87 | 8 | 0 | 0.0 | 0 | 0 | 0.0 | 0 | 0 | 0.00 | 0.00 |
| 会 理 县 | 280 | 34 | 23 | 0 | 0.0 | 0 | 0 | 0.0 | 0 | 0 | 0.00 | 0.00 |
| 会 东 县 | 395 | 25 | 0 | 0 | 0.0 | 0 | 0 | 0.0 | 0 | 0 | 0.00 | 0.00 |
| 宁 南 县 | 255 | 15 | 12 | 0 | 0.0 | 0 | 0 | 0.0 | 0 | 0 | 0.00 | 0.00 |
| 普 格 县 | 150 | 5 | 4 | 0 | 0.0 | 0 | 0 | 0.0 | 0 | 0 | 0.00 | 0.00 |
| 布 拖 县 | 120 | 20 | 0 | 0 | 0.0 | 0 | 0 | 0.0 | 0 | 0 | 0.00 | 0.00 |
| 金 阳 县 | 70 | 9 | 0 | 0 | 0.0 | 0 | 0 | 0.0 | 0 | 0 | 0.00 | 0.00 |
| 昭 觉 县 | 97 | 19 | 10 | 0 | 0.0 | 0 | 0 | 0.0 | 0 | 0 | 0.00 | 0.00 |
| 喜 德 县 | 90 | 4 | 0 | 0 | 0.0 | 0 | 0 | 0.0 | 0 | 0 | 0.00 | 0.00 |

| 城市或县城 | 污水排放量（万 m³） | 排水管道长度（km） | 其中 污水管道 | 污水处理厂 | | | | 其他污水处理装置 | | 污水处理总量（万 m³/d） | COD削减 | 再生水 |
| | | | | 数量（座） | 处理能力（万 m³/d） | 处理量（万 m³） | 干泥产生量（t） | 处理能力（万 m³/d） | 处理量（万 m³） | | 设计削减能力（万 t/d） | 生产能力（万 m³/d） |
|---|---|---|---|---|---|---|---|---|---|---|---|---|
| 冕宁县 | 250 | 32 | 13 | 0 | 0.0 | 0 | 0 | 0.0 | 0 | 0 | 0.00 | 0.00 |
| 越西县 | 97 | 10 | 9 | 0 | 0.0 | 0 | 0 | 0.0 | 0 | 0 | 0.00 | 0.00 |
| 甘洛县 | 135 | 30 | 0 | 0 | 0.0 | 0 | 0 | 0.0 | 0 | 0 | 0.00 | 0.00 |
| 美姑县 | 144 | 8 | 0 | 0 | 0.0 | 0 | 0 | 0.0 | 0 | 0 | 0.00 | 0.00 |
| 雷波县 | 220 | 6 | 1 | 0 | 0.0 | 0 | 0 | 0.0 | 0 | 0 | 0.00 | 0.00 |
| 西昌市 | 2201 | 286 | 96 | 1 | 6.0 | 2072 | 2218 | 0.0 | 0 | 2072 | 0.47 | 0.00 |

资料来源：四川省住房和城乡建设厅提供，2011 年 11 月。

**附表 5　2010 年四川省各市、州建制镇排水及污水处理情况一览**

| 市或州 | 生活污水集中处理的建制镇（个） | 占全部建制镇的比例（%） | 污水处理厂（座） | 处理能力（万 m³/d） | 污水处理量（万 m³） | 污水厂集中处理量（万 m³） | 排水管道长度（万 km） |
|---|---|---|---|---|---|---|---|
| 四川省 | 349 | 23.04 | 153 | 38.618 | 7104.29 | 4016.91 | 5072.84 |
| 成都市 | 139 | 81.29 | 91 | 28.654 | 4380.41 | 2664.98 | 1406.80 |
| 自贡市 | 21 | 32.81 | 2 | 0.115 | 74.26 | 38.20 | 188.24 |
| 攀枝花市 | 7 | 46.67 | 2 | 0.070 | 56.30 | 7.30 | 19.22 |
| 泸州市 | 23 | 31.08 | 1 | 3.000 | 387.27 | 244.00 | 220.43 |
| 德阳市 | 14 | 16.67 | 11 | 0.944 | 292.56 | 42.57 | 283.15 |
| 绵阳市 | 33 | 26.61 | 5 | 0.625 | 385.22 | 137.10 | 554.00 |
| 广元市 | 5 | 6.33 | 1 | 0.000 | 80.24 | 2.19 | 281.74 |
| 遂宁市 | 2 | 3.45 | 1 | 0.136 | 35.00 | 0.00 | 101.45 |
| 内江市 | 7 | 8.64 | 7 | 0.941 | 194.76 | 191.25 | 138.97 |
| 乐山市 | 2 | 2.56 | 0 | 0.000 | 2.98 | 0.00 | 119.21 |
| 南充市 | 6 | 4.23 | 1 | 0.250 | 350.00 | 290.00 | 534.35 |
| 眉山市 | 1 | 1.69 | 1 | 0.030 | 1.10 | 0.00 | 92.00 |
| 宜宾市 | 5 | 83.33 | 4 | 0.062 | 28.33 | 7.46 | 15.29 |
| 广安市 | 6 | 7.69 | 2 | 0.006 | 36.30 | 14.70 | 241.81 |
| 达州市 | 23 | 27.06 | 0 | 0.000 | 74.93 | 2.33 | 242.82 |
| 雅安市 | 1 | 7.14 | 1 | 0.300 | 20.00 | 20.00 | 17.76 |
| 巴中市 | 6 | 9.84 | 6 | 0.104 | 71.13 | 69.55 | 118.40 |

续表

| 市或州 | 生活污水集中处理的建制镇（个） | 占全部建制镇的比例（%） | 污水处理厂（座） | 处理能力（万 m³/d） | 污水处理量（万 m³） | 污水厂集中处理量（万 m³） | 排水管道长度（万 km） |
|---|---|---|---|---|---|---|---|
| 资 阳 市 | 1 | 1.35 | 1 | 0.140 | 51.10 | 0.00 | 228.30 |
| 阿 坝 州 | 2 | 11.76 | 2 | 2.000 | 95.00 | 90.00 | 35.41 |
| 甘 孜 州 | 1 | 12.50 | 1 | 0.040 | 14.60 | 0.00 | 5.40 |
| 凉 山 州 | 0 | 0.00 | 0 | 0.000 | 0.00 | 0.00 | 27.20 |

资料来源：四川省住房和城乡建设厅提供，2011 年 11 月。

#### 附表 6　2010 年四川省各市、州乡镇排水及污水处理情况一览

| 市或州 | 生活污水集中处理的乡（个） | 占全部乡的比例（%） | 污水处理厂（座） | 处理能力（万 m³/d） | 污水处理量（万 m³） | 污水厂集中处理量（万 m³） | 排水管道长度（万 km） |
|---|---|---|---|---|---|---|---|
| 四 川 省 | 106 | 4.34 | 20 | 0.612 | 329.16 | 89.30 | 879.83 |
| 成 都 市 | 16 | 64.00 | 4 | 0.075 | 106.10 | 16.05 | 30.37 |
| 自 贡 市 | 5 | 29.41 | 0 | 0.000 | 8.62 | 0.00 | 13.91 |
| 攀枝花市 | 0 | 0.00 | 0 | 0.000 | 0.00 | 0.00 | 7.52 |
| 泸 州 市 | 1 | 2.33 | 0 | 0.000 | 3.40 | 0.00 | 24.63 |
| 德 阳 市 | 0 | 0.00 | 0 | 0.000 | 0.00 | 0.00 | 3.54 |
| 绵 阳 市 | 36 | 27.27 | 2 | 0.230 | 32.13 | 7.50 | 104.27 |
| 广 元 市 | 1 | 0.74 | 0 | 0.000 | 1.00 | 0.00 | 86.89 |
| 遂 宁 市 | 1 | 2.70 | 0 | 0.000 | 1.70 | 0.00 | 7.82 |
| 内 江 市 | 0 | 0.00 | 0 | 0.000 | 0.00 | 0.00 | 6.45 |
| 乐 山 市 | 2 | 1.75 | 0 | 0.000 | 0.54 | 0.00 | 26.55 |
| 南 充 市 | 6 | 3.02 | 3 | 0.013 | 8.61 | 4.25 | 210.97 |
| 眉 山 市 | 1 | 1.79 | 0 | 0.000 | 1.00 | 0.00 | 11.20 |
| 宜 宾 市 | 27 | 38.57 | 6 | 0.152 | 131.66 | 55.68 | 47.40 |
| 广 安 市 | 2 | 2.44 | 1 | 0.000 | 3.72 | 0.07 | 20.68 |
| 达 州 市 | 2 | 1.01 | 1 | 0.010 | 3.40 | 0.55 | 148.50 |
| 雅 安 市 | 2 | 3.23 | 1 | 0.003 | 2.10 | 1.20 | 17.86 |
| 巴 中 市 | 1 | 0.81 | 1 | 0.029 | 10.58 | 0.00 | 39.85 |
| 资 阳 市 | 3 | 3.57 | 1 | 0.100 | 14.60 | 4.00 | 48.28 |
| 阿 坝 州 | 0 | 0.00 | 0 | 0.000 | 0.00 | 0.00 | 18.04 |
| 甘 孜 州 | 0 | 0.00 | 0 | 0.000 | 0.00 | 0.00 | 0.20 |
| 凉 山 州 | 0 | 0.00 | 0 | 0.000 | 0.00 | 0.00 | 4.90 |

资料来源：四川省住房和城乡建设厅提供，2011 年 11 月。

附表 7　2010 年四川省各市、州工业用水情况一览

| 市或州 | 总用水量 | | | 工业用水量 | | | 工业用水量占总用水量的比例 | |
|---|---|---|---|---|---|---|---|---|
| | 2005 年 | 2010 年 | 年均增长率 | 2005 年 | 2010 年 | 年均增长率 | 2005 年 | 2010 年 |
| | 亿 m³ | | % | 亿 m³ | | % | % | |
| 成 都 市 | 47.14 | 48.55 | 0.59 | 15.88 | 15.78 | -0.13 | 33.69 | 32.50 |
| 自 贡 市 | 6.06 | 7.16 | 3.39 | 2.35 | 2.65 | 2.43 | 38.78 | 37.01 |
| 攀枝花市 | 6.23 | 5.97 | -0.85 | 3.35 | 3.29 | -0.36 | 53.77 | 55.11 |
| 泸 州 市 | 6.84 | 6.56 | -0.83 | 1.73 | 1.75 | 0.23 | 25.29 | 26.68 |
| 德 阳 市 | 21.03 | 21.46 | 0.41 | 4.8 | 4.53 | -1.15 | 22.82 | 21.11 |
| 绵 阳 市 | 16.90 | 17.18 | 0.33 | 5.22 | 4.94 | -1.10 | 30.89 | 28.75 |
| 广 元 市 | 4.33 | 5.00 | 2.92 | 0.88 | 0.97 | 1.97 | 20.32 | 19.40 |
| 遂 宁 市 | 5.27 | 5.95 | 2.46 | 1.02 | 1.66 | 10.23 | 19.35 | 27.90 |
| 内 江 市 | 5.65 | 6.93 | 4.17 | 2.33 | 2.55 | 1.82 | 41.24 | 36.80 |
| 乐 山 市 | 13.98 | 14.67 | 0.97 | 3.76 | 3.83 | 0.37 | 26.90 | 26.11 |
| 宜 宾 市 | 9.15 | 10.36 | 2.52 | 4.29 | 5.22 | 4.00 | 46.89 | 50.39 |
| 南 充 市 | 8.55 | 10.48 | 4.15 | 1.57 | 1.65 | 1.00 | 18.36 | 15.74 |
| 达 州 市 | 6.12 | 8.51 | 6.82 | 2.11 | 2.99 | 7.22 | 34.48 | 35.14 |
| 雅 安 市 | 6.57 | 6.99 | 1.25 | 1.3 | 1.89 | 7.77 | 19.79 | 27.04 |
| 广 安 市 | 4.68 | 6.52 | 6.86 | 1.09 | 1.61 | 8.11 | 23.29 | 24.69 |
| 巴 中 市 | 2.42 | 3.91 | 10.07 | 0.31 | 0.54 | 11.74 | 12.81 | 13.81 |
| 眉 山 市 | 16.13 | 15.05 | -1.38 | 2.32 | 2.68 | 2.93 | 14.38 | 17.81 |
| 资 阳 市 | 8.67 | 8.93 | 0.59 | 1.24 | 1.73 | 6.89 | 14.30 | 19.37 |
| 阿 坝 州 | 1.43 | 1.46 | 0.42 | 0.21 | 0.14 | -7.79 | 14.69 | 9.59 |
| 甘 孜 州 | 1.28 | 2.24 | 11.84 | 0.12 | 0.19 | 9.63 | 9.38 | 8.48 |
| 凉 山 州 | 13.87 | 16.39 | 3.40 | 0.91 | 2.33 | 20.69 | 6.56 | 14.22 |
| 四 川 省 | 212.30 | 230.27 | 1.64 | 56.79 | 62.92 | 2.07 | 26.75 | 27.32 |

资料来源：四川省经济和信息化委员会提供，2011 年 11 月。

附表 8　2010 年四川省各市、州万元工业增加值用水量情况一览

| 市 或 州 | 工业用水量（亿 m³） | 工业增加值（亿元） | 万元工业增加值用水量（m³/万元） |
|---|---|---|---|
| 雅 安 市 | 1.89 | 135.1 | 140 |
| 绵 阳 市 | 4.94 | 398.39 | 124 |
| 宜 宾 市 | 5.22 | 476.89 | 109 |
| 眉 山 市 | 2.68 | 268 | 100 |
| 德 阳 市 | 4.53 | 484.26 | 94 |

| 市 或 州 | 工业用水量<br>（亿 m³） | 工业增加值<br>（亿元） | 万元工业增加值用水量<br>（m³/万元） |
|---|---|---|---|
| 乐 山 市 | 3.83 | 414.42 | 92 |
| 广 元 市 | 0.97 | 105.01 | 92 |
| 攀枝花市 | 3.29 | 364.63 | 90 |
| 巴 中 市 | 0.54 | 61.37 | 88 |
| 达 州 市 | 2.99 | 366.26 | 82 |
| 广 安 市 | 1.61 | 199.39 | 81 |
| 凉 山 州 | 2.33 | 290.45 | 80 |
| 自 贡 市 | 2.65 | 339.7 | 78 |
| 成 都 市 | 15.78 | 2062.82 | 76 |
| 遂 宁 市 | 1.66 | 218.88 | 76 |
| 内 江 市 | 2.55 | 386.64 | 66 |
| 甘 孜 州 | 0.19 | 29.15 | 65 |
| 资 阳 市 | 1.73 | 315.28 | 55 |
| 南 充 市 | 1.65 | 333.02 | 50 |
| 泸 州 市 | 1.75 | 377.15 | 46 |
| 阿 坝 州 | 0.14 | 40.8 | 34 |

资料来源：四川省经济和信息化委员会提供，2011 年 11 月。

# 主要参考文献

李圭白、蒋展鹏、范瑾初、龙腾锐编《给排水科学与工程概论》，许保玖主审，中国建筑工业出版社，2011。

中国科学技术学会主编《中国城市承载力及其危机管理研究报告》，中国科学技术出版社，2008。

《"四川省'十二五'工业发展规划"初步意见的资料》，2011 年 11 月。

四川省城乡规划设计研究院、四川省规划编制研究中心提供《"四川省'十二五'城镇化发展规划"初步意见的资料》，2011 年 11 月。

四川经济信息中心、杨廷页执笔《四川工业化进程分析与预测》，《经济热点分析》2010 年第 22 期。

四川省城乡规划设计研究院、四川省规划编制研究中心提供《"四川省城镇体系规划修编（2010~2020）"初步意见的资料》，2011 年 11 月。

李善同、刘云中等：《2030 年的中国经济》，经济科学出版社，2011。

清华大学国情研究中心、胡鞍钢、鄢一龙、魏星执笔《2030 中国 迈向共同富裕》，中国人民大学出版社，2011。

张志果、邵益生、徐宗学：《基于恩格尔系数与霍夫曼系数的城市需水量预测》，《水利学报》第 41 卷第 11 期。

褚俊英、陈吉宁：《中国城市节水与污水再生利用的潜力评估与政策框架》，科学出版社，2009。

邵益生：《系统规划助解城市水"难"》，中国水工业网，2011 年 2 月 24 日。

四川省发展和改革委员会、四川省水利厅、四川省经济委员会、四川省建设厅、四川省环保厅：《四川省"十一五"节水型社会建设规划》，2007 年 1 月。

鲁欣、秦大庸、胡晓寒：《国内外工业用水状况比较分析》，《水利水电技术》第 40 卷 2009 年第 1 期。

贾绍凤：《工业用水零增长的条件分析——发达国家的经验》，《地理科学进展》第 20 卷第 1 期。

宋序彤：《我国城市用水发展和用水效率分析》，《中国水利》2005 年第 1 期。

马静、陈涛、申碧峰、汪党献：《水资源利用国内外比较与发展趋势》，《水利水电科技进展》第 27 卷第 1 期。

何希吾、顾定法、唐青蔚：《我国需水总量零增长问题研究》，《自然资源学报》第 26 卷第 6 期。

四川省住房和城乡建设厅、中国城市规划设计研究院、四川省城乡规划设计研究院、成都市规划设计研究院：《四川省天府新区总体规划（2010～2030）》，2011 年 11 月。

田一梅、王煊、汪泳：《区域水资源与水污染控制系统综合规划》，《水利学报》第 38 卷第 1 期。

董洁、田伟君：《农村用水管理与安全》，中国建筑工业出版社，2010。

住房和城乡建设部：《城镇供水设施改造技术指南（试行）》，2009 年 9 月 10 日。

金善功：《城镇排水体制的现状与规划》，中国城镇水网，2005 年 5 月。

四川省人大城乡建设环境资源保护委员会、四川省人大常委会研究室：《报告显示：四川饮用水安全形势是城镇好于农村，集中好于分散》，人民网，2011 年 10 月 15 日。

熊易华：《保障供水水质安全的几个问题》（文稿）。

住房和城乡建设部办公厅、国家发展和改革委员会办公厅：《关于征求城镇供水设施改造与建设"十二五"规划意见的通知》，2011 年 11 月。

黄琼：《浅议中小供水企业贯标措施及供水水质安全保障》，城镇水务网，2011 年 6 月 9 日。

《社会问题催生二次供水"新机制"》，网易，2009 年 7 月 16 日。

《江苏发布城市供水服务质量标准》，《新华日报》2007 年 8 月 18 日。

四川省水利科学研究院：《四川省富顺县城乡供水一体化集中供水工程规划报告（2008～2025）》，2008 年 12 月。

熊家晴主编，张荔、沈文副主编，沈月明主审《给水排水工程规划》，中国建筑工业出版社，2010。

胡晓东、周鸿编著《小城镇给水排水工程规划》，中国建筑工业出版社，2009。

绵阳市水务集团公司：《绵阳市水务资源现状及存在的主要问题》，2011 年 11 月 16 日。

湖北省孝感市自来水公司、张书成、安楚雄：《"联网分营"在城乡供水一体化过渡时期的实践与体会》，城镇水务网，2011年2月22日。

熊易华：《四川省城市污水处理厂建设与发展》，《2011中国西部首届城市污水处理暨污泥处理技术高峰论坛论文集》，第1～5页。

四川省城镇供水排水协会提供《"关于加强城镇污水处理厂运行设备监管工作"初步意见的资料》，2011年11月。

四川省城镇供水排水协会提供《"关于加强城镇污水处理厂污泥处理处置工作"初步意见的资料》，2010年11月。

四川省城镇供水排水协会提供《"四川省城镇污水处理及再生利用设施建设'十二五'规划"初步意见的资料》，2010年11月。

环境保护部、发展和改革委员会、财政部、水利部：《重点流域水污染防治规划（2011～2015）》，2012年4月16日。

黄时达：《郫县安德镇安龙村林盘家园人工湿地案例》，四川省环境保护科学研究院，2011年12月。

祁鲁梁、李永存编著《工业用水与节水管理知识问答》（第二版），中国石化出版社，2010。

刘红、何建平等编著《城市节水》，中国建筑工业出版社，2009。

张杰：《城市排水系统新思维》，水世界网，2007年1月11日。

《深圳市节约用水条例》，2005年1月19日。

四川省环境保护、四川省环境监测中心站：《四川省2010年上半年环境质量状况》，2010年7月。

高湘、王国栋、张明：《浅谈规划中的城市雨洪利用》，《山西建筑》第34卷第26期。

龚小平：《生态修复城市水系统研究进展》，《安徽农学通报》第16卷第11期。

魏彦昌、苗鸿、欧阳志云、史俊通、王效科：《城市生态用水核算方法及应用》，《城市环境与城市生态》第16卷增刊。

吴海瑾、翟国方：《我国城市雨洪管理及资源化利用研究》，《现代城市研究》，2012，第23～28页。

潘安君、张书函、孟庆义、陈建刚：《北京城市雨洪管理初步构想》，《中国给水排水》第25卷第22期。

纪胜军：《四川调研城镇防洪排涝情况》，《中国建设报》2010 年 8 月 13 日。

权燕：《开拓进取　真抓实干　全力推进水利规划计划工作再上新台阶》，四川省水利厅官方网站，2011 年 2 月 28 日。

《成都市〈中华人民共和国河道管理条例〉实施办法》，2006 年 6 月 8 日成都市人大常委会修订，2006 年 9 月 21 日四川省人大常委会批准。

俞绍武、任心欣、王国栋：《南方沿海城市雨洪利用规划的探讨——以深圳市雨洪利用规划为例》，《城市规划和科学发展——2009 年中国城市规划论文集》，2009，第 4381~4384 页。

《昆明城市雨水收集利用规定》，2009 年 9 月 22 日。

《什么是城市雨洪管理模式?》，天涯问答，2009 年 10 月 11 日。

刘保莉、曹文志：《可持续雨洪管理新策略——低影响开发雨洪管理》，《太原师范学院学报》（自然科学版）第 8 卷第 2 期。

郑连生：《"十二五"规划应科学安排环境用水》，《科学时报》2010 年 4 月 27 日。

董哲仁：《试论河流生态修复规划的原则》，《中国水利》2006 年第 13 期。

国家水体污染控制与治理科技重大专项领导小组：《国家科技重大专项：水体污染控制与治理实施方案》（公开版），2008 年 12 月。

自贡市环境保护局：《自贡市 2011 年地表水水质年报》，2011 年 3 月。

牛桂林、谢子书：《海河流域生态修复发展方向研究》，《水科学与工程技术》2007 年第 3 期。

赵博、王铁良、周林飞、杨培奇：《生态环境需水计算方法概述》，《南水北调与水利科技》2007 年第 2 期。

占车生、夏军、丰华丽、朱一中、刘苏峡：《河流生态系统合理生态用水比例的确定》，《中山大学学报》（自然科学版）第 44 卷第 2 期。

马玉：《成都市中心城区生态需水量计算及田园城市用水展望》，成都市市政工程协会，2010 年 6 月 23 日。

自贡市水利水电勘察设计研究院：《四川省自贡市城市总体规划水资源论证报告》，2011 年 11 月 13 日。

四川省经济和信息化委员会提供《"四川省'十二五'工业节水发展规划"初步意见的资料》，2011 年 11 月。

国家经贸委：《节水型工业企业导则（征求意见稿）》，2002 年 1 月 11 日。

《四川省用水定额（修订稿）》，2010。

四川省建设厅：《四川省城市节水规划（2004～2020）》，2004年7月26日。

建设部、国家经贸委、国家计委：《节水型城市目标导则》，1996年12月5日。

《四川省人民政府关于加快水利发展的决定》，2008年1月8日。

《绿色建筑评价标准》（GB 50378）。

翟丽妮、周玉琴：《用水效率评价的研究现状与问题探讨》，《实行最严格水资源管理制度高层论坛论文集》，第119～123页。

赵恩龙、黄薇、霍军军：《基于分级控制的用水效率制度建设初探》，《长江科学院院报》第28卷第12期。

江苏省水利厅、江苏省经贸委、江苏省发改委：《江苏省实施八大行业节水行动方案》，国家发改委官方网站，2007年9月10日。

季红飞、潘杰、程瀛：《节水型社会在江苏》，江苏水利厅官方网站，2011年11月24日。

吴量亮：《节水器具市场潜力巨大节约用水率可达62%》，中安在线，2011年10月31日。

冯业栋、李传昭：《居民生活用水消费情况抽样调查分析》，《重庆大学学报》2004年第4期。

傅涛：《水价二十讲》，中国建筑工业出版社，2011。

傅涛、沙建新：《水务资本论》，学林出版社，2011。

谢世清、Yoonhee Kim、顾立欣、David Ehrhardt、樊明远：《展望中国城市水业》，中国建筑工业出版社，2007。

张德震、陈西庆：《我国城市居民生活用水价格制定的思考》，《华东师范大学学报》（自然科学版）2003年第2期。

《陕西省城市供水价格管理暂行办法》，2005年5月18日。

《广西壮族自治区城镇供水价格管理办法》，2011年9月16日。

四川省环境保护厅：《四川省环境保护"十二五"科技发展专项规划》，2011年7月。

成都市自来水有限公司：《成都市自来水有限公司科技情况介绍材料》，2011年11日。

《十二五：水污染处理投资额最高》，中国建筑水网，2011年8月9日。

四川绵阳水务集团公司：《四川绵阳水务集团技术中心情况介绍材料》，2011 年 11 月 17 日。

《水专项破解水资源难题催生新兴产业》，《高新技术产业导报》，2010 年 6 月 10 日。

仇保兴：《城镇水务潜力巨大的若干新技术》，水世界 – 中国城镇水网，2011 年 9 月 27 日。

《"十二五"展望 2011 最环保产业》，中国建筑水网，2011 年 2 月 16 日。

住房和城乡建设部、国家发展和改革委员会：《全国城镇供水设施改造与建设"十二五"规划及 2020 年远景目标》，2012 年 5 月。

四川省城镇供水排水协会提供《"四川省 2009 – 2012 年城市供水水质保障和设施改造规划"初步意见的资料》，2009 年 6 月。

国务院办公厅：《关于印发〈"十二五"全国城镇污水处理及再生水利用设施建设规划〉的通知》，2012 年 4 月 19 日。

周耀东、余晖：《政府承诺缺失下的城市水务特许经营——成都、沈阳、上海等城市水务市场化案例研究》，《管理世界》2005 年第 8 期。

《外资不影响中国供水安全尚未形成垄断》，搜狐网，2009 年 6 月 23 日。

成都市排水有限公司：《成都市排水有限公司情况介绍材料》，2011 年 11 月。

成都市自来水有限公司：《成都市自来水有限公司情况介绍材料》，2011 年 11 月。

四川省建设厅：《关于进一步规范市政公用行业特许经营管理的通知》，2009 年 8 月 18 日。

方景祥、韩鹏：《略论我国公用事业特许经营权授予后政府监管问题》，安徽省政府法制办公室官方网站，2009 年 6 月 25 日。

仇保兴：《在治水实践中优化科技创新》，《中国建设报》2010 年 9 月 3 日。

李国华：《19 部委会战中国水战略》，华夏水网，2007 年 7 月 23 日。

胡若隐：《探索参与共治的流域水污染治理新模式》，《中国环境报》2011 年 12 月 28 日。

刘慧：《中国 400 个城市水资源缺乏》，《中国经济时报》2007 年 11 月 2 日。

《部门各自为政加剧中国水危机》原载美国《科学》周刊，路透社 2012 年 8 月 9 日电，《参考消息》2012 年 8 月 11 日转载。

陈湘静：《陈吉宁直指治水弯路治污怎能不算成本效益?》，《中国环境报》2011 年

8 月 9 日。

林凌、王道延主编，刘立彬、刘世庆副主编《四川水利改革与发展研究报告》（书稿），2012 年 10 月。

张贡生：《城市化质量研究：文献梳理及其拓展》，《广西财经学院学报》第 25 卷第 5 期。

陈明：《中国城镇化发展质量研究评述》，《规划师》2012 年第 7 期。

方创琳、王德利：《中国城市化发展质量综合测度与提升路径》，《地理研究》第 30 卷第 11 期。

仇保兴：《新型城镇化：从概念到行动》，《行政管理改革》2012 年第 11 期。

郭理桥：《加快城镇化发展的信息化工作思路初探》，《城市发展研究》2010 年第 1 期。

姜爱林：《城镇化、工业化与信息化的互动关系研究》，《经济纵横》2002 年第 8 期。

杜作锋：《以信息化为支点　实现城市化跨越式发展》，《城市问题》2001 年第 4 期。

叶裕民：《中国城市化之路》，商务印书馆，2001。

陆强：《中国城镇化战略的几个问题》，《中国大陆、香港、澳门、台湾两岸四地城市发展（杭州）论坛论文集》，2002 年 11 月 1 日。

陆强：《建设资源节约型、环境友好性社会　走生态文明发展之路》，《四川建筑》增刊第 25 卷，2005 年 9 月 10 日。

张福军：《智慧城市建设　从上到下都要脚踏实地》，智慧中国网，2012 年 12 月 14 日。

《浅析城镇化背景下的智慧城市建设》，中国智慧城市网，2013 年 1 月 22 日。

同济大学、重庆建筑工程学院、武汉建筑材料工业学院合编《城市规划原理》，中国建筑工业出版社，1981。

国务院发展研究中心课题组：《农民工市民化对扩大内需和经济增长的影响》，《经济研究》2010 年第 6 期。

费杰：《推进农民工市民化是提升城镇化质量的核心》，《新长征》2012 年第 11 期。

国务院发展研究中心课题组：《"十二五"时期推进农民工市民化的政策要点》，《发展研究》2011 年第 6 期。

陆强：《安居才能乐业——农民工城镇住房问题探讨》，《四川建筑》增刊第 23 卷，2003 年 8 月。

许学强、朱剑如编著《现代城市地理学》，中国建筑工业出版社，1988。

《农民进城生活水平下降　中国出现反城镇化现象》，中国网，2011 年 12 月 8 日。

王晓刚：《走中国特色新型工业化、信息化、城镇化、农业化道路有哪些要求》，百度知道，2012 年 12 月 25 日。

常红：《中国城乡统筹蓝皮书：要推动双向的城市一体化》，人民网，2011 年 3 月 15 日。

李克强：《协调推进城镇化是实现现代化的重大战略选择》，《行政管理改革》2012 年第 11 期。

# 后　记

能够形成这本书，首先要感谢四川省老科技工作者协会会长张宗源、顾问林凌、副会长王道延牵头，林凌、王道延任主编，刘立彬、刘世庆任副主编，马怀新、马东涛、王成华、冉开诚、许英明、刘世炘、李华杰、李荣伟、李振家、吴颖华、何斌、陈庆恒、陈淑全、林伟、周和生、郭时君、曾熙竹、裴新等参与"四川省软科学研究项目：四川水利改革与发展研究"（编号：2112ZR0136）的课题主研人员。还要感谢参与课题讨论的卢铁成、赵文欣、刘建纪、徐文镔、廖杰、李华杰、张霆等专家。我退休以后，一直长期赋闲在家，不想再做啥事了。一次偶然机会，应邀参加课题讨论会，看到老专家们退休以后，还在发光发热，为国为民操劳，特别是主编林凌教授、课题组织者徐文镔等专家，抱病坚持工作，使我深受感动。本来，课题中有关"城镇水务"子课题的研究，我原以为向课题组推荐了有关专家，就算"完成任务"了。后来，由于种种原因，"城镇水务"子课题的研究人员一直迟迟不能落实。看到我的学姐徐文镔十分焦急，带病亲自动手搜集资料，我心中突然感到内疚。经再三斟酌，终于向徐文镔学姐"毛遂自荐"，主动承担了这项任务。没有他们无声的激励，就不会有这本"城镇水务"的小册子。

我在大学学习的虽不是给排水专业，但我衡量了一下，觉得也有一些有利条件。我在大学学习建筑学专业时，也学习过"城市给排水规划"和"建筑给排水设计"等相关的专业课程。更为重要的是，工作以后我似乎"与水有缘"，一直非常关注"水"的问题，并从事过与水利建设和城镇水务有关的工作，有一些实际经验。20世纪60年代，我作为清华大学研究生，短暂担任过北京市延庆县白河堡水库工程指挥长，组织抢筑大坝混凝土基础。后来，我作为施工企业技术员，主持过峨眉县（今峨眉山市）自来水厂的施工技术工作。70年代，我作为建筑师，参与地处内江市威远县的葫芦口水库建设，承担过四川省葫芦口灌区管理局的建筑设计任务。80年代，在我从事城市行政管理工作期间，担任过自贡"长沙坝—葫芦口水库引水工程"的指挥长。这项工程输水规模为 15 万 $m^3/d$，输水管道直径为 1200mm、长 34km，制水 10 万 $m^3/d$，建成后曾获四川省优秀设计二等奖和建设部优秀设计二等奖，其"丘陵地区长距离输水技术"研究成果，获四川省科技进步三等奖。同时，我还担任过自贡"釜溪河流域水质评价及污染防治对策研究课题"的指挥长，这项课题曾获四川省科技进步二等奖和国家科技进步二等奖。之后，我还决策实施了自贡城市第二水源——荣县双溪水库，以及南郊引水工程等水利建设项目。90 年代，我从事城市规划建设行政管理工作，提出并组织过总投资 25 亿元（其中世界银行贷款 1.5 亿美元）的"世界银行贷款四川城建环保第一期项目"的前期工作。该项目包括成都污水处理 30 万 $m^3/d$，排水截污干管 5km；自贡供水输水 20 万 $m^3/d$，输水管道 66km，制水 10 万 $m^3/d$，污水处理 8 万 $m^3/d$，排水截污干管 8km；德阳污水处理 10 万 $m^3/d$，排水截污干管 7km；乐山供水 10 万 $m^3/d$，排水截污干管 12.5km 及污水预处理；泸州供水 10 万 $m^3/d$ 等城市供水、排水及污水处理项目。该项目 1999 年获国家和世界银行批准组织实施。同时，我还提出并组织实施过总投资 14.33 亿元，供水总规模 115.58 万 $m^3/d$ 的"四川省 82 个严重缺水县城供水工程"和总投资 417.55 亿元的"四川省城市基础设施加大投资力度计划"（包括绵阳、自贡、攀枝花、西昌等城市的供水和污水处理工程）两个大型打捆项目。这份"与水之缘"几乎贯穿了我的职业生涯。如今，能在退休以后，有缘为四川城镇水务的改革发展做一点事，感到十分欣慰。不过话又说回来，虽说有上述经历，但自己毕竟不是给排水专业的"科班"出身。而且，城镇水务领域的新理论、新技术发展很快，许多东西必须重新学习。好在，我在调查研究和撰稿过程中，请教了不少给排水专家、水务企业高管和科技人员。尽管如此，《四川水利改革与发展》中有关"城镇水务"章节和这本小册子，一定还会有不少问题，希望专家们多多批评、指教。

　　感谢四川省供水排水协会理事长崔庆民教授级高工、副理事长熊易华教授级高工安排在成都、绵阳两城市召开的两次调研座谈会。感谢熊易华副理事长安排并陪同到绵阳水务集团技术中心、检验室、自来水厂等处进行实地考察。感谢成都市自来水公司柯瓦副经理，成都市排水公司徐进高工，污水处理厂李展水厂长，成都市城市节水办公室赵军高工，成都市市政工程设计研究院袁长兴教授级高工，四川省城镇供水排水协会熊易华副理事长及辜祖谈、计定安同志，中国西南市政工程设计研究总院周克钊高工，绵阳市水务集团公司叶建宏总经理，江油市自来水公司郭光军总经理等领导和专家分别参加两次座谈会，提供了许多宝贵资料和真知灼见。感谢四川省社科院林凌教授、刘世庆研究员带领硕士研究生郭时君同学，参加并指导在成都召开的调研座谈会。

感谢自贡市刘任远副市长和自贡市规划院林兵副院长安排在自贡召开的调研座谈会。感谢富顺县富洲水务集团龚化江总经理，自贡市水务集团公司刘明全总经理和李永凌同志，自贡市公用办陈留勇主任，自贡市规建局市政科桂永洪副主任，自贡市水务局倪志辉副局长，荣县住建局徐州文副局长，荣县水投公司万测副总经理，荣县水务局吴昌腾副书记，自贡市规划院刘亮晖总规划师等领导和专家参加在自贡召开的座谈会，并提供了不少真情实况资料和宝贵意见。感谢自贡市住建局曾健局长、自贡市水务局倪志辉副局长安排在富顺县、荣县分别召开的调研座谈会，以及在自贡市、富顺县、荣县的自来水厂和污水处理厂等处进行的实地考察。感谢自贡市住建局、自贡市水务局、富顺县水务局、荣县水务局的领导同志分别陪同考察，并提供许多重要资料和基层真实情况。

感谢荣县双石镇的领导同志陪同考察双石镇新建成的人工湿地污水处理设施。感谢成都市城市公共环境艺术协会刘玉成会长及成都华西生态公司黄先友董事长邀我考察，并介绍华西公司设计的生态园林项目及研发的透水地面砖等新产品。感谢烟台鼎信公司邹汉平副总裁介绍公司研发的水处理新装置。感谢成都华日环境公司杨治敏董事长邀我考察，并介绍公司研发和引进的水处理新技术及新产品。感谢四川省土木建筑学会刘玉成副理事长、项玲珍秘书长，及古建园林专委会高静主任、皮皖蜀秘书长和四川大卫建筑设计公司刘卫兵董事长邀我考察大卫公司规划设计的"川西林盘聚落保护与更新项目"——郫县安龙镇"徐家林盘"。该项目是2012年6月18日在巴西里约热内卢召开的联合国可持续大会上荣获"全球人居环境规划设计奖"的两项目之一。项目尊重农民意愿、保护传统聚落和生态环境，包括保护水生态环境的理念令人印象深刻。感谢安龙镇王洪镇长陪同考察"徐家林盘"。

感谢四川省经济和信息化委员会王海林主任，规划发展处李顺睿处长，环境资源综合利用处郝功贵副处长，四川省住房和城乡建设厅邱建总规划师，计划财务处陈福均处长和陈俊同志，规划处卯辉处长，村镇建设处文技军处长和刘明洋、王潇同志，四川省城镇供水排水协会崔庆民理事长、熊易华副理事长和辜祖谈同志，四川省城乡规划设计院樊晟院长，四川省规划编制研究中心陈涛主任，世界银行贷款四川城建环保项目办公室施毅主任，四川省环境保护科学研究院黄时达教授级高工等领导和专家为"四川省水利发展改革研究报告"课题的"城镇水务"子课题和本书提供的统计数据、规划设计方案，以及有关文件等大量资料。感谢四川大学建筑与环境学院院长熊峰教授和艾南山教授，四川省住房和城乡建设厅总规划师、西南交通大学建筑学院邱建教授，四川省城乡规划设计院院长樊晟教授级高工为我推荐助手。感谢四川大学硕士研究生卢春晖同学、西南交通大学博士研究生张毅同学为我整理统计数据。感谢四川省老科协姚陆逸、张伯坚等同志为我与课题组联络工作、处理信件，并在我工作紧张时多次提醒我注意身体。

特别感谢四川省社会科学院林凌教授为本书撰写"序言"。本书的大题纲是林凌教授草拟的，我只是按题答问而已。答得如何只请读者评论了。

陆　强
2012 年 11 月 5 日

图书在版编目（CIP）数据

四川城镇水务的现状和未来 / 陆强编著 . —北京：社会科学文献
出版社，2014.10
ISBN 978 - 7 - 5097 - 5109 - 1

Ⅰ. ①四…　Ⅱ. ①陆…　Ⅲ. ①城市用水 - 水资源管理 - 研究 -
四川省　Ⅳ. ①TU991. 31

中国版本图书馆 CIP 数据核字（2013）第 229460 号

## 四川城镇水务的现状和未来

编　　著 / 陆　强

出 版 人 / 谢寿光
项目统筹 / 邓泳红
责任编辑 / 高振华

出　　版 / 社会科学文献出版社·皮书出版分社 （010）59367127
　　　　　　地址：北京市北三环中路甲 29 号院华龙大厦　邮编：100029
　　　　　　网址：www. ssap. com. cn
发　　行 / 市场营销中心 （010）59367081　59367090
　　　　　　读者服务中心 （010）59367028
印　　装 / 三河市东方印刷有限公司

规　　格 / 开　本：787mm × 1092mm　1/16
　　　　　　印　张：21　字　数：353 千字
版　　次 / 2014 年 10 月第 1 版　2014 年 10 月第 1 次印刷
书　　号 / ISBN 978 - 7 - 5097 - 5109 - 1
定　　价 / 158. 00 元